DIV+CSS 3.0

网页布局**实战** 从入门到精通
全彩超值版

新视角文化行 编著

人民邮电出版社

北 京

图书在版编目（CIP）数据

DIV+CSS 3.0网页布局实战从入门到精通 ： 全彩超值版 / 新视角文化行编著. -- 北京 ： 人民邮电出版社，2015.2（2018.9重印）
ISBN 978-7-115-37806-4

Ⅰ. ①D… Ⅱ. ①新… Ⅲ. ①网页制作工具 Ⅳ. ①TP393.092

中国版本图书馆CIP数据核字(2014)第310443号

内 容 提 要

本书通过100个经典实例，采用实例操作与知识点相结合的形式，全面、系统地讲解了Div+CSS标准布局的基础理论和实际应用技法，从网站的布局风格和实现方法两个方面剖析了如何用Div+CSS进行网页布局。

书中在讲解知识的基础上着重培养读者的设计思维与实战能力，通过大量实例对Div+CSS布局进行了深入浅出的分析，实例的制作步骤中均配以图示，从而辅助读者更加深入、直观地学习，以达到事半功倍的效果。同时，本书对网页布局的重点和难点进行了更加深入的解析，使读者能够充分掌握Div+CSS布局的精髓，锻炼读者的符合标准的设计思维，进而融入到Web标准设计领域。

随书附赠的DVD光盘中收录了长达340分钟的所有案例的制作过程的教学视频，以及所有实例的源文件和结果文件，还附赠了150个Div+CSS模板、1800多个网页设计素材资源，能够帮助读者提高学习效率。本书比较适合初、中级网页设计制作爱好者以及想学习Web标准对原网站进行重构的网页设计者阅读，也适合作为职业教育培训的教材。

◆ 编   著　新视角文化行
责任编辑　杨　璐
责任印制　程彦红

◆ 人民邮电出版社出版发行　　北京市丰台区成寿寺路 11 号
邮编　100164　　电子邮件　315@ptpress.com.cn
网址　http://www.ptpress.com.cn
北京虎彩文化传播有限公司印刷

◆ 开本：787×1092　1/16
印张：20　　　　　　　　　　彩插：4
字数：578 千字　　　　　　　2015 年 2 月第 1 版
印数：8 701 – 9 500 册　　　 2018 年 9 月北京第 6 次印刷

定价：59.80 元（附光盘）
读者服务热线：(010)81055410　印装质量热线：(010)81055316
反盗版热线：(010)81055315
广告经营许可证：京东工商广登字 20170147 号

实例 4 内联 CSS 样式——控制文本显示效果

实例 5 内部 CSS 样式——控制页面整体效果

实例 6 外部 CSS 样式——链接外部 CSS 样式表文件

实例 7 @import 方式——导入外部 CSS 样式

实例 8 margin——控制网页元素的位置

实例 9 border——为网页元素添加边框

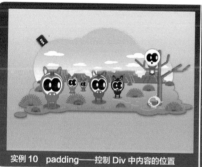
实例 10 padding——控制 Div 中内容的位置

实例 11 相对定位——设置网页元素的相对位置

实例 12 绝对定位——设置网页元素的绝对位置

实例 13 固定定位——固定的网页导航

实例 14 浮动定位——制作作品列表

实例 15 空白边叠加——控制元素的上下边距

实例 16 流体网格布局——制作个人作品展示页面

实例 17 定义页面背景颜色——制作个人作品网站页面

实例 18 定义背景图像——为网页添加背景图像

DIV+CSS 3.0
网页布局实战从入门到精通（全彩超值版）

实例 19　背景图像的位置——控制网页中背景图像的位置

实例 20　固定背景图像——控制网页的背景图像固定不动

实例 21　background-size 属性（CSS3.0）——控制背景图像大小

实例 22　background-origin 属性（CSS3.0）——控制背景图像显示区域

实例 23　background-clip 属性（CSS3.0）——控制背景图像的裁剪区域

实例 24　定义字体——制作广告页面

实例 25　定义英文字体大小写——制作英文网站页面

实例 26　定义字体下划线、顶划线和删除线——网页文字修饰

实例 27　定义字间距和行间距——制作网站公告

实例 28　定义段落首字下沉——制作企业介绍页面

实例 29　定义段落首行缩进——制作设计公司网站页面

实例 30　定义段落水平对齐——制作网站弹出页面

实例 31　定义文本垂直对齐——制作产品介绍页面

实例 32　使用 Web 字体——在网页中使用特殊字体

实例 33　CSS 类选区——应用多个类 CSS 样式

本书精彩案例

实例 34 text-shadow 属性（CSS3.0）——为网页文字添加阴影

实例 35 word-wrap 属性（CSS3.0）——控制网页文本换行

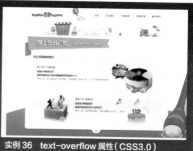

实例 36 text-overflow 属性（CSS3.0）——控制文本溢出

实例 37 图片边框——修饰网页图像

实例 39 图片的水平对齐——制作产品展示页面

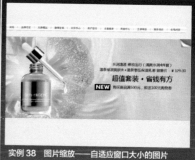

实例 38 图片缩放——自适应窗口大小的图片

实例 40 图片的垂直对齐——制作饮品展示页面

实例 41 实现图文混排效果——制作产品介绍页面

实例 42 border-colors 属性（CSS3.0）

实例 43 border-radius 属性（CSS3.0）——实现圆角边框

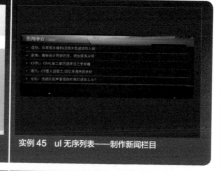

实例 44 border-image 属性（CSS3.0）——实现图像边框

实例 45 ul 无序列表——制作新闻栏目

实例 46 ol 有序列表——制作网站公告

实例 47 更改列表项目样式——制作方块列表效果

实例 48 使用图片作为列表样式——制作图像列表

DIV+CSS 3.0
网页布局实战从入门到精通（全彩超值版）

实例 49　定义列表——制作音乐列表

实例 50　列表的应用——制作横向导航菜单

实例 51　制作纵向导航菜单

实例 52　content 属性（CSS3.0）——赋予 Div 内容

实例 53　opacity 属性（CSS3.0）——实现元素的半透明效果

实例 54　创建数据表格——制作企业网站新闻页面

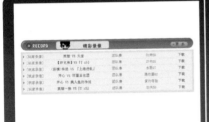

实例 55　设置表格边框和背景——制作精美表格

实例 56　为单元行应用类 CSS 样式——实现隔行变色的单元格

实例 57　应用 CSS 样式的 hover 伪类——实现交互的变色表格

实例 58　设置表单元素的背景颜色——制作商品搜索

实例 59　设置表单元素的边框——美化登录框

实例 60　使用 CSS 定义圆角文本字段

实例 61　使用 CSS 定义下拉列表——制作多彩下拉列表

实例 62　column-width 属性（CSS3.0）——实现网页文本分栏

实例 63　column-count 属性（CSS3.0）——控制网页文本分栏数

本书精彩案例

实例64 column-gap 属性（CSS3.0）
——控制网页文本分栏

实例65 column-rule 属性（CSS3.0）
——为分栏添加分栏线

实例66 定义超链接样式——制作活动公告

实例67 超链接伪类应用——制作按钮式超链接

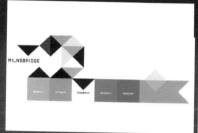
实例68 超链接伪类应用——制作图像式超链接

实例69 使用 CSS 定义鼠标指针样式——改变默认的光标指针

实例70 使用 CSS 定义鼠标变幻——实现网页中的鼠标变幻效果

实例71 box-shadow 属性（CSS3.0）
——为网页元素添加阴影

实例72 overflow 属性（CSS3.0）
——网页元素内容溢出处理

实例73 resize 属性（CSS3.0）
——在网页中实现区域缩放调节

实例74 outline 属性（CSS3.0）
——为网页元素添加轮廓边框

实例75 Alpha 滤镜
——实现网页中半透明效果

实例76 BlendTrans 滤镜
——制作图像切换效果

实例77 Blur 滤镜
——实现网页中模糊效果

实例78 FlipH 和 FlipV 滤镜
——实现网页内容水平和垂直翻转

实例79 DropShadow 滤镜
——为网页元素添加阴影

实例80 XML 与 CSS
——制作学生信息管理页面

实例81 使用 CSS 实现 XML 中特殊效果——隔行变色的信息列表

本书精彩案例

DIV+CSS 3.0
网页布局实战从入门到精通（全彩超值版）

实例 82　在 HTML 页面中调用 XML 数据——制作摄影图片网页

实例 83　使用 JavaScript 实现可选择字体大小——制作新闻页面

实例 84　使用 JavaScript 实现图像滑动切换——制作图像页面

实例 85　使用 JavaScript 实现特效——制作动态网站相册

实例 86　插入 Spry 菜单栏——制作导航下拉菜单

实例 87　插入 Spry 选项卡式面板——制作选项卡式新闻列表

实例 88　插入 Spry 折叠式——制作个人网站页面

实例 89　插入 Spry 可折叠面板——制作可折叠栏目

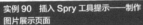

实例 90　插入 Spry 工具提示——制作图片展示页面

实例 91　制作宠物猫咪网站页面

实例 92　制作设计工作室网站页面

实例 93　制作医疗健康类网站页面

实例 94　制作教育类网站页面

实例 95　制作社区类网站页面

实例 96　制作水上乐园网站页面

实例 97　制作休闲游戏网站页面

实例 98　制作野生动物园网站页面

实例 99　制作餐饮类网站页面

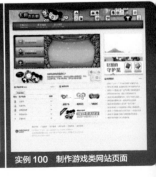

实例 100　制作游戏类网站页面

本书精彩案例

DVD 教学光盘使用说明

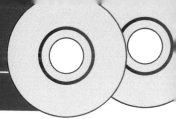

光盘内容目录

1. 本书 12 章 100 个案例的源文件及最终效果文件

2. 100 段教学视频(近 340 分钟)

3. 超值赠送海量丰富的各类 Flash 小图片、网页模板、
   图片素材等资源

案例源文件 案例最终文件 超值赠送资源 教学视频

光盘说明

50张Flash小图片 150个Div+CSS 模板 800张网页背景素材 1000张网页小图标 网页模板

"超值赠送资源"文件夹中的内容

001	013	025	037	049	061	073	085	097	109	121	133	145
002	014	026	038	050	062	074	086	098	110	122	134	146
003	015	027	039	051	063	075	087	099	111	123	135	147
005	016	028	040	052	064	076	088	100	112	124	136	148
006	017	029	041	053	065	077	089	101	113	125	137	149
006	018	030	042	054	066	078	090	102	114	126	138	150
007	019	031	043	055	067	79	091	103	115	127	139	
008	020	032	044	056	068	080	092	104	116	128	140	
009	021	033	045	057	069	081	093	105	117	129	141	
010	022	034	046	058	070	082	094	106	118	130	142	
011	023	035	047	059	071	083	095	107	119	131	143	
012	024	036	048	060	072	084	096	108	120	132	144	

150 个 Div+CSS 模板

340 分钟的全程同步多媒体视频教学

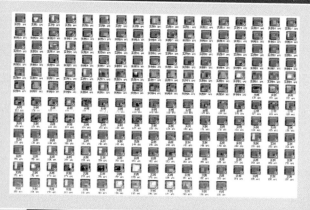 

超值赠送海量丰富的各类资源文件

50 张 Flash 小图片

150 个 Div+CSS 模板

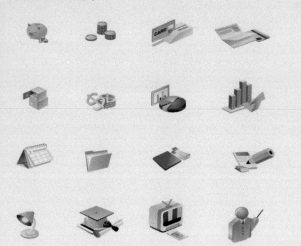  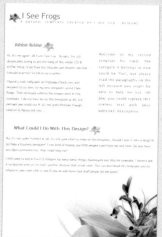

DVD 教学光盘使用说明

800 张网页背景素材

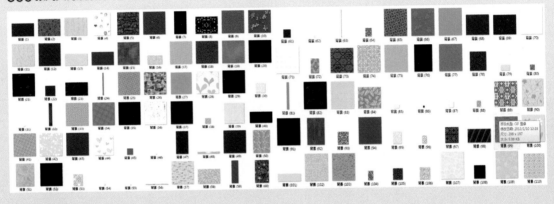

1000 张网页小图标

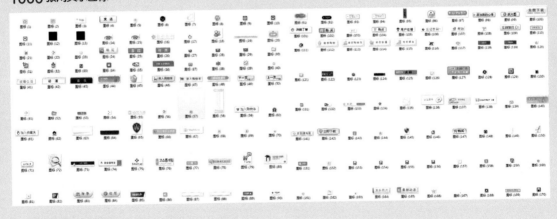

34 种类型的网页模板

前言
PREFACE

　　丰富多样的网站是现代社会发展不可缺少的一部分，在很大程度上推动了许多行业的迅速发展，随着Internet技术及其应用的不断发展，网络在大部分人的生活中已经占据了不可替代的位置。

　　网页是宣传网站的重要窗口，只有将网页设计得更加精美并极具创意，才能够吸引更多的浏览者进行访问。那么，如何才能将网页设计得更加实用、精致呢？在Web标准席卷国内网站设计领域的时代，使用Div+CSS布局设计网页已成为一种流行趋势，它能够真正做到W3C提出的内容与表现相分离的Web标准，本书主要讲述的便是基于Web标准的Div+CSS网页的设计方法以及制作技巧，希望能够帮助大家及时转变传统的网站设计思维。

本书的特点与内容安排

　　本书主要介绍了如何使用Div+CSS的布局方式进行网页布局设计，并通过100个经典实例与知识点相结合的形式进行讲解。另外，在较为难以理解的地方加以提示，使读者能够轻松、快速地掌握该种布局方式。全书共分为12章，每章的主要内容如下。

　　第1章　Dreamweaver与CSS基础。本章通过7个实例介绍了如何在Dreamweaver中创建站点、远程交互站点以及设置远程服务器。另外，本章还介绍了CSS样式的基础知识，其中包括内联CSS样式、内部CSS样式和外部CSS样式以及使用CSS样式定义单位、值等。

　　第2章　Div+CSS布局基础。本章通过9个实例介绍了Div常用的布局方式以及常用的定位方式，并且还讲述了在进行margin属性设置时经常出现的空白边叠加现象以及较为特殊的流体网格布局的使用方法和制作技巧。

　　第3章　使用CSS控制网页背景。本章通过7个实例介绍了使用CSS样式定义网页背景颜色、背景图像，以及控制背景图像的位置、固定背景图像等方面的相关知识，并且还介绍了CSS 3.0中新增的背景控制属性。

　　第4章　使用CSS控制文本。本章通过13个实例全方位地介绍了在CSS样式中定义文字属性的方法和技巧，以及网页中特殊字体的使用方法和CSS类选区的应用，并且还介绍了CSS 3.0中新增的文字属性。

　　第5章　使用CSS控制图片效果。本章通过8个实例介绍了使用CSS样式对网页中图片的边框、缩放、对齐方式进行控制的技巧以及实现图文混排效果的方法，并且还介绍了CSS 3.0中新增的边框控制属性。

　　第6章　使用CSS控制列表样式。本章通过9个实例全面并细致地介绍了网页中列表标签的使用方法、使用CSS样式定义列表的方法以及通过CSS样式与列表相结合制作网页导航菜单的方法，并且还介绍了CSS 3.0中新增的内容和透明度属性。

第7章　使用CSS美化表格和表单元素。本章通过12个实例介绍了网页中表格和表单元素的创建方法以及使用CSS样式对表格和表单元素进行设置和调整的技巧，并且还介绍了如何使用CSS样式实现表格特效和CSS 3.0中新增的多列布局的相关属性及使用方法。

第8章　使用CSS样式美化超链接和鼠标指针。本章通过9个实例介绍了如何创建、定义网页超链接，以及如何使用CSS样式实现超链接和鼠标指针的特殊效果，并且还介绍了CSS 3.0中新增的与界面有关的属性及应用方法。

第9章　使用CSS滤镜。本章通过5个实例简单介绍了有关CSS滤镜的相关知识，其中包括Alpha滤镜、BlendTrans滤镜、Blur滤镜、FlipH和FlipV滤镜以及DropShadow滤镜，并且还介绍了CSS样式中各种滤镜效果的应用方法。

第10章　CSS与其他语言综合运用。本章通过6个实例介绍了CSS与其他语言综合运用的方法和技巧，以及运用后所产生的效果。

第11章　使用网站常见效果。本章通过5个实例详细介绍了如何创建和修改Spry构件，其中包括Spry菜单栏、Spry选项卡式面板、Spry折叠式面板、Spry可折叠面板和Spry工具提示。

第12章　布局制作商业网站页面。本章通过10个商业网站实例的设计制作，向读者全面介绍了如何使用Div+CSS布局方式设计制作不同类型的商业网站页面。

关于本书作者

本书作者有着多年的网页教学以及网页设计制作的工作经验，先后在多家网络公司从事网页设计制作工作，积累了大量网页设计制作经验并精通网页布局和美化的多种技巧。本书基于最新版本的Dreamweaver CS6软件，按照从简单到复杂、从入门到精通的思路进行写作，作者还结合了100个典型的网站实例进行讲解，从而使读者能够快速地掌握目前流行的Div+CSS网页布局及制作技能。

如何阅读本书

本书采用了图文相结合的方式对网页的设计以及制作的细节进行全面的展示，本书配套光盘中提供了书中所有实例的源文件、相关素材以及书中实例的视频教程，方便读者学习和参考。

由于作者编写水平有限，书中难免有错误和疏漏之处，恳请广大读者批评、指正。读者在学习的过程中，如果遇到问题，可以联系作者（电子邮件nvangle@163.com）。

编　著

目 录

CONTENTS

第3篇　提高篇

第 09 章　　**使用CSS滤镜**

第 10 章　　**CSS与其他语言综合运用**

第 4 篇　商业案例篇

第 11 章　制作网站常见效果

第 12 章　布局制作商业网站页面

第 01 章

Dreamweaver 与CSS基础

Dreamweaver是一款所见即所得的网页编辑软件,它是第一款针对专业网页设计师的视觉化网页制作软件,利用它可以轻而易举地制作出跨平台限制、跨浏览器限制且充满动感的网页。

在Dreamweaver中设计制作网页时,需要使用CSS样式对页面进行控制和修饰,在网页中应用CSS样式表有4种方式,内联即样式、嵌入样式、链接外部样式和导入样式,用户可以根据所设计网页的不同要求进行选择。

实例 001 建站第一步——创建本地静态站点

在Dreamweaver中创建本地站点非常简便、快捷。不管制作什么类型、什么风格的网站页面都要从构建站点开始，首先要理清网站结构的脉络，然后才能在创建的静态站点中设计制作网页。

● **源 文 件**｜无

● **视　　频**｜光盘\视频\第1章\实例1.swf

● **知 识 点**｜创建站点

● **学习时间**｜5分钟

实例分析

本实例主要通过执行"站点→新建站点"菜单命令，然后在弹出的"站点设置对象"对话框中设置站点的名称以及确定该站点根目录的位置，实例1设置完成后的效果如图1-1所示。

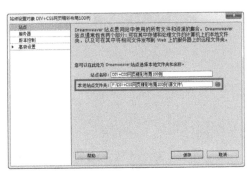

图1-1 最终效果

知识点链接

在创建本地静态站点时，唯一用到的菜单命令就是"站点→新建站点"命令，通过该命令弹出"站点设置对象"对话框，在该对话框中进行相应的设置即可。

制作步骤

01 执行"站点→新建站点"菜单命令，弹出"站点设置对象"对话框，在"站点名称"文本框中输入站点的名称，如图1-2所示。单击"本地站点文件夹"文本框后的"浏览"按钮■，弹出"选择根文件夹"对话框，浏览到本地站点的位置，如图1-3所示。

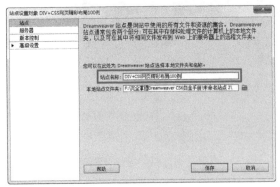

图1-2 "站点设置对象"对话框

图1-3 "选择根文件夹"对话框

02 单击"选择"按钮，确定本地站点根目录位置，此时"站点设置对象"对话框如图1-4所示。单击"保存"按钮，完成本地站点的创建。这时Dreamweaver将自动打开"文件"面板，在该面板中显示了刚刚创建的静态站点，如图1-5所示。

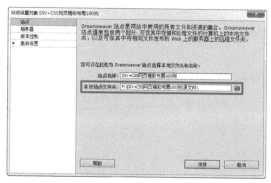
图1-4 "站点设置对象"对话框

图1-5 "文件"面板

Q 在Dreamweaver中，新建站点有几种方式？

A 两种。一种是通过执行"站点→新建站点"菜单命令来新建站点；另一种是执行"站点→管理站点"菜单命令，在弹出的"管理站点"对话框中单击"新建"按钮，同样可以弹出"站点设置对象"对话框，在该对话框中设置以及新建站点。

Q 为什么要创建本地静态站点？

A 在大多数情况下，都是在本地站点中对网页进行编辑制作，然后再通过FTP上传到远程服务器上，因此在制作网页之前应创建本地静态站点。

实 例 002 设置远程服务器——创建企业网站站点

在创建站点时，可以先将该站点的远程服务器信息设置好，这样的话可以制作好一部分网站页面，就上传一部分页面，便于随时在网络中查看页面的效果。

- **源 文 件** | 无
- **视　　频** | 光盘\视频\第1章\实例2.swf
- **知 识 点** | 设置服务器信息
- **学习时间** | 10分钟

实例分析

本实例主要通过执行"站点→新建站点"菜单命令，在弹出的"站点设置对象"对话框中设置站点的名称以及确定该站点根目录的位置，然后再切换到"服务器"选项的设置界面中，对服务器信息进行设置，实例2设置完成后的效果如图1-6所示。

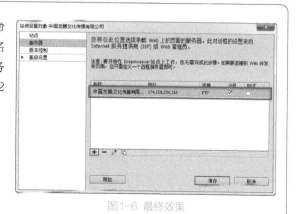
图1-6 最终效果

知识点链接

本实例的关键在于服务器信息的设置，在设置信息时要确保FTP地址、用户名和密码全部正确，才能连接上Web服务器。

01 执行"站点→新建站点"菜单命令，弹出"站点设置对象"对话框，在"站点名称"对话框中输入站点的名称，单击"本地站点文件夹"后的"浏览"按钮▤，弹出"选择根文件夹"对话框，浏览到站点的根文件夹，如图1-7所示。单击"选择"按钮，选定站点根文件夹，如图1-8所示。

图1-7 "选择根文件夹"对话框

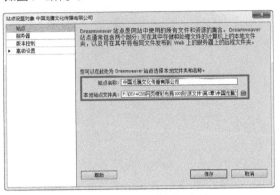

图1-8 "站点设置对象"对话框

02 单击"站点设置对象"对话框左侧的"服务器"选项，切换到"服务器"选项设置界面，如图1-9所示。单击"添加新服务器"按钮▣，弹出"添加新服务器"窗口，对远程服务器的相关信息进行设置，如图1-10所示。

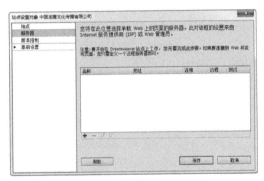

图1-9 "服务器"选项设置界面

图1-10 设置服务器信息

03 单击"测试"按钮，弹出"文件活动"对话框，显示正在与设置的远程服务器进行连接，如图1-11所示。连接成功后，弹出提示对话框，提示"Dreamweaver已成功连接到您的Web服务器"，如图1-12所示。

图1-11 "文件活动"对话框

图1-12 与远程服务器连接成功

04 单击"添加新服务器"窗口上的"高级"选项卡，切换到"高级"选项卡的设置，在"服务器模型"下拉列表中选择"PHP MySQL"选项，如图1-13所示。单击"保存"按钮，完成"添加新服务器"窗口的设置，如图1-14所示。

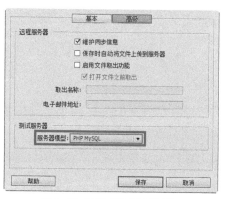

图1-13　设置"服务器模型"　　　　　　　　　　图1-14　完成远程服务器设置

05 单击"保存"按钮，完成企业网站站点的创建，"文件"面板将自动切换为刚建立的站点，如图1-15所示。单击"文件"面板上的"连接到远程服务器"按钮 📡，即可连接到该站点所设置的远程服务器上，如图1-16所示。

图1-15　"文件"面板　　　　　　　　　　图1-16　连接到远程服务器

Q 在创建站点时需不需要设置"服务器"选项卡中的相关选项？

A 如果用户需要使用Dreamweaver连接远程服务器，用来将站点中的文件通过Dreamweaver上传到远程服务器，则需要对"服务器"选项卡中的选项进行设置；否则，不需要设置。

Q 在创建远程站点的过程中，对于"服务器模型"需不需要进行设置？

A 可以设置也可以不设置，这两者没有太大的关系。如果已经确定了网站的形式，则可以进行设置，例如在实例2中，该企业网站已经确定使用PHP MySQL形式进行开发，则可以设置"服务器模型"为PHP MySQL。

实 例
003　　**远程交互站点——创建Business Catalyst站点**

　　Business Catalyst是Dreamweaver CS6新增的一项功能，它可以提供一个专业的在线远程服务器站点，从而使设计者能够获得一个专业的在线平台。

- **源文件** | 无
- **视　　频** | 光盘\视频\第1章\实例3.swf
- **知识点** | 新建Business Catalyst站点
- **学习时间** | 15分钟

实例分析

　　在Dreamweaver CS6中，创建Business Catalyst站点与创建本地静态站点一样，非常方便、快捷，创建完的Business Catalyst站点的效果如图1-17所示。下面我们将向大家介绍一下如何创建Business Catalyst站点。

图1-17 最终效果

知识点链接

　　通过执行"站点→新建Business Catalyst站点"菜单命令，在弹出的对话框中进行设置，即可创建Business Catalyst站点，其优势在于可以为网页设计者提供一个专业的在线远程服务器站点，从而能够获得一个专业的在线平台。

制作步骤

01 执行"站点→新建Business Catalyst站点"菜单命令，Dreamweaver CS6会自动连接Business Catalyst平台服务器，如图1-18所示。弹出"登录"窗口，需要使用所注册的Adobe ID登录，如图1-19所示。

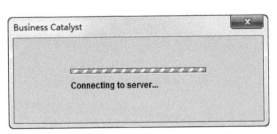

图1-18 连接Business Catalyst平台服务器

图1-19 登录窗口

02 输入Adobe ID和密码，单击"登录"按钮，登录到Business Catalyst服务器，显示创建Business Catalyst站点的相关选项，如图1-20所示。在"Site Name"文本框中输入Business Catalyst站点的名称，在URL文本框中输入Business Catalyst站点的URL名称，如图1-21所示。

图1-20　business Catalyst站点设置选项　　　　　图1-21　设置business Catalyst站点

03 单击"Create Free Temporary Site"按钮，即可创建一个免费的临时Business Catalyst站点。如果所设置的URL名称已经被占用，则会给出相应的提示，并自动分配一个没有被占用的URL，如图1-22所示。单击"Create Free Temporary Site"按钮，弹出"选择站点的本地根文件夹"对话框，浏览到Business Catalyst站点的本地根文件夹，如图1-23所示。

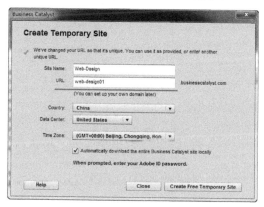

图1-22　自动分配URL名称　　　　　　　　图1-23　"选择站点的本地根文件夹"对话框

04 单击"选择"按钮，确定站点的本地根文件夹，弹出"输入站点的密码"对话框，可以为所创建Business Catalyst站点设置密码，如图1-24所示。单击"确定"按钮，Dreamweaver CS6会自动将Business Catalyst站点中的文件与本地根文件夹进行同步，如图1-25所示。

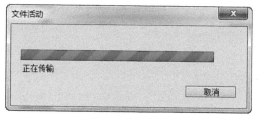

图1-24　"输入站点的密码"对话框　　　　　　　图1-25　"文件活动"对话框

05 完成Business Catalyst站点与本地根文件夹的同步操作，在"文件"面板中可以看到所创建的Business Catalyst站点，如图1-26所示。在本地根文件夹中可以看到从Business Catalyst站点中下载的相关文件，如图1-27所示。

06 打开浏览器，在地址栏中输入所创建的Business Catalyst站点的URL地址，可以看到所创建Business Catalyst站点的默认网站效果，如图1-28所示。

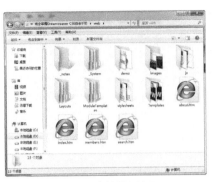

图1-26 创建的 Business Catalyst站点　　图1-27 本地根文件夹　　图1-28 Business Catalyst站点默认网站效果

Q 在"输入站点的密码"对话框中是否需要勾选"保存密码"复选框？

A 视情况而定，如果勾选"保存密码"复选框，则以后连接到该Business Catalyst站点时不需要再输入密码；如果没有选中该复选框，则每次连接到该Business Catalyst站点时都需要输入密码。

Q 如何编辑和修改已经创建好的Business Catalyst站点页面？

A 在Dreamweaver CS6中，新增了一个Business Catalyst面板，就是用来编辑和修改Business Catalyst站点页面的，通过该面板可以对所创建的Business Catalyst站点页面进行设置和创建相应的内容。

实例 004 内联CSS样式——控制文本显示效果

内联样式是将CSS样式代码直接添加到HTML的标签中，即作为HTML标签的属性存在。它是所有CSS样式中控制网页最为简单、直观的方式，通过这种方法可以很方便地对某个元素单独定义样式。

● **源 文 件**｜光盘\源文件\第1章\实例4.html
● **视　　频**｜光盘\视频\第1章\实例4.swf
● **知 识 点**｜内联CSS样式
● **学习时间**｜10分钟

实例分析

本实例通过内联CSS样式，也就是直接在HTML标签中使用style属性对页面中文本的显示效果进行控制，页面的最终效果如图1-29所示。

图1-29 最终效果

知识点链接

使用内联CSS样式的方法是直接在HTML标签中使用style属性，该属性的内容就是CSS的属性和值，其格式如下：

```
<p style="font-family:宋体; font-size:12px; color:#CCCCCC;">内联CSS样式</p>
```

制作步骤

01 执行“文件→打开”菜单命令，打开页面“光盘\源文件\第1章\实例4.html”，页面效果如图1-30所示。转换到代码视图，可以看到页面的代码，如图1-31所示。

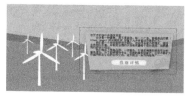

图1-30 页面效果

```
<body>
<div id="box">
  <p>在艺术的设计中追求完美</p>
  <p>  设计是一种需要，而不是装饰。每一个广告，都是商品印象（brand   image）的长期投资，丝毫不允许有冒渎印象的行为。<br />
    我们是一个综合型的设计团队，设法符合客户的理念，提升自身团队价值，并制定合理的计划来完善每个设计项目，这就是我们的设计观念。<br />
    我们提出了唯美品质、一流服务、打造您满意的资讯平台的服务理念。为了能够提供专业、优质的服务给客户，公司不断扩大与国内知名公司的合作交流，逐步推出一系列网络推广……</p>
  <p><img src="images/1403.png" width="204" height="40" /></p>
</div>
</body>
```

图1-31 代码视图

02 在<p>标签中添加style属性设置，添加相应的内联CSS样式代码，如图1-32所示。执行“文件→保存”菜单命令，保存页面。在浏览器中预览该页面，效果如图1-33所示。

```
<body>
<div id="box">
  <p style="font-size: 20px; color:#FFF; font-weight:bold; line-height:20px;">在艺术的设计中追求完美</p>
  <p style="font-size:14px; color:#FFF; line-height:25px;">  设计是一种需要，而不是装饰。每一个广告，都是商品印象（brand   image）的长期投资，丝毫不允许有冒渎印象的行为。<br />
    我们是一个综合型的设计团队，设法符合客户的理念，提升自身团队价值，并制定合理的计划来完善每个设计项目，这就是我们的设计观念。<br />
    我们提出了唯美品质、一流服务、打造您满意的资讯平台的服务理念。为了能够提供专业、优质的服务给客户，公司不断扩大与国内知名公司的合作交流，逐步推出一系列网络推广……</p>
  <p><img src="images/1403.png" width="204" height="40" /></p>
</div>
</body>
```

图1-32 添加内联CSS样式代码

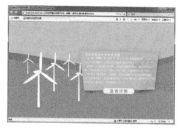

图1-33 预览效果

Q 使用内联CSS样式有哪些规定?

A 内联CSS样式是由HTML文档中标签的style属性所支持，只需要将CSS代码使用“;”（分号）隔开并输入在style=""中，便可以完成对当前标签的样式定义，这是CSS样式定义的一种基本形式。

Q 内联CSS样式属于表现与内容分离的设计模式吗?

A 内联CSS样式仅仅是HTML标签对于style属性的支持所产生的一种CSS样式编写方式，并不符合表现与内容分离的设计模式。使用内联CSS样式与表格布局从代码结构上来说完全相同，但是仅利用了CSS对于元素的精确控制优势，并没有很好地实现表现与内容的分离，所以不属于表现与内容分离的设计模式。

实例 005 内部CSS样式——控制页面整体效果

内部CSS样式就是将CSS样式代码嵌入到<head>与</head>标签之间，并且用<style>与<style>标签进行声明。这种写法虽然没有完全实现页面内容与CSS样式表现的完全分离，但可以将内容与HTML代码分离在两个部分进行统一的管理。

- **源 文 件** | 光盘\源文件\第1章\实例5.html
- **视　　频** | 光盘\视频\第1章\实例5.swf
- **知 识 点** | 内部CSS样式
- **学习时间** | 10分钟

实例分析

本实例主要通过对“页面属性”对话框中的相关属性进行设置来控制页面的整体属性，并且通过设置该对话框生成的代码全部显示在<head>与</head>标签之间，页面的最终效果如图1-34所示。

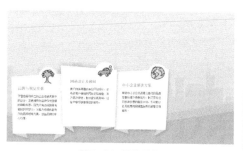

图1-34 最终效果

─┫ 知识点链接 ┣─

"页面属性"对话框通过对页面的字体、字体大小、字体颜色、背景颜色以及背景图像等属性进行设置来控制页面的效果，但是不能设置行高属性。

─┫ 制作步骤 ┣─

01 执行"文件→打开"菜单命令，打开页面"光盘\源文件\第1章\实例5.html"，页面效果如图1-35所示。转换到代码视图，在页面头部的<head>与</head>标签之间可以看到该页面的内部CSS样式，如图1-36所示。

图1-35 页面效果 　　　　　　　　　　　　　　图1-36 代码视图

02 单击"属性"面板上的"页面属性"按钮，弹出"页面属性"对话框，设置如图1-37所示。设置完成后，单击"确定"按钮，可以看到页面的效果，如图1-38所示。

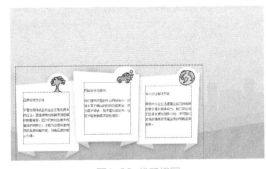

图1-37 页面效果 　　　　　　　　　　　　　　图1-38 代码视图

03 切换到代码视图，可以看到通过"页面属性"面板设置所生成的相关内部CSS样式，如图1-39所示。在内部的CSS样式代码中定义一个名为.font的类CSS样式，如图1-40所示。

```
body,td,th {
    font-size: 12px;
    color: #666;
}
body {
    background-image: url(images/1501.jpg);
    background-repeat: no-repeat;
    margin-left: 0px;
    margin-top: 0px;
    margin-right: 0px;
    margin-bottom: 0px;
}
```

图1-39 CSS样式代码

```
.font{
    color:#49a7da;
    font-size:16px;
    font-weight:bold;
}
```

图1-40 类CSS样式代码

04 返回到设计视图中，选中相应的文字，在"属性"面板上的"类"下拉列表中应用刚定义的类CSS样式font，如图1-41所示。转换到代码视图，可以看到在<p>标签中添加的相应代码，如图1-42所示。

图1-41 应用该样式

```
<div id="box">
    <div id="text01">品牌与视觉价值</p>
        <p class="font">品牌与视觉价值</p>
        <p>不管您是刚成立的企业还是发展中的企业，蓝逸网拥有对品牌深刻理解的策略专家，因为只有对品牌具有敏锐的洞察力，才能为您提供更有效的品牌战略方案，创造品牌的核心价值。</p>
    </div>
    <div id="text02">
        <p class="font">网站设计及顾问</p>
        <p>我们提供完整的专业网站设计，价格依客户确定的网站功能而定，并为客户评估、制作建议规划书，让客户享受到最高级的服务。</p>
    </div>
    <div id="text03">
        <p class="font">中小企业解决方案</p>
        <p>帮助中小企业迅速建立自己的品牌形象以提升竞争能力，制订符合他们自身发展的服务计划，尽可能以较低的费用获得高品质的策略咨询服务。</p>
    </div>
</div>
```

图1-42 代码视图

05 执行"文件→保存"命令，保存页面。在浏览器中预览该页面，效果如图1-43所示。

图1-43 预览效果

Q 在制作网页时使用内部CSS样式有哪些优势？

A 在内部CSS样式中，所有的CSS代码都编写在<style>与</style>标签之间，这样既方便了后期对页面的维护，也极大地减少了代码的数量。

Q 内部CSS样式的局限性在哪里？

A 内部CSS样式只适合于单一页面设置单独的CSS样式，如果一个网站拥有很多页面，并且对于不同页面中的<p>标签都希望采用同样的CSS样式设置时，这种方式便显得有点麻烦了。

实例 006　外部CSS样式——链接外部CSS样式表文件

外部样式表是CSS样式表中较为理想的一种形式，能够实现代码的最大化使用及网站文件的最优化配置。

将CSS样式表代码单独编写在一个独立文件之中，由网页进行调用，并且多个不同的网页可以调用同一个外部样式表文件。

- **源 文 件** | 光盘\源文件\第1章\实例6.html
- **视　　频** | 光盘\视频\第1章\实例6.swf
- **知 识 点** | 外部CSS样式表
- **学习时间** | 10分钟

实例分析

本实例所制作的页面大部分是由图像组成的，且使用了外部CSS样式表对整个页面的排版进行控制，使得页面修改起来更加方便，页面的最终效果如图1-44所示。

图1-44 最终效果

知识点链接

外部CSS样式是指在外部定义CSS样式并形成以.css为扩展名的文件，然后在页面中通过<link>标签将外部的CSS样式文件链接到页面中，而且该语句必须放在页面的<head>与</head>标签之间。

┤ 制作步骤 ├

01 执行"文件→打开"菜单命令，打开页面"光盘\源文件\第1章\实例6.html"，页面效果如图1-45所示。执行"文件→新建"菜单命令，弹出"新建文档"对话框，在"页面类型"列表中选择CSS选项，如图1-46所示。

图1-45 页面效果

图1-46 "新建文档"对话框

02 单击"确定"按钮，创建一个外部CSS样式文件，将该文件保存为"光盘\源文件\第1章\style\1-6.css"。返回到"实例6.html"页面中，打开"CSS样式"面板，单击"附加样式表"按钮，如图1-47所示。弹出"链接外部样式表"对话框，单击"浏览"按钮，选择需要链接的外部CSS样式文件，如图1-48所示。

图1-47 "CSS样式"面板

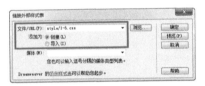

图1-48 "链接外部样式表"对话框

03 单击"确定"按钮，即可链接指定的外部CSS样式文件，在"CSS样式"面板中显示出所链接的外部CSS样式文件，如图1-49所示。转换到代码视图中，在<head>与</head>标签之间可以看到链接外部CSS样式文件的代码，如图1-50所示。

图1-49 "CSS样式"面板

```
<head>
<meta http-equiv="Content-Type" content="text/html; charset=utf-8" />
<title>链接外部CSS样式表文件</title>
<link href="style/1-6.css" rel="stylesheet" type="text/css" />
</head>
```

图1-50 代码视图

第1篇 第2篇 第3篇 第4篇

04 切换到1-6.css文件中，创建相应的CSS样式，如图1-51所示。返回到设计视图，可以看到页面的效果，如图1-52所示。

图1-51 CSS样式代码

图1-52 页面效果

05 执行"文件→保存"菜单命令，保存该页面。按F12键即可在浏览器中预览该页面，效果如图1-53所示。

图1-53 预览效果

Q 什么情况下需要将外部CSS样式表导入到网页文件中？

A 将外部CSS样式表导入到网页文件中后，每个网页文件都要下载样式表代码，因此通常情况下不使用这种方式，只有在一个网页中使用第三方样式表文件时才需要使用该方法。

Q 外部CSS样式的优势有哪些？

A 在网页中使用外部CSS样式表文件具有以下优势。

- 独立于HTML文件，便于修改。
- 多个文件可以引用同一个CSS样式表文件。
- CSS样式文件只需要下载一次，就可以在其他链接了该文件的页面内使用。
- 浏览器会先显示HTML内容，然后再根据CSS样式文件进行渲染，从而使访问者可以更快地看到内容。

实例 007

@import方式——导入外部CSS样式

导入样式与链接样式的方法基本相同，都是创建一个单独的CSS样式文件，然后再链接到HTML文件中，但是在语法和运作方式上有所区别。

导入的CSS样式，在HTML文件初始化时会被导入到HTML文件内作为文件的一部分，类似于内部CSS样式；而链接的CSS样式是在HTML标签需要CSS样式风格时才以链接方式引入。

- **源 文 件**｜光盘\源文件\第1章\实例7.html
- **视　　频**｜光盘\视频\第1章\实例7.swf

● **知 识 点** | 导入外部CSS样式
● **学习时间** | 10分钟

实例分析

　　本实例通过将外部CSS样式导入到页面中对页面进行控制，这种方法的优势在于可以一次导入多个CSS文件，页面的最终效果如图1-54所示。

图1-54 最终效果

知识点链接

　　导入外部CSS样式是指在<style>与</style> 标签中，使用@import语句导入一个外部CSS样式表文件中的CSS样式。

制作步骤

01 执行"文件→打开"菜单命令，打开页面"光盘\源文件\第1章\实例7.html"，页面效果如图1-55所示。转换到代码视图，可以看到页面中并没有链接外部CSS样式，也没有内嵌的CSS样式，如图1-56所示。

图1-55 页面效果

图1-56 "新建文档"对话框

02 返回到设计视图，打开"CSS样式"面板，单击"附加样式表"按钮，弹出"链接外部样式表"对话框，单击"浏览"按钮，选择相应的外部CSS样式文件，如图1-57所示，单击"确定"按钮。设置"链接外部样式表"对话框中"添加为"选项为"导入"，如图1-58所示。

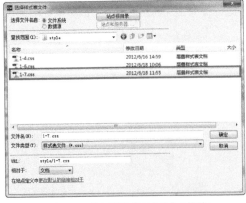

图1-57 "选择样式表文件"对话框

图1-58 "链接外部样式表"对话框

第1篇 第2篇 第3篇 第4篇

03 单击"确定"按钮，导入相应的CSS样式，页面的效果如图1-59所示。转换到代码视图中，在页面头部的 <head>与</head>标签之间可以看到自动添加的导入CSS样式文件的代码，如图1-60所示。

图1-59 页面效果

```
<head>
<meta http-equiv="Content-Type" content=
"text/html; charset=utf-8" />
<title>导入外部CSS样式</title>
<style type="text/css">
@import url("style/1-7.css");
</style>
</head>
```

图1-60 代码视图

04 执行"文件→保存"菜单命令，保存该页面。按 F12键即可在浏览器中预览该页面，效果如图1-61 所示。

图1-61 预览效果

Q 导入CSS样式与链接CSS样式相比哪个更具有优势？

A 导入外部CSS样式表相当于将CSS样式表导入到内部CSS样式中，该方式更具有优势。另外，导入样式与 链接样式相比较，最大的优点在于导入样式可以一次导入多个CSS文件。

Q 导入的外部样式表需要在内部样式表的什么位置？

A 导入外部样式表必须在内部样式表的开始部分，即其他内部CSS样式代码之前。

第 02 章

Div+CSS布局基础

真正符合Web标准的网页需要实现内容与结构的分离，因此网页设计的核心在于如何运用Web标准中的各种技术来达到表现和内容的分离。

推荐使用更严谨的语言XHTML编写页面结构，使用Div进行网页的排版布局，并通过CSS样式来实现网页的表现，所以掌握基于Div+CSS的网页布局方式，是实现Web标准的根本。

margin——控制网页元素的位置

margin（边界）是用来设置页面中元素和元素之间的距离，即定义元素周围的空间范围，是页面排版中一个比较重要的概念。

- **源 文 件** | 光盘\源文件\第2章\实例8.html
- **视 频** | 光盘\视频\第2章\实例8.swf
- **知 识 点** | margin属性
- **学习时间** | 10分钟

实例分析

在本实例制作过程中讲述了如何将图像插入到Div中，并且通过设置margin属性将其定位在合适的位置，主要是要大家掌握margin属性的使用方法，页面的最终效果如图2-1所示。

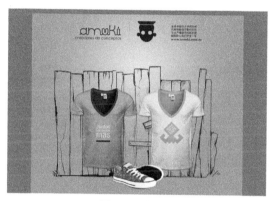

图2-1 最终效果

知识点链接

margin属性的语法格式如下：

margin: auto | length;

其中，auto表示根据内容自动调整，length表示由浮点数字和单位标识符组成的长度值或百分数，百分数是基于父对象的高度。对于内联元素来说，左右外延边距可以是负数值。

margin属性包含4个子属性，用于控制元素四周的边距，分别为margin-top（设置元素上边距）、margin-right（设置元素右边距）、margin-bottom（设置元素下边距）和margin-left（设置元素左边距）。

制作步骤

01 执行"文件→打开"菜单命令，打开页面"光盘\源文件\第2章\实例8.html"，页面效果如图2-2所示。将光标移至页面中名为pic的Div中，将多余文字删除，插入图像"光盘\源文件\第2章\images\2802.jpg"，如图2-3所示。

图2-2 页面效果

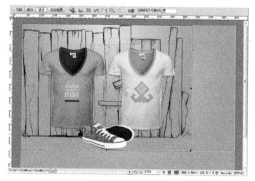

图2-3 插入图像

02 转换到该文件链接的外部CSS样式表文件中，创建名为#pic的CSS规则，如图2-4所示。返回到设计视图，选中名为pic的Div，可以看到所设置的上边界和左边界的效果，如图2-5所示。

```
#pic{
    width:654px;
    height:475px;
    margin-top:195px;
    margin-left:83px;
}
```

图2-4 CSS样式代码

图2-5 页面效果

03 执行"文件→保存"菜单命令，保存页面和外部CSS样式表文件。按F12键即可在浏览器中预览该页面，效果如图2-6所示。

图2-6 预览效果

Q 如何简化编写margin属性设置的格式？

A 在给margin属性设置数值时，若提供4个参数值，则是按顺时针的顺序作用于上、右、下、左4个边；若只提供1个参数值，则将作用于4个边；若提供2个参数值，则第1个参数值作用于上、下两边，第2个参数值作用于左、右两边；若提供3个参数值，第1个参数值作用于上边，第2个参数值作用于左、右两边，第3个参数值作用于下边。

Q 如何通过margin属性的设置使页面元素水平居中显示？

A 可以设置margin-left和margin-right两个属性值为auto，即设置元素的左右边界为自动，使元素水平居中对齐。

实例 009 border——为网页元素添加边框

border（边框）是HTML元素内边距和外边距的分界线，可以在页面中的不同HTML元素之间设定分界线，border属性设置的边框是元素的最外围。

在网页设计中，在测算元素的宽和高时，需要把border包含在内。

- **源 文 件** | 光盘\源文件\第2章\实例9.html
- **视　　频** | 光盘\视频\第2章\实例9.swf
- **知 识 点** | border属性
- **学习时间** | 10分钟

实例分析

　　本实例制作的是为网页中的图像元素添加边框，在制作过程中向大家介绍了如何使用border属性为网页中的元素进行修饰，页面的最终效果如图2-7所示。

图2-7　最终效果

知识点链接

border的语法如下：

border : border-style | border-color | border-width;

border有3个属性，分别为border-style（用于设置图片边框的样式）、border-color（用于设置图片边框的颜色）和border-width（用于设置图片边框的宽度）。

制作步骤

01 执行"文件→打开"菜单命令，打开页面"光盘\源文件\第2章\实例9.html"，页面效果如图2-8所示。转换到该文件链接的外部CSS样式表文件中，创建名为.img、.img01、.img02和.img03的类CSS样式，如图2-9所示。

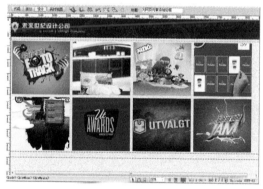

图2-8　页面效果

```
.img{
    border:solid #21242c 3px;
    padding:3px;
}
.img01{
    border:dashed #21242c 3px;
    padding:3px;
}
.img02{
    border:dotted #21242c 3px;
    padding:3px;
}
.img03{
    border:double #21242c 3px;
    padding:3px;
}
```

图2-9　CSS样式代码

02 返回到设计视图中，分别为图像应用相应的样式，图像效果如图2-10所示。执行"文件→保存"菜单命令，保存页面和外部CSS样式表文件，按F12键即可在浏览器中预览该页面，效果如图2-11所示。

图2-10　图像效果

图2-11　预览效果

Q border属性的相关属性说明？

A border属性可以单独写为border-width、border-style和border-color 3个属性，具体介绍如表2-1所示。

表2-1 border相关属性

属　　性	描　　述	可 用 值	注　　释
border-width	用于设置元素边框的粗细	thin medium thick length	定义细边框 定义中等边框（默认粗细） 定义粗边框 自定义边框宽度，如1px
border-style	用于设置元素边框的样式	none hidden dotted dashed solid double groove ridge inset outset	定义无边框 与"none"相同。对于表，用于解决边框冲突 定义点状边框。在大多数浏览器中显示为实线 定义虚线。在大多数浏览器显示为实线 定义实线 定义双线。双线宽度等于border-width的值 定义3D凹槽边框。其效果取决于border-color的值 定义3D垄状边框。其效果取决于border-color的值 定义3Dinset边框。其效果取决于border-color的值 定义3Doutset边框。其效果取决于border-color的值
border-color	用于设置元素边框颜色	color_ name hex_ number rgb_ number transparent	规定颜色值为颜色名称的边框颜色，如red。 规定颜色值为十六进制值的边框颜色，如#110000 规定颜色值为rgb代码的边框颜色，如rgb(0,0,0) 默认值，边框颜色为透明

Q border属性除了可以用于图像边框，还可以应用于其他元素吗？

A border属性不仅可以设置图像的边框，还可以为其他元素设置边框，如文字、Div等。在本实例中，主要讲解的是使用border属性为图像添加边框，读者可以自己动手试试为其他的页面元素添加边框。

实例 010　padding——控制Div中内容的位置

在Dreamweaver中设计制作网页时，可以通过设置padding属性来控制元素与边框之间的距离，从而达到对页面元素进行定位的作用。

- **源 文 件** | 光盘\源文件\第2章\实例10.html
- **视　　频** | 光盘\视频\第2章\实例10.swf
- **知 识 点** | padding属性
- **学习时间** | 10分钟

┃ **实例分析** ┃

本实例通过设置padding属性对页面中的图像元素进行定位，非常简单、方便，页面的最终效果如图2-12所示。

图2-12 最终效果

padding的语法格式如下：

padding: length;

在CSS样式中，padding属性包含了4个子属性，分别为padding-top（设置元素上填充）、padding-right（设置元素右填充）、padding-bottom（设置元素下填充）和padding-left（设置元素左填充）。

┃ *制作步骤* ┃

01 执行"文件→打开"菜单命令，打开页面"光盘\源文件\第2章\实例10.html"，页面效果如图2-13所示。将光标移至名为box的Div中，将多余文字删除，插入图像"光盘\源文件\第2章\images\21002.png"，效果如图2-14所示。

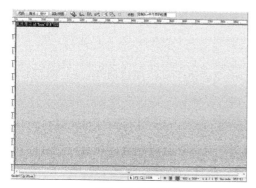

图2-13 页面效果

图2-14 插入图像

02 切换到该文件链接的外部CSS样式表文件中，找到名为#box的CSS样式，如图2-15所示。在该CSS样式代码中添加padding属性的设置，如图2-16所示。

```
#box{
    width:917px;
    height:552px;
    margin:0px auto;
}
```

图2-15 CSS样式代码

```
#box{
    width:917px;
    height:472px;
    margin:0px auto;
    padding-top:80px;
}
```

图2-16 CSS样式代码

03 返回设计视图，选中id名为box的Div，可以看到填充区域的效果，如图2-17所示。执行"文件→保存"菜单命令，保存页面和外部CSS样式表文件。按F12键即可在浏览器中预览该页面，效果如图2-18所示。

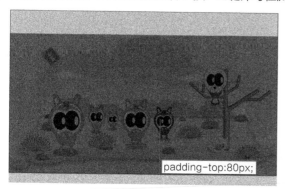

padding-top:80px;

图2-17 填充效果

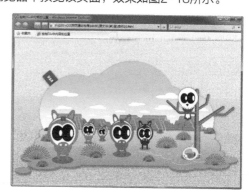

图2-18 预览效果

Q padding属性与margin属性的区别?

A margin属性定义的是元素与元素之间的距离；padding属性与其相反，其定义的是网页元素或内容与边框之间的距离，即内边距。

Q 如何简化编写padding属性设置的格式？

A 与margin属性类似，在给padding属性设置参数值时，如果提供4个参数值，将按顺时针的顺序作用于上、右、下、左4个边；如果只提供1个参数值，则将作用于4个边；如果提供2个参数值，则第1个参数值作用于上、下两边，第2个参数值作用于左、右两边；如果提供3个参数值，第1个参数值作用于上边，第2个参数值作用于左、右两边，第3个参数值作用于下边。

实例 011 相对定位——设置网页元素的相对位置

如果对一个元素进行相对定位的设置，首先它将出现在它所在的位置上，然后再通过设置垂直或水平方向上的位置，让该元素相对于其原始起点进行移动。

- **源文件** | 光盘\源文件\第2章\实例11.html
- **视频** | 光盘\视频\第2章\实例11.swf
- **知识点** | 元素的相对定位
- **学习时间** | 10分钟

┃ 实例分析 ┃

本实例在制作过程中主要运用了相对定位的属性对Div进行定位和控制，通过这种方法可以使Div在同一行进行排列，页面的最终效果如图2-19所示。

图2-19 最终效果

┃ 知识点链接 ┃

相对定位的语法格式如下：

position: relative;

在设置相对定位时，移动元素会导致它覆盖其他元素，因为无论该元素是否进行移动，其仍然占据原来的空间。

┃ 制作步骤 ┃

01 执行"文件→打开"菜单命令，打开页面"光盘\源文件\第2章\实例11.html"，页面效果如图2-20所示。转换到代码视图中，可以看到页面的代码，如图2-21所示。

图2-20 页面效果

```
<body>
<div id="box">
  <div id="pic"><img src="images/21103.png" width
="210" height="254" /></div>
    <div id="pic01"><img src="images/21104.png"
width="210" height="254" /></div>
    <div id="pic02"><img src="images/21105.png"
width="210" height="254" /></div>
    <div id="pic03"><img src="images/21106.png"
width="210" height="254" /></div>
</div>
</body>
```

图2-21 代码视图

02 转换到该文件链接的外部CSS样式表文件2-11.CSS中，找到名为#pic01的CSS样式，如图2-22所示。在名为#pic01的 CSS样式代码中添加相应的相对定位代码，如图2-23所示。

```
#pic01{
    width:210px;
    height:254px;
    border-right:1px solid #CCC;
}
```

图2-22 CSS样式代码

```
#pic01{
    position:relative;
    top:-254px;
    left:210px;
    width:210px;
    height:254px;
    border-right:1px solid #CCC;
}
```

图2-23 CSS样式代码

03 返回到设计视图中，可以看到id名为pic01的div脱离了文档流，如图2-24所示。切换到2-11.css文件中，为名为#pic02和#pic03的CSS样式添加相应的绝对定位代码，如图2-25所示。

图2-24 页面效果

```
#pic02{
    position:relative;
    top:-508px;
    left:420px;
    width:210px;
    height:254px;
    border-right:1px solid #CCC;
}
#pic03{
    position:relative;
    top:-762px;
    left:630px;
    width:210px;
    height:254px;
}
```

图2-25 CSS样式代码

> **提示**
>
> 在 Dreamweaver 中，相对定位属性的数值也可以设置为负数。当设置为负数时，元素则会向相反的方向进行移动。

04 返回到设计视图中，可以看到页面效果，如图2-26所示。执行"文件→保存"菜单命令，保存页面和外部CSS样式表文件。按F12键即可在浏览器中预览该页面，效果如图2-27所示。

图2-26 页面效果

图2-27 预览效果

Q 什么是相对定位？

A 即对象不可以重叠，但可以通过top、right、bottom和left等属性在页面中偏移位置，并且能够通过z-index属性进行层次分级。

Q 为什么使用相对定位的元素移动后会覆盖其他元素？

A 在使用相对定位时，无论是否进行移动，元素仍然占据原来的空间。因此，移动元素会导致它覆盖其他元素。

实例 012 绝对定位——设置网页元素的绝对位置

　　绝对定位是参照浏览器的左上角，配合top、right、bottom和left 4个参数值进行定位的，如果没有设置上述的4个参数值，则以父级元素的坐标原点为原始点。

　　当父级元素的position属性为默认值时，top、right、bottom和left的坐标原点则以<body>标签的坐标原点为起始位置。

- **源 文 件** | 光盘\源文件\第2章\实例12.html
- **视　　频** | 光盘\视频\第2章\实例12.swf
- **知 识 点** | 元素的绝对定位
- **学习时间** | 10分钟

实例分析

　　本实例通过设置绝对定位的属性使各个Div中的元素能够相互重叠地排列，同时对页面的排版也有一定的作用，页面的最终效果如图2-28所示。

图2-28 最终效果

知识点链接

　　绝对定位的语法如下：

position:absolute;

　　绝对定位与相对定位的区别在于：绝对定位的坐标原点为上级元素的原点，与上级元素有关；而相对定位的坐标原点为本身偏移前的点，与上级元素无关。

制作步骤

01 执行"文件→打开"菜单命令，打开页面"光盘\源文件\第2章\实例12.html"，页面效果如图2-29所示。转换到代码视图中，可以看到页面的代码，如图2-30所示。

图2-29 页面效果

```
<body>
<div id="box">
  <div id="logo"><img src="images/21202.jpg"
width="381" height="56" /></div>
  <div id="main">
    <div id="pic"><img src="images/21203.jpg"
width="306" height="165" /></div>
    <div id="pic01"><img src="images/21204.jpg"
width="306" height="165" /></div>
    <div id="pic02"><img src="images/21205.jpg"
width="306" height="165" /></div>
    <div id="pic03"><img src="images/21206.jpg"
width="306" height="165" /></div>
    <div id="pic04"><img src="images/21207.jpg"
width="306" height="165" /></div>
    <div id="pic05"><img src="images/21208.jpg"
width="306" height="165" /></div>
  </div>
</div>
</body>
```

图2-30 代码视图

02 转换到该文件链接的外部CSS样式表文件中，找到
名为#pic01的CSS样式，如图2-31所示。在名为
#pic01的CSS样式代码中添加相应的绝对定位代码，
如图2-32所示。

```
#pic01{
    width:306px;
    height:165px;
}
```

图2-31 CSS样式代码

```
#pic01{
    position:absolute;
    top:180px;
    width:306px;
    height:165px;
}
```

图2-32 CSS样式代码

03 返回到设计视图中，可以看到id名为pic01的Div脱离了文档流，如图2-33所示。切换到该文件链接的外部
CSS样式表文件中，将名为#pic02、#pic03、#pic04和#pic05的CSS样式添加相应的绝对定位代码，如图
2-34所示。

图2-33 页面效果

```
#pic02{
    position:absolute;
    top:300px;
    width:306px;
    height:165px;
}
#pic03{
    position:absolute;
    top:75px;
    left:520px;
    width:306px;
    height:165px;
}
```

```
#pic04{
    position:absolute;
    top:180px;
    left:520px;
    width:306px;
    height:165px;
}
#pic05{
    position:absolute;
    top:300px;
    left:520px;
    width:306px;
    height:165px;
}
```

图2-34 CSS样式代码

04 返回到设计视图中，可以看到页面效果，如图2-35所示。执行"文件→保存"菜单命令，保存页面和外部
CSS样式表文件。按F12键即可在浏览器中预览该页面，效果如图2-36所示。

图2-35 页面效果

图2-36 预览效果

Q 绝对定位是相对于什么进行定位的？

A 相对定位是相对于元素在文档流中的初始位置；而绝对定位是相对于最近的已定位的父元素，如果不存在已定
位的父元素，那就相对于最初的包含块。

Q 使用绝对定位的元素为什么会覆盖页面上的其他元素？

A 因为绝对定位的框与文档流无关，因此可以覆盖页面上的其他元素；另外还可以通过设置z-index属性来控制
这些框的堆放次序，z-index属性的值越大，框在堆中的位置就越高。

实例 013 **固定定位——固定的网页导航**

常常可以看到在网站页面中，无论页面的内容有多少，页面中某一部分元素始终位于浏览器固定的位置，这
种效果就可以通过CSS样式中的固定定位来实现。

● **源 文 件** | 光盘\源文件\第2章\实例13.html
● **视　 频** | 光盘\视频\第2章\实例13.swf
● **知 识 点** | 固定定位属性
● **学习时间** | 5分钟

┨ **实例分析** ┠

　　本实例通过固定定位属性的设置将页面的导航栏固定在页面的某个位置，并且不随浏览器滚动条的变化而改变位置，页面的最终效果如图2-37所示。

图2-37　最终效果

┨ **知识点链接** ┠

　　固定定位的语法格式如下：

position: fixed;

　　固定定位是绝对定位的一种特殊形式，固定定位的容器不会随着页面的滚动而改变，因此可以将页面中的一些特殊效果固定在浏览器的某个视线位置，不会随着滚动条的滚动而变换位置。

┨ **制作步骤** ┠

01 执行"文件→打开"菜单命令，打开页面"光盘\源文件\第2章\实例13.html"，页面效果如图2-38所示。按F12键在浏览器中预览该页面，可以发现左侧的导航菜单会跟着滚动条一起滚动，如图2-39所示。

图2-38　页面效果

图2-39　预览效果

02 转换到该文件链接的外部CSS样式表文件中，找到名为#menu的CSS样式，如图2-40所示。在该CSS样式代码中添加相应的固定定位代码，如图2-41所示。

```
#menu{
    width:290px;
    height:598px;
    font-size:16px;
    color:#f26e14;
    font-weight:bold;
    line-height:30px;
    background-image:url(../images/21302.png);
    background-repeat:no-repeat;
    background-position:top left;
    text-align:right;
    padding-top:170px;
    padding-right:10px;
}
```

图2-40 CSS样式代码

```
#menu{
    position:fixed;
    width:290px;
    height:598px;
    font-size:16px;
    color:#f26e14;
    font-weight:bold;
    line-height:30px;
    background-image:url(../images/21302.png);
    background-repeat:no-repeat;
    background-position:top left;
    text-align:right;
    padding-top:170px;
    padding-right:10px;
}
```

图2-41 CSS样式代码

03 执行"文件→保存"菜单命令，保存页面和外部CSS样式表文件。按F12键即可在浏览器中预览页面，效果如图2-42所示。拖曳浏览器滚动条，可以看到左侧的导航菜单始终固定在浏览器的左侧，效果如图2-43所示。

图2-42 预览效果

图2-43 预览效果

Q 固定定位与绝对定位有什么区别？

A 固定定位与绝对定位的区别在于固定定位的参照位置不是上级元素块而是浏览器窗口，并且使用固定定位的元素可以脱离页面，就是不管页面如何滚动，该元素始终处在页面的同一位置上。

Q 固定定位的参照位置是哪里？

A 固定定位的参照位置不是上级元素块而是浏览器窗口。所以可以使用固定定位来设定类似传统框架样式布局，以及广告框架或导航框架等。使用固定定位的元素可以脱离页面，无论页面如何滚动，始终处在页面的同一位置上。

实例 014　浮动定位——制作作品列表

　　float属性表示浮动属性，它用来改变元素块的显示方式。浮动定位是CSS排版中非常重要的手段之一。浮动框可以左右移动，直到它外边缘碰到包含框或另一个浮动框的边缘。但是float定位只能作用于水平方向上的定位，而不能在垂直方向上定位。

- ● **源 文 件** | 光盘\源文件\第2章\实例14.html
- ● **视　　频** | 光盘\视频\第2章\实例14.swf
- ● **知 识 点** | float定位属性
- ● **学习时间** | 15分钟

实例分析

　　在本实例的制作过程中，充分运用了float定位属性对Div进行控制，可以看到在不同float属性下的页面中Div的位置和效果，页面的最终效果如图2-44所示。

图2-44 最终效果

知识点链接

　　float属性语法格式如下：

float: none | left | right;

　　float定位属性包含3个子属性，分别为none（设置元素不浮动）、left（设置元素左浮动）和right（设置元素右浮动）。

制作步骤

01 执行"文件→打开"菜单命令，打开页面"光盘\源文件\第2章\实例14.html"，页面效果如图2-45所示。转换到代码视图中，可以看到页面的代码，如图2-46所示。

图2-45 页面效果

```
<div id="bottom">
    <div id="pic"><img src="images/21409.jpg" width="300" height="160" /></div>
    <div id="pic01"><img src="images/21410.jpg" width="300" height="160" /></div>
    <div id="pic02"><img src="images/21411.jpg" width="300" height="160" /></div>
    <div id="pic03"><img src="images/21412.jpg" width="300" height="160" /></div>
</div>
```

图2-46 代码视图

02 转换到该文件链接的外部CSS样式表文件中，找到名为#pic的CSS样式，如图2-47所示。在名为#pic的CSS样式代码中添加右浮动代码，如图2-48所示。

```
#pic{
    width:180px;
    height:96px;
    margin:4px;
    background-color:#CCC;
    padding:8px;
}
```

图2-47 CSS样式代码

```
#pic{
    width:180px;
    height:96px;
    margin:4px;
    background-color:#CCC;
    padding:8px;
    float:right;
}
```

图2-48 CSS样式代码

03 返回到设计视图中，可以看到名为pic的Div脱离文档流并向右浮动，直到它的边缘碰到包含框bottom的右边框停止，如图2-49所示。转换到外部CSS样式表文件，将名为#pic的CSS样式代码中的右浮动代码更改为左浮动代码，如图2-50所示。

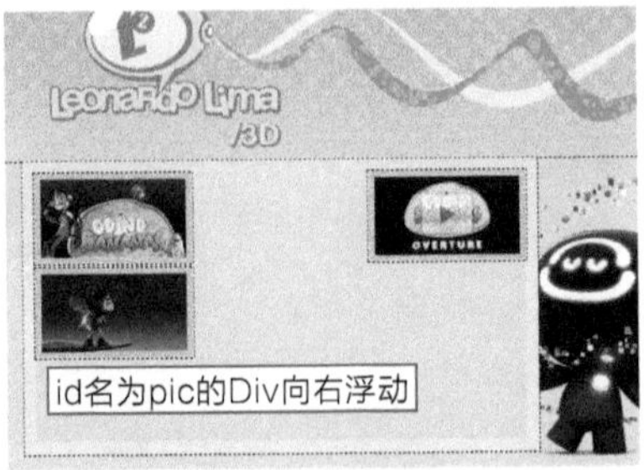

id名为pic的Div向右浮动

图2-49 页面效果

```
#pic{
    width:180px;
    height:96px;
    margin:4px;
    background-color:#CCC;
    padding:8px;
    float:left;
}
```

图2-50 CSS样式代码

04 返回到设计视图中，可以看到页面的效果，如图2-51所示。转换到外部CSS样式表文件，分别在#pic01和#pic02的CSS样式中添加左浮动代码，如图2-52所示。

图2-51 页面效果

```
#pic01{
    width:180px;
    height:96px;
    margin:4px;
    background-color:#CCC;
    padding:8px;
    float:left;
}
#pic02{
    width:180px;
    height:96px;
    margin:4px;
    background-color:#CCC;
    padding:8px;
    float:left;
}
```

图2-52 预览效果

> **提示**
>
> 当 id 名为 pic 的 Div 脱离文档流并向左浮动，直到它的边缘碰到包含框 bottom 的左边缘停止。因为它不再处于文档流中，所以不占据空间，实际上是覆盖住了 id 名为 pic01 的 Div，使 pic01 的 Div 从视图中消失，但是该 Div 中的内容还占据着原来的空间。

05 返回到设计视图中，可以看到页面的效果，如图2-53所示。在名为pic02的Div之后插入名为pic03的Div，将光标移至名为pic03的Div中，将多余文字删除，插入图像"光盘\源文件\第2章\images\21412.jpg"，效果如图2-54所示。

图2-53 页面效果

图2-54 插入图像

> **提示**
>
> 如果将 3 个 Div 都设置左浮动，那么 id 名为 pic 的 Div 向左浮动直到碰到包含框 bottom 的左边缘停止，另外两个 Div 向左浮动直到碰到前一个浮动的 Div 停止。

06 转换到代码视图中，可以看到页面的代码，如图2-55所示。转换到外部CSS样式表文件，创建名为#pic03的CSS规则，如图2-56所示。

```
<div id="bottom">
    <div id="pic"><img src="images/21409.jpg"
width="180" height="96" /></div>
    <div id="pic01"><img src="images/21410.jpg"
width="180" height="96" /></div>
    <div id="pic02"><img src="images/21411.jpg"
width="180" height="96" /></div>
    <div id="pic03"><img src="images/21412.jpg"
width="180" height="96" /></div>
</div>
```

图2-55 代码视图

```
#pic03{
    width:180px;
    height:96px;
    margin:4px;
    background-color:#CCC;
    padding:8px;
    float:left;
}
```

图2-56 CSS样式代码

07 返回到设计视图中，可以看到页面的效果，如图2-57所示。转换到外部CSS样式表文件，修改名为#pic的CSS规则，如图2-58所示。

图2-57 页面效果

```
#pic{
    width:180px;
    height:146px;
    margin:4px;
    background-color:#CCC;
    padding:8px;
    float:left;
}
```

图2-58 CSS样式代码

提示

如果包含框太窄，则无法容纳水平排列的多个浮动元素，那么其他浮动元素将向下移动。

---

08 返回到设计视图中，可以看到页面的效果，如图2-59所示。执行"文件→保存"菜单命令，保存页面和外部CSS样式表文件。按F12键即可在浏览器中预览页面，效果如图2-60所示。

图2-59 页面效果

图2-60 预览效果

提示

如果浮动元素的高度不同，那么当它们向下移动时可能会被其他浮动元素卡住。

Q 为什么要设置float属性？

A 因为在网页中分为行内元素和块元素，行内元素是可以显示在同一行上的元素，例如<span>；块元素是占据整行空间的元素，例如<div>。如果需要将两个<div>显示在同一行上，就需要使用float属性。

Q 什么是CSS盒模型？

A CSS中所有的页面元素都包含在一个矩形框内，这个矩形框就称为盒模型。盒模型描述了元素及其属性在页面布局中所占的空间大小，因此盒模型可以影响其他元素的位置及大小。一般来说这些被占据的空间往往都比单纯的内容要大。换句话说，可以通过整个盒子的边框和距离等参数，来调节盒子的位置。

盒模型是由margin（边界）、border（边框）、padding（填充）和content（内容）几个部分组成的。此外，在盒模型中还具备高度和宽度两个辅助属性，盒模型如图2-61所示。

一个盒子的实际高度或宽度是由content+padding+border+margin组成的。在CSS中，可以通过设置width或height属性来控制content部分的大小，并且对于任何一个盒子，都可以分别设置4个边的border、margin和padding。

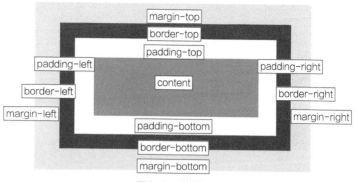

图2-61 盒模型

实例 015 空白边叠加——控制元素的上下边距

在Dreamweaver中，当两个空白边相遇时，会相互叠加生成一个空白边，而这个空白边的宽度或者高度的大小则取决于这两个发生叠加的空白边中高度或者宽度数值较大的一方。

- **源 文 件** | 光盘\源文件\第2章\实例15.html
- **视　　频** | 光盘\视频\第2章\实例15.swf
- **知 识 点** | 空白边叠加
- **学习时间** | 10分钟

实例分析

本实例通过对页面中的元素设置margin属性来向人家讲述空白边叠加的效果，并对Div进行定位，页面的最终效果如图2-62所示。

图2-62 最终效果

知识点链接

当页面中的一个元素山现在另一个元素上面时，上面元素的底空白边与下面元素的顶空白边会发生空白边叠加。

制作步骤

01 执行"文件→打开"菜单命令，打开页面"光盘\源文件\第2章\实例15.html"，页面效果如图2-63所示。转换到该文件链接的外部CSS样式表文件中，可以看到名为#pic和#pic01的CSS样式代码，如图2-64所示。

```
#pic{
    width:700px;
    height:200px;
}
#pic01{
    width:700px;
    height:200px;
}
```

图2-63 页面效果　　　　　　　　　　图2-64 CSS样式代码

02 分别在名为#pic和#pic01的CSS样式代码中添加下边界代码和上边界代码，如图2-65所示。返回到设计视图中，选中名为pic的Div，可以看到所设置的下边界效果，如图2-66所示。

```
#pic{
    width:700px;
    height:200px;
    margin-bottom:20px;
}
#pic01{
    width:700px;
    height:200px;
    margin-top:10px;
}
```

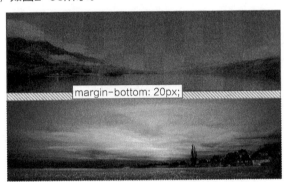

图2-65 CSS样式代码　　　　　　　　　图2-66 下边界效果

03 选中名为pic01的Div，可以看到所设置的上边界效果，如图2-67所示。执行"文件→保存"菜单命令，保存页面和外部CSS样式表文件。按F12键即可在浏览器中预览该页面，效果如图2-68所示。

图2-67 上边界效果　　　　　　　　　　图2-68 预览效果

Q 出现空白边叠加时，空白边的高度究竟取决于哪个元素？
A 空白边的高度取决于两个发生叠加的空白边中高度较大者。
Q 空白边叠加在什么情况下才会发生？
A 空白边叠加只会发生在普通文档流中块框的垂直空白边中。行内框、浮动框或者是定位框之间的空白边是不会叠加的。

实例 016　流体网格布局——制作个人作品展示页面

如今，随着网络及移动设备的迅速发展，可以浏览网页的设备也越来越多，为了满足各种不同设备对网页浏览的需求，Dreamweaver CS6中新增了流体网格布局的功能，该功能便是针对目前流行的智能手机、平板电脑和桌面电脑三种设备浏览网页而存在的。

- **源 文 件** | 光盘\源文件\第2章\实例16.html
- **视　　频** | 光盘\视频\第2章\实例16.swf
- **知 识 点** | 流体网格布局
- **学习时间** | 30分钟

实例分析

本实例制作的是个人作品展示页面，页面中所有的内容都是通过流体网格布局的形式制作的，页面的最终效果如图2-69所示。

图2-69　最终效果

知识点链接

通过流体网格布局功能制作的页面能够适应三种不同的设备，并且可以随时在三种不同的设备中查看页面的效果。

制作步骤

01 执行"文件→新建"菜单命令，弹出"新建文档"对话框，选择"流体网格布局"选项卡，如图2-70所示。单击"创建"按钮，弹出"将样式表文件另存为"对话框，设置如图2-71所示。

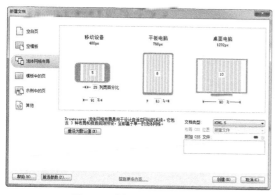

图2-70　"新建文档"对话框

图2-71　"将样式表文件另存为"对话框

02 单击"保存"按钮，保存外部样式表文件，并新建流体网格布局页面，如图2-72所示。执行"文件→保存"菜单命令，将其保存为"光盘\源文件\第2章\实例16.html"，单击"保存"按钮，弹出"复制相关文件"对话框，如图2-73所示。

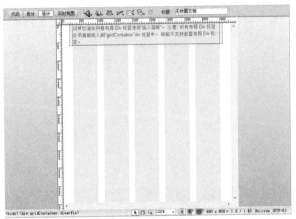

图2-72 页面效果

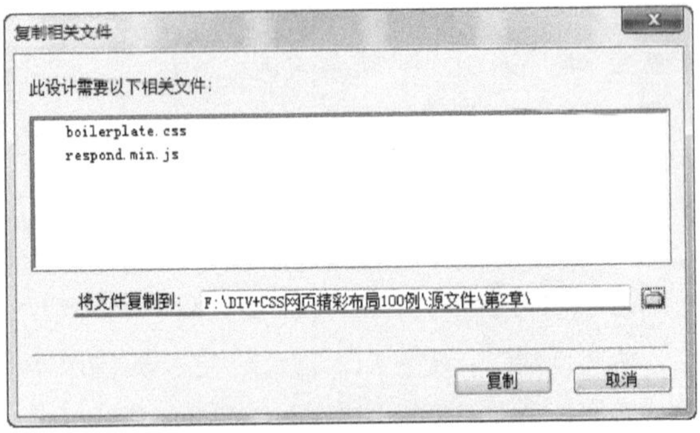

图2-73 "复制相关文件"对话框

03 单击"复制"按钮，即可将相关文件复制到指定的位置。转换到所链接的CSS样式文件 2-16.css中，创建body标签的CSS样式，如图2-74所示。返回设计页面中，可以看到页面的效果，如图2-75所示。

```
body{
    font-family:"宋体";
    font-size:12px;
    color:#777387;
    background-image:url(../images/21601.jpg);
    background-repeat:no-repeat;
    background-position:center top;
}
```

图2-74 CSS样式代码

图2-75 页面效果

04 单击"文档"工具栏上的"可视化助理"按钮，在弹出菜单中取消对"流体网格布局参考线"选项的勾选，如图2-76所示。页面效果如图2-77所示。

图2-76 "可视化助理"下拉菜单

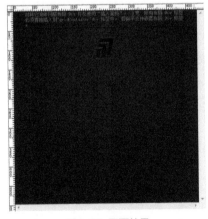

图2-77 页面效果

05 将光标移至页面中默认的名为LayoutDiv1的Div中，将多余的文字删除，插入图像"光盘\源文件\第2章\images\21602.png"，如图2-78所示。切换到2-16.css文件中，找到名为#LayoutDiv1的CSS规则，如图2-79所示。

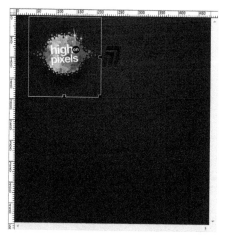

图2-78 插入图像

```
#LayoutDiv1 {
    clear: both;
    float: left;
    margin-left: 0;
    width: 100%;
    display: block;
}
```

图2-79 CSS样式代码

06 添加相应的CSS样式设置，注意三种CSS样式代码都需要添加，如图2-80所示。返回到设计视图，可以看到页面的效果，如图2-81所示。

```
#LayoutDiv1 {
    clear: both;
    float: left;
    margin-left: 0;
    width: 100%;
    display: block;
    text-align: center;
}
```

图2-80 CSS样式代码

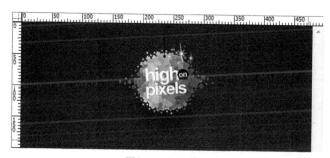

图2-81 页面效果

> **提示**
>
> 由于流体网格布局是针对不同的浏览器设备而存在的，因此在其链接的CSS样式表中，同一个CSS样式设置在针对不同设备时都有独立的CSS样式代码。在修改时也需要注意，针对不同设备的CSS样式代码都需要修改。

07 将光标移至名为LayoutDiv1的Div之后，单击"插入"面板上的"布局"选项卡中的"插入流体网格布局Div标签"按钮，如图2-82所示。弹出"插入流体网格布局Div标签"对话框，设置如图2-83所示。

图2-82 "插入"面板

图2-83 "插入流体网格布局Div标签"对话框

08 单击"确定"按钮，即可在光标所在位置插入名为menu的div，如图2-84所示。切换到2-16.css文件中，可以看到与刚插入的Div相对应的CSS样式代码，如图2-85所示。

图2-84 页面效果

```
#menu {
    clear: both;
    float: left;
    margin-left: 0;
    width: 100%;
    display: block;
}
```

图2-85 CSS样式代码

09 修改名为#menu的CSS样式，注意三种CSS样式代码都需要修改，如图2-86所示。返回设计视图，页面效果如图2-87所示。

```
#menu {
    clear: both;
    margin-left: 0;
    display: block;
    height:39px;
    line-height:39px;
    background-image:url(../images/21603.png);
    background-repeat:repeat-x;
    padding-left:20px;
}
```

图2-86 CSS样式代码

图2-87 页面效果

10 将光标移至名为menu的Div中，将多余文字删除，并输入相应的文字，如图2-88所示。转换到代码视图，为文字添加\<span\>\</span\>标签，如图2-89所示。

图2-88 输入文字

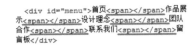

```
<div id="menu">首页<span></span>作品展
示<span></span>设计理念<span></span>团队
合作<span></span>联系我们<span></span>留
言板</div>
```

图2-89 添加相应的标签

11 切换到2-16.css文件中，创建名为#menu span的CSS规则，如图2-90所示。返回设计视图，页面效果如图2-91所示。

```
#menu span{
    margin-left:12px;
    margin-right:12px;
}
```

图2-90 CSS样式代码

图2-91 页面效果

12 将光标移至名为menu的Div后，单击"布局"选项卡中的"插入流体网格布局Div标签"按钮，在弹出的"插入流体网格布局Div标签"对话框中进行设置，如图2-92所示。设置完成后，单击"确定"按钮，页面效果如图2-93所示。

图2-92 "插入流体网格布局Div标签"对话框

图2-93 页面效果

13 切换到2-16.css文件中，找到名为#pic1的CSS规则，如图2-94所示。对其进行相应的修改，注意三种CSS样式代码都需要修改，如图2-95所示。

```
#pic1 {
    clear: both;
    float: left;
    margin-left: 0;
    width: 100%;
    display: block;
}
```

图2-94 CSS样式代码

```
#pic1 {
    clear: both;
    float: left;
    margin-left: 0;
    display: block;
    padding: 5px;
    margin: 15px 9px;
    text-align: center;
    background-color: #2e2b3b;
}
```

图2-95 CSS样式代码

14 返回到设计视图，页面效果如图2-96所示。将光标移至名为pic1的Div中，将多余文字删除，插入相应的图像并输入文字，如图2-97所示。

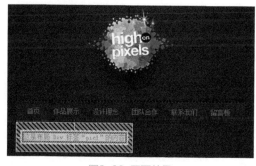

图2-96 页面效果

图2-97 插入图像并输入文字

15 切换到2-16.css文件中，创建名为.font的类CSS样式，如图2-98所示。返回到设计视图，为相应的文字应用该类CSS样式，页面效果如图2-99所示。

```
.font{
    color: #FFF;
    font-size: 14px;
    line-height: 25px;
}
```

图2-98 CSS样式代码

图2-99 页面效果

16 切换到2-16.css文件中，创建名为#pic1 img和名为#pic1:hover的CSS样式，如图2-100所示。返回到设计视图，单击文档工具栏上的“实时视图”按钮，可以预览到页面的效果，如图2-101所示。

```css
#pic1 img{
    width: 180px;
    margin-bottom: 5px;
}
#pic1:hover{
    background-color: #4c4762;
    cursor: pointer;
}
```

图2-100 CSS样式代码

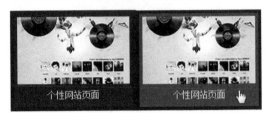

图2-101 预览效果

17 将光标移至名为pic1的Div后，单击“布局”选项卡中的“插入流体网格布局Div标签”按钮，在弹出的“插入流体网格布局Div标签”对话框中进行设置，如图2-102所示。单击“确定”按钮，即可在光标所在位置插入名为pic2的Div，如图2-103所示。

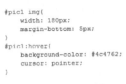

图2-102 “插入流体网格布局Div标签”对话框

图2-103 页面效果

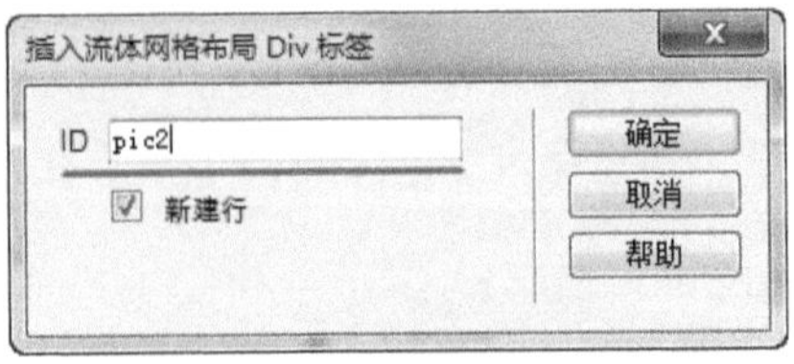

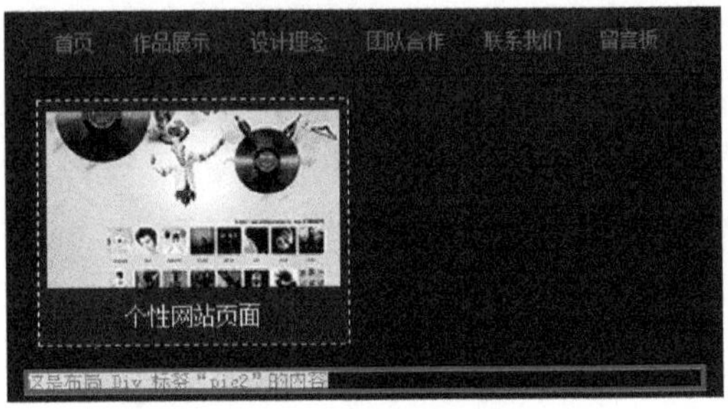

18 切换到2-16.css文件中，找到名为#pic2的CSS规则，如图2-104所示。对其进行相应的修改，注意三种CSS样式代码都需要修改，如图2-105所示。

```css
#pic2 {
    clear: both;
    float: left;
    margin-left: 0;
    width: 100%;
    display: block;
}
```

图2-104 CSS样式代码

```css
#pic2 {
    float: left;
    margin-left: 0;
    display: block;
    padding: 5px;
    margin: 15px 9px;
    text-align: center;
    background-color: #2e2b3b;
}
```

图2-105 CSS样式代码

19 返回到设计视图，页面效果如图2-106所示。使用相同的方法，可以完成该Div中内容的制作，如图2-107所示。

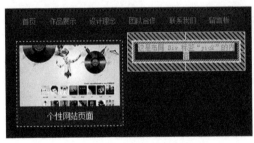

图2-106 页面效果

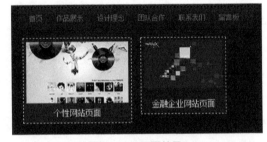

图2-107 页面效果

20 切换到2-16.css文件中，创建名为#pic2 img和#pic2:hover的CSS样式，如图2-108所示。返回到设计视图，页面效果如图2-109所示。

```css
#pic2 img{
    width: 180px;
    margin-bottom: 5px;
}
#pic2:hover{
    background-color: #4c4762;
    cursor: pointer;
}
```

图2-108 CSS样式代码

图2-109 页面效果

第1篇 第2篇 第3篇 第4篇

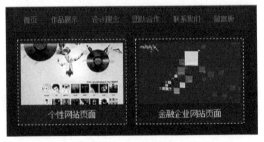

21 使用相同的制作方法，完成页面其他内容的制作，效果如图2-110所示。执行"文件→保存"菜单命令，保存该页面，并保存外部的CSS样式表文件。单击"实时视图"按钮，在实时视图中即可预览页面效果，如图2-111所示。

图2-110　页面效果

图2-111　预览效果

22 单击"状态"栏中的"平板电脑大小"按钮，即可查看该页面在平板电脑中显示的效果，如图2-112所示。单击"状态"栏中的"桌面电脑大小"按钮，即可查看页面在桌面电脑中显示的效果，如图2-113所示。

图2-112　平板电脑大小的显示效果

图2-113　桌面电脑大小的显示效果

23 保存该页面，在Chrome浏览器中预览页面，效果如图2-114所示。

图2-114　预览效果

Q 流体网格布局支持嵌套的Div标签吗？

A 流体网格布局目前不支持嵌套的Div标签，并且所有插入的Div标签都必须位于默认的"gridContainer"Div标签中。

Q 为什么流体 网格布局的网页所链接的CSS样式表中都有三个ID CSS样式？

A 在流体网格布局页面中插入流体网格布局Div标签后，会自动在其链接外部CSS样式表文件中创建相应的ID CSS样式，因为流体网格布局是针对手机、平板电脑和桌面电脑这三种设备的，因此在外部的CSS样式表文件中会针对相应的设备在不同的位置创建出3个ID CSS样式。

第 03 章

使用CSS控制网页背景

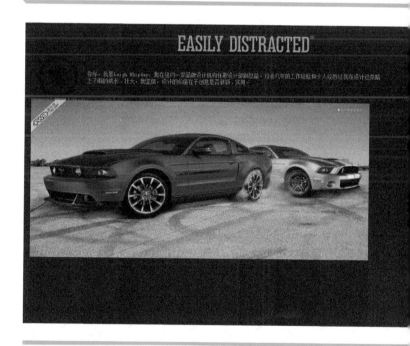

在Dreamweaver中，使用CSS样式可以轻松地控制网页的背景图像和背景颜色。在制作网页时，这种方法十分方便、简洁，并且能够有效地避免HTML对页面元素控制带来的不必要的麻烦。

使用CSS控制网页背景可以使网页的视觉效果更加丰富多彩，但是使用的背景图像和背景颜色一定要与网页中的内容相匹配。另外，背景图像和背景颜色还要能够传达网页的主体信息，可以在网页中起到画龙点睛的作用。

实例 017 定义页面背景颜色——制作个人作品网站页面

在Dreamweaver中，只需要在CSS样式代码中添加background-color属性，即可定义网页的背景颜色，该属性接受任何有效的颜色值。如果没有对背景颜色进行任何定义，则其默认值为透明。

- **源 文 件** | 光盘\源文件\第3章\实例17.html
- **视 频** | 光盘\视频\第3章\实例17.swf
- **知 识 点** | background-color属性
- **学习时间** | 10分钟

实例分析

在本案例的制作过程中向大家介绍了通过定义background-color属性对整个页面以及Div的背景颜色进行设置，页面的最终效果如图3-1所示。

图3-1 最终效果

知识点链接

background-color的语法如下：

background-color：color | transparent；

通常情况下，如果在body标签中应用background-color属性，即可将该颜色应用于整个页面。

在CSS样式中，background-color属性中包括2个子属性，分别为color（设置背景的颜色，它可以采用英文单词、十六进制、RGB、HSL、HSLA和GRBA）和transparent（默认值，表示透明）。

制作步骤

01 执行"文件→打开"菜单命令，打开页面"光盘\源文件\第3章\实例17.html"，如图3-2所示。转换到外部CSS样式表3-17.css文件中，在名为body的标签CSS样式内添加相应的CSS样式代码，如图3-3所示。

图3-2 打开页面

```
body{
    font-family:"黑体";
    font-size:12px;
    background-color:#e8c11c;
}
```

图3-3 CSS样式代码

02 返回到设计视图中，可以看到页面的背景效果，如图3-4所示。转换到外部CSS样式表3-17.css文件中，在名为#left的CSS样式中添加相应的CSS样式代码，如图3-5所示。

图3-4 页面效果

```
#left{
    float:left;
    width:161px;
    height:392px;
    color:#e7c01b;
    padding-left:25px;
    padding-top:15px;
    background-color:#000;
}
```

图3-5 CSS样式代码

03 返回到设计视图中，可以看到页面的背景效果，如图3-6所示。转换到外部CSS样式表3-17.css文件中，在名为#middle的CSS样式中添加相应的CSS样式代码，如图3-7所示。

04 保存外部样式表文件。返回到设计视图，按F12键即可在浏览器中预览该页面的效果，可以看到为页面添加背景颜色代码后的效果，如图3-8所示。

```
#middle{
    float:left;
    width:120px;
    height:392px;
    margin-left:39px;
    margin-right:10px;
    padding-top:15px;
    padding-left:15px;
    padding-right:25px;
    background-color:#FFF;
}
```

图3-6 页面效果　　　　图3-7 CSS样式代码　　　　图3-8 预览效果

Q 除了颜色值外，background-color属性还包括哪些属性值？

A 还可以使用transparent和inherit值。transparent值实际上是所有元素的默认值，其意味着显示已经存在的背景；若确实需要继承background-color属性，则可以使用inherit值。

Q background-color属性与bgcolor属性有什么不同？

A background-color属性类似于HTML中的bgcolor属性，但是bgcolor属性只能对\<body\>、\<table\>、\<tr\>、\<th\>和\<td\>标签进行设置。

实例 018　定义背景图像——为网页添加背景图像

在Dreamweaver中，只需要在CSS样式代码中添加background-image属性，即可定义网页的背景图像。

● **源 文 件** | 光盘\源文件\第3章\实例18.html
● **视　　频** | 光盘\视频\第3章\实例18.swf
● **知 识 点** | background-image属性
● **学习时间** | 5分钟

实例分析

本实例主要向大家介绍的是通过在CSS样式代码中添加background-image属性并进行相应的设置，从而为网页定义背景图像，使得原本空荡的网页界面焕发活力和生机，最终效果如图3-9所示。

图3-9 最终效果

知识点链接

background-image的语法如下：

background-image：none | url（url）；

通常情况下，如果将background-image属性在body标签中应用，即可将该图像应用于整个页面。

在CSS样式中，background-image属性中包含2个子属性，分别为none（默认属性是无背景图片）和url（链接所需要使用的背景图片地址，url可以使用相对路径，也可以使用绝对路径）。

制作步骤

01 执行"文件→打开"菜单命令，打开页面"光盘\源文件\第3章\实例18.html"，如图3-10所示。转换到外部CSS样式表3-18.css文件中，可以看到名为body标签的CSS样式代码，如图3-11所示。

图3-10 打开页面

```
body{
    font-family:"宋体";
    font-size:15px;
    line-height:25px;
    color:#CCC;
}
```

图3-11 CSS样式代码

02 在该CSS样式中添加背景图像的CSS样式设置代码，如图3-12所示。返回到设计视图中，可以看到页面的效果，如图3-13所示。

```
body{
    font-family:"宋体";
    font-size:15px;
    line-height:25px;
    color:#CCC;
    background-image:url(../image/31801.jpg);
}
```

图3-12 CSS样式代码

图3-13 页面效果

03 执行"文件→保存"菜单命令，保存外部CSS样式表。返回到设计视图，按F12键即可在浏览器中预览页面的效果。添加代码之前的页面效果，如图3-14所示。添加代码之后的页面效果，如图3-15所示。

图3-14 预览效果

图3-15 预览效果

Q 如何控制背景图像的平铺？

A 为页面或元素添加背景图像后，图像在默认情况下会以平铺的方式重复显示。如果需要背景图像以其他方式显示，可以通过background-repeat属性进行控制。

background-repeat属性具有5个属性值可供选择。

- inherit：从父元素继承background-repeat属性的设置。
- no-repeat：背景图像只显示一次，不重复。
- repeat：在水平和重直方式上重复显示背景图像。
- repeat-x：只沿X轴水平方式重复显示背景图像。
- repeat-y：只沿Y轴垂直方式重复显示背景图像。

Q 为网页的背景图像设置重复的作用是什么？

A 为背景图像设置重复方式，图像会沿X轴或Y轴进行平铺。在网页设计中，这是一种很常见的方式，该方法一般用于设置渐变类背景图像。通过这种方法可以使渐变图像沿设置的方式进行平铺，形成渐变背景的效果，从而达到减小背景图像大小、加快网页下载速度的目的。

实例 019　背景图像的位置——控制网页中背景图像的位置

在Dreamweaver中，传统的表格布局不能实现精确到像素单位的定位，但是CSS样式代码可以做到。通过设置background-position属性，可以对指定的背景图像进行精确的定位，从而改变背景图像在页面中的位置。

- **源 文 件** | 光盘\源文件\第3章\实例19.html
- **视　　频** | 光盘\视频\第3章\实例19.swf
- **知 识 点** | background-position属性
- **学习时间** | 5分钟

实例分析

本实例通过为页面添加和定位背景图像的操作向大家讲述了如何在Dreamweaver中使用background-position属性，页面的最终效果如图3-16所示。

图3-16 最终效果

知识点链接

background-position的语法如下：

background-position：length | percentage | top | center | bottom | left | right;

在CSS样式中，background-position属性中包含7个属性值，分别为length（设置背景图像与页面边距水平和垂直方向的距离，单位为cm、mm、px等）、percentage（根据页面元素框的宽度或高度的百分比放置背景图像）、top（设置背景图像顶部居中显示）、center（设置背景图像居中显示）、bottom（设置背景图像底部中显示）、left（设置背景图像左部居中显示）和right（设置背景图像右部居中显示）。

┤ 制作步骤 ├

01 执行"文件→打开"菜单命令，打开页面"光盘\源文件\第3章\实例19.html"，如图3-17所示。转换到外部CSS样式表3-19.css文件中，在名为#box的CSS样式代码中添加定义背景图像的CSS样式代码，如图3-18所示。

```
#box{
    width:100%;
    height:600px;
    background-image:url(../image/31902.png);
    background-repeat:no-repeat;
    background-position:180px 30px;
}
```

图3-17 打开页面　　　　　　　　　　　　　图3-18 CSS样式代码

02 返回到设计视图中，可以看到页面的效果，如图3-19所示。执行"文件→保存"菜单命令，保存该页面。按F12键即可在浏览器中预览页面的效果，如图3-20所示。

图3-19 页面效果　　　　　　　　　　　　　图3-20 预览效果

提示

在定位页面的背景图像时，还可以通过 background-position 属性的默认值进行简单的定位，其默认值为"topleft"，与"0%0%"是一样的。background-position 属性还可以与 background-repeat 属性一起使用，在页面上水平或者垂直放置重复的图像。

Q background-position属性的设置可以使用哪些值？

A 可以使用百分比值或单词值。百分比值表示在背景图像上的水平距离，例如，"20% 70%"即表示水平距左边20%、垂直距上边70%；若使用单词值，例如，"right center"即表示水平居右、垂直居中。

Q 如何通过background-position属性将暗淡的图像用作水印效果？

A 在Dreamweaver中，可以通过应用background-repeat的属性值no-repeat和background-position的属性值"center center"，将暗淡的图像用作水印效果。

实例 020 **固定背景图像——控制网页的背景图像固定不动**

我们所浏览的大部分网页在拖曳浏览器的滚动条时，页面的背景便会随着页面的内容一起滚动。若想网页的背景不受滚动条的影响，保持在固定的位置，可以通过在CSS样式代码中添加background-attachment属性进行定义。

- **源　文　件** | 光盘\源文件\第3章\实例20.html
- **视　　　频** | 光盘\视频\第3章\实例20.swf
- **知　识　点** | background-attachment属性
- **学习时间** | 5分钟

实例分析

　　本实例通过在CSS代码中添加background-attachment属性的设置，控制页面背景始终固定在一个位置，实现固定背景的效果，页面的最终效果如图3-21所示。

图3-21　最终效果

知识点链接

　　background-attachment的语法如下：

　　background-attachment：scroll | fixed;

　　在CSS样式中，background attachment属性中包含2个属性值，分别为scroll（默认值，当页面滚动时，背景图像跟随着页面一起滚动）和fixed（将背景图像固定在页面的可见区域）。

制作步骤

01 执行"文件→打开"菜单命令，打开页面"光盘\源文件\第3章\实例20.html"，如图3-22所示。转换到外部CSS样式表3-20.css文件中，在body标签的CSS样式代码中添加定义背景图像固定的CSS样式代码，如图3-23所示。

图3-22　打开页面

```
body{
    font-family:"宋体";
    font-size:12px;
    color:#FFF;
    line-height:25px;
    background-image:url(../image/32001.jpg);
    background-position:top left;
    background-attachment:fixed;
}
```

图3-23　CSS样式代码

02 执行"文件→保存"菜单命令，保存外部CSS样式表。返回到设计视图，按F12键即可在浏览器中预览页面，如图3-24所示。

图3-24 预览效果

Q 背景的CSS样式可以缩写吗？如何缩写？

A 可以的，background属性也可以将各种有关背景的样式设置集成到一个语句上，这样不仅可以节省大量的代码，而且加快了网络下载页面的速度。例如，下面的CSS样式设置代码：

```
.img01 {
    background-image: url(images/bg.jpg);
    background-repeat: no-repeat;
    background-attachment: scroll;
    background-position: center center;
}
```

以上的CSS样式代码可以简写为如下的形式：

```
.img01 {
    background: url(images/bg.jpg) no-repeat scroll center center;
}
```

两种属性声明的方式在显示效果上是完全一致的，第一种方法虽然代码较长，但可读性较高。

Q 使用CSS定义样式的好处是什么？

A 使用CSS样式不仅可以控制传统的格式属性，例如字体、字体大小、背景颜色、对齐等，还可以控制诸如位置、特殊效果、鼠标滑过之类的HTML属性。使用CSS样式可以更加全面地对网页进行控制。

实例 021 background-size属性（CSS3.0）——控制背景图像大小

在CSS3.0中，新增的background-size属性可以控制背景图像的大小，从而使得在进行网页设计时能够更加灵活地运用各种尺寸的图像来作为网页的背景图像，极大地扩展了网页背景图像的使用范围。

● **源 文 件** | 光盘\源文件\第3章\实例21.html

● **视　　频** | 光盘\视频\第3章\实例21.swf

● **知 识 点** | background-size属性

● **学习时间** | 10分钟

实例分析

本实例通过在CSS样式中对background-size属性进行相应的设置来控制页面中背景图像的显示大小，页面的最终效果如图3-25所示。

图3-25 最终效果

知识点链接

background-size语法格式如下：

background-size: [<length> | <percentage> | auto]{1,2} | cover | contain;

在CSS样式中，background-size属性包含4个属性值，分别为length（由浮点数字和单位标识符组成的长度值，不可以为负值）、percentage（可以取0%至100%之间的值，不可以为负值）、cover（保持背景图像本身的宽高比，将背景图像缩放到正好完全覆盖所定义的背景区域）和contain（保持背景图像本身的宽高比，将图片缩放到宽度和高度正好适应所定义的背景区域）。

制作步骤

01 执行"文件→打开"菜单命令，打开页面"光盘\源文件\第3章\实例21.html"，如图3-26所示。转换到外部CSS样式表3-21.css文件中，在名为#bg的CSS样式代码中添加定义背景图像的CSS样式代码，如图3-27所示。

图3-26 打开页面

```
#bg{
    width:960px;
    height:480px;
    margin-bottom:20px;
    background-image:url(../image/32103.jpg);
    background-repeat:no-repeat;
}
```

图3-27 CSS样式代码

02 返回到设计视图中，将名为bg的Div中多余的文字删除，执行"文件→保存"菜单命令，保存该页面。在Chrome浏览器中预览页面，效果如图3-28所示。返回到外部CSS样式表文件中，在名为#bg的CSS样式代码中添加背景图像大小的属性设置，如图3-29所示。

图3-28 预览效果

```
#bg{
    width:960px;
    height:480px;
    margin-bottom:20px;
    background-image:url(../image/32103.jpg);
    background-repeat:no-repeat;
    -webkit-background-size:80% 350px;
}
```

图3-29 CSS样式代码

03 执行"文件→保存"菜单命令，保存该页面。在 Chrome浏览器中预览页面效果，可以看到控制背景图像大小后的效果，如图3-30所示。

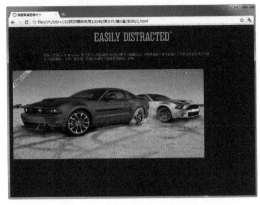

图3-30 预览效果

Q 在不同引擎类型的浏览器下，background-size是什么形式？

A 如果在Webkit核心的浏览器中预览，则需要在属性名称前面加"-webkit-"；如果在Presto核心的浏览器中预览，则需要在属性名称前面加"-o-"；如果在Gecko核心的浏览器中预览，则需要在属性名称前面加"-moz-"。

Q background-size属性的浏览器兼容性如何？

A 该属性目前只对Chrome浏览器、Opera浏览器以及Safari浏览器兼容，对IE浏览器和Firefox浏览器则不兼容。

实例 022 **background-origin 属性（CSS3.0）——控制背景图像显示区域**

默认情况下，background-position属性以元素左上角的原点为基准来定位背景图像。在CSS3.0中，新增的 background-origin属性可以改变这种定位方式，使用其他方式控制背景图像的显示区域，使得在网页设计中能够更加灵活地对背景图像进行定位。

● **源文件** | 光盘\源文件\第3章\实例22.html

● **视频** | 光盘\视频\第3章\实例22.swf

● **知识点** | background-origin属性

● **学习时间** | 5分钟

┤ **实例分析** ├

本实例通过在CSS样式代码中添加background-size属性和background-origin属性的设置来控制页面背景的显示效果，页面的最终效果如图3-31所示。

图3-31 最终效果

┤ **知识点链接** ├

background-origin语法格式如下：

background-origin: border | padding | content;

制作步骤

01 执行"文件→打开"菜单命令，打开页面"光盘\源文件\第3章\实例22.html"，如图3-32所示。转换到外部CSS样式表3-22.css文件中，可以看到名为#pic的CSS样式代码，如图3-33所示。

```
#pic{
    width:620px;
    height:342px;
    border:ridge #FFF 10px;
    padding:15px;
    background-image:url(../image/32202.jpg);
    background-repeat:no-repeat;
}
```

图3-32 打开页面　　　　　　　　　　　　　图3-33 CSS样式代码

02 将该页面在Chrome浏览器中预览，可以看到背景图像的效果，如图3-34所示。返回到外部CSS样式表文件中，在名为#pic的CSS样式代码中添加背景图像大小和背景图像显示区域的CSS样式设置，如图3-35所示。

03 执行"文件→保存"菜单命令，保存外部CSS样式表文件。在Chrome浏览器中预览该页面，效果如图3-36所示。

图3-34 页面效果　　　　　　　図3-35 CSS样式代码　　　　　　　图3-36 页面效果

Q background-origin属性的各属性值分别表示什么？

A background-origin属性值说明如下。

- border：从border区域开始显示背景。
- padding：从padding区域开始显示背景。
- content：从content区域开始显示背景。

Q 目前常用的浏览器都是以什么为内核引擎的？

A IE浏览器采用的是自己的IE内核，包括国内的遨游、腾讯TT等浏览器都是以IE为内核的。而以Gecko为引擎的浏览器主要有Netscape、Mozilla和Firefox。以Webkit为引擎核心的浏览器主要有Safari和Chrome。以Presto为引擎核心的浏览器主要有Opera。

实例 023　background-clip 属性（CSS3.0）——控制背景图像的裁剪区域

在Dreamweaver中，可以通过CSS3.0中新增的background-clip属性来定义背景图像的裁剪区域。
background-clip属性与background-origin属性不同，区别在于background-clip属性是用来判断背景图像是否包含边框区域，而background-origin属性是用来决定background-position属性定位的参考位置。

● 源 文 件 | 光盘\源文件\第3章\实例23.html
● 视　　频 | 光盘\视频\第3章\实例23.swf

● **知 识 点** | background-clip属性

● **学习时间** | 5分钟

┃ 实例分析 ┃

　　在本实例的制作过程中，主要运用了background-clip属性对页面的背景图像进行进一步控制，使其符合用户的需求，页面的最终效果如图3-37所示。

图3-37 最终效果

┃ 知识点链接 ┃

background-clip语法格式如下：

background-clip: border-box | padding-box | content-box | no-clip;

┃ 制作步骤 ┃

01 执行"文件→打开"菜单命令，打开页面"光盘\源文件\第3章\实例23.html"，如图3-38所示。转换到外部CSS样式表3-23.css文件中，可以看到名为#bg的CSS样式代码，如图3-39所示。

图3-38 打开页面

```
#bg{
    width:694px;
    height:501px;
    margin:0px auto;
    padding:25px 25px;
    background-image:url(../image/32301.jpg);
    background-repeat:no-repeat;
    background-position:center center;
    border:#990 solid 10px;
}
```

图3-39 CSS样式代码

02 将该页面在Chrome浏览器中预览，可以看到背景图像的效果如图3-40所示。返回到外部CSS样式表文件中，在名为#bg的的CSS样式代码中添加背景图像裁剪区域的CSS样式设置，如图3-41所示。

03 保存外部CSS样式表文件。在Chrome浏览器中预览页面，效果如图3-42所示。

图3-40 预览页面

```
#bg{
    width:694px;
    height:501px;
    margin:0px auto;
    padding:25px 25px;
    background-image:url(../image/32301.jpg);
    background-repeat:no-repeat;
    background-position:center center;
    border:#990 solid 10px;
    -webkit-background-clip:content-box;
}
```

图3-41 CSS样式代码

图3-42 预览页面

Q background-clip属性的各属性值分别表示什么？

A background-clip属性说明如下。

- border-box：从border区域向外裁剪背景图像。
- padding-box：从padding区域向外裁剪背景图像。
- content-box：从content区域向外裁剪背景图像。
- no-clip：与border-box属性值相同，从border区域向外裁剪背景图像。

Q 在CSS 3.0中可以为页面元素定义多重背景图像吗？

A 在CSS3.0中允许使用background属性定义多重背景图像，可以把不同的背景图像只放到一个块元素中。其定义语法如下：

background: [background-image] | [background-origin] | [background-clip] | [background-repeat] | [background-size] | [background-position]

- <background-image>：指定对象的背景图像。
- <background-origin>：指定背景图像的显示区域。
- <background-clip>：指定背景图像的裁剪区域。
- <background-repeat>：指定背景图像重复的方式。
- <background-size>：指定背景图像的大小。
- <background-position>：指定背景图像的位置。

在CSS3.0中允许为容器设置多层背景图像，多个背景图像的url之间使用逗号（,）隔开；如果有多个背景图像，而其他属性只有一个（例如background-repeat属性只有一个），则表示所有背景图像都应用这一个background-repeat属性值。

第 **04** 章

使用CSS控制文本

文字是网页中必不可少的元素之一。在网页中文字不但起着传达信息的作用，还要能够美化网页界面，不论在颜色、字体还是字号上，都要与网页的整体结构和风格相匹配。

网站的页面越大，文字和图片等元素就越多，因此需要管理的样式也就越多。在Dreamweaver中可以通过定义CSS样式对文字的样式进行设置，这种方法不但简单明了，而且方便修改，最大的好处是可以同时为多段文字赋予同一CSS样式，在修改时只需要修改某一个CSS样式设置，即可同时修改应用该CSS样式的所有文字。下面我们将通过实例向大家进行详细讲解。

实例 024 定义字体——制作广告页面

在Dreamweaver中，既在HTML代码中提供了字体样式设置的功能，也在CSS样式中提供了字体样式设置的功能。在CSS样式中，通过font-family属性可以对文字的字体样式进行设置，通过font-size属性可以对文字的大小进行设置，通过font-weight属性可以对字体的粗细进行设置，通过color属性可对文字的颜色进行设置，接下来通过实例来为大家进行详细讲解。

- **源 文 件** | 光盘\源文件\第4章\实例24.html
- **视　　频** | 光盘\视频\第4章\实例24.swf
- **知 识 点** | font-family属性、font-size属性、font-weight属性、color属性
- **学习时间** | 10分钟

实例分析

本实例主要是通过设置相应的属性对网页中文字的字体、大小、颜色和粗细等样式进行设置，从而使网页的视觉效果更佳，页面的最终效果如图4-1所示。

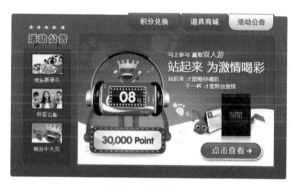

图4-1 最终效果

知识点链接

在CSS样式中，font-family属性的语法格式如下：

font-family：name1,name2,name3,…；

可以看出，font-family属性可以为网页中的文字定义多种字体样式，并按定义的先后顺序排列，且以逗号隔开；预览时，当系统中没有第一个字体时便会自动应用第二个字体，以此类推。

注意，如果使用的字体名称中包含空格，则需要用英文的双引号将该字体名称括起来。切记，不能使用中文双引号。

制作步骤

01 执行"文件→打开"菜单命令，打开页面"光盘\源文件\第4章\实例24.html"，如图4-2所示。转换到外部CSS样式表4-24.css文件中，定义一个名为.font的类CSS样式，如图4-3所示。

图4-2 打开页面

```
.font{
    font-family:"黑体";
    font-size:14px;
    color:#FF0;
}
```

图4-3 CSS样式代码

02 返回到设计视图中，选中页面中相应的文字，在"属性"面板上的"类"下拉列表中选择刚定义的CSS样式，如图4-4所示。可以看到页面中字体的效果，如图4-5所示。

图4-4 应用CSS样式

图4-5 文字效果

03 转换到外部CSS样式表4-24.css文件中，定义一个名为.font01的类CSS样式，如图4-6所示。返回到设计视图中，选中页面中相应的文字，在"属性"面板上的"类"下拉列表中选择刚定义的CSS样式，如图4-7所示。

```
.font01{
    font-family:"幼圆";
    font-weight:bold;
}
```

图4-6 CSS样式代码

图4-7 应用CSS样式

03 可以看到页面中字体的效果，如图4-8所示。保存外部样式表文件，返回到设计视图，按F12键即可在浏览器中预览该页面的效果，如图4-9所示。

图4-8 文字效果

图4-9 预览效果

Q 中文操作系统中默认的字体有哪些？

A 默认情况下，中文操作系统中默认的字体只有宋体、黑体和幼圆三种。如果需要使用一些特殊的字体时，可以通过图像来实现，否则有些浏览器可能无法显示所设置的特殊字体。

Q 在西方国家的罗马字母中，serif种类的字体与sans-serif种类的字体有什么区别？

A serif种类的字体在笔画的开始以及结束的地方有额外的装饰，而且笔画的粗细会因为横竖的不同而不同；相反，sans-serif种类的字体则没有这些额外的装饰，并且笔画粗细大致相同。

实例 025 定义英文字体大小写——制作英文网站页面

在Dreamweaver中，定义英文字体大小写的转换是CSS样式中一种非常实用的功能，主要通过设置英文段落的text-transform属性对英文字体的大小写进行控制，该属性设置简单明了，便于理解和使用。

- **源 文 件** | 光盘\源文件\第4章\实例25.html
- **视　　频** | 光盘\视频\第4章\实例25.swf
- **知 识 点** | text-transform属性
- **学习时间** | 10分钟

实例分析

　　本实例制作的是一个英文网站页面，主要向大家介绍了通过定义text-transform属性对页面中的英文字体的样式进行设置，页面的最终效果如图4-10所示。

图4-10　最终效果

知识点链接

　　text-transform属性的语法如下：

　　text-transform: capitalize | uppercase | lowercase;

　　在CSS样式中，text-transform属性中包括3个属性值，分别为capitalize（定义单词首字母大写）、uppercase（定义单词全部大写）和lowercase（定义单词全部小写）。

制作步骤

01 执行"文件→打开"菜单命令，打开页面"光盘\源文件\第4章\实例25.html"，页面效果如图4-11所示。转换到该文件所链接的外部CSS样式表4-25.css文件中，定义一个名为.font02的类CSS样式，如图4-12所示。

图4-11　页面效果

```
.font02{
    text-transform:capitalize;
}
```

图4-12　CSS样式代码

02 返回到设计视图，选中页面中相应的文字，在"类"下拉列表中选择刚定义的CSS样式，如图4-13所示。可以看到页面中字体的效果，如图4-14所示。

图4-13　应用CSS样式

图4-14　文字效果

03 转换到4-25.css文件中，定义一个名为.font03的类CSS样式，如图4-15所示。返回到设计视图，选中页面中相应的文字，在"类"下拉列表中选择刚定义的CSS样式，如图4-16所示。

```
.font03{
    text-transform:lowercase;
}
```

图4-15 CSS样式代码

图4-16 应用CSS样式

04 可以看到页面中字体的效果，如图4-17所示。转换到4-25.css文件中，定义一个名为.font04的类CSS样式，如图4-18所示。

图4-17 文字效果

```
.font04{
    text-transform:uppercase;
}
```

图4-18 CSS样式代码

05 返回到设计视图，选中页面中相应的文字，在"类"下拉列表中选择刚定义的CSS样式，如图4-19所示。可以看到页面中字体的效果，如图4-20所示。

图4-19 应用CSS样式

图4-20 文字效果

Q 在什么情况下不能实现首字母大写的效果？解决方法是什么？

A 当两个单词之间有标点符号，比如逗号、句号等，那么标点符号后的英文单词便不能实现首字母大写的效果；可以在该单词前面加一个空格，便可以实现首字母大写的样式。

Q 在CSS样式中，字体大小的单位都有哪些？

A 在网页应用中，改变字体的大小可以起到突出网站主题的作用。字体大小可以是相对大小也可以是绝对大小，在CSS中可以通过对font-size属性的设置来控制字体的大小。如表4-1所示的是文字绝对大小的单位。

表4-1　文字绝对大小的单位

单　位	描　述	示　例
in	英寸（inch）	font-size：12in
cm	厘米（centimeter）	font-size：10cm
mm	毫米（millimeter）	font-size：3mm
pt	点/磅（point），印刷的点数	font-size：32pt
pc	派卡（pica），印刷上使用的单位	font-size：64pc

设置文字绝对大小需要使用绝对单位，使用绝对大小设置的文字在任何分辨率下显示出来的字体大小都是一样的。

由于相对大小设置的文字要比绝对大小设置的文字的灵活性高，因此这种方法一直很受网页设计者的青睐，如表4-2所示的是文字相对大小的单位。

表4-2　文字相对大小的单位

单　位	描　述	示　例
px	像素	font-size：1px
%	百分比	font-size：100%
em	相对长度单位，默认1em=16px	font-size：1em

使用像素（px）设置的字体大小与显示器的大小以及分辨率有关系；而 % 或者em则是相对于父元素来说的比例，显示器的默认显示比例是1em=16px，如果父标记被更改，那么通过 % 或者em单位设置的文字也会受到影响。

实例 026　定义字体下划线、顶划线和删除线——网页文字修饰

在CSS中，除了可以为文字定义字体、大小和颜色等属性，还可以通过设置text-decoration属性为文字添加下划线、顶划线和删除线，从而进一步装饰和美化网页的视觉效果。

- **源 文 件** | 光盘\源文件\第4章\实例26.html
- **视　　频** | 光盘\视频\第4章\实例26.swf
- **知 识 点** | text-decoration属性
- **学习时间** | 10分钟

┃ **实例分析** ┃

本实例制作的是一个美容网站的页面，字体颜色运用的是自然、清爽的绿色，贴合网页的主题。下面我们将为大家介绍的是如何为文字添加下划线、顶划线和删除线，页面的最终效果如图4-21所示。

图4-21 最终效果

─┃ **知识点链接** ┃

text-decoration属性的语法如下：

text-decoration: underline | overline | line-throgh;

在CSS样式中，text-decoration属性包含3个属性值，分别为underline（为文字定义下划线）、overline（为文字定义顶划线）和line-throgh（为文字定义删除线）。

制作步骤

01 执行“文件→打开”菜单命令，打开页面“光盘\源文件\第4章\实例26.html”，页面效果如图4-22所示。转换到该文件所链接的外部CSS样式表4-26.css文件中，定义一个名为.font的类CSS样式，如图4-23所示。

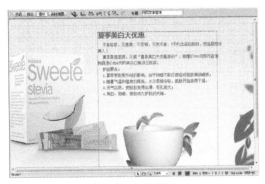

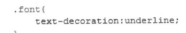

图4-22 页面效果

```
.font{
    text-decoration:underline;
}
```

图4-23 CSS样式代码

02 返回到设计视图，选中页面中的第一段文字，在“属性”面板上的“类”下拉列表中选择刚定义的CSS样式font应用，如图4-24所示。可以看到页面中字体的效果，如图4-25所示。

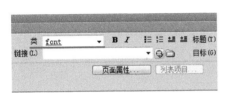

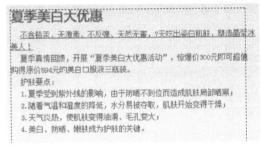

类 font
B I
标题(T)
链接(L)
目标(G)
页面属性...
列表项目...

图4-24 应用CSS样式

夏季美白大优惠
不含铅汞、无激素、不反弹、天然无害，7天吃出瓷白肌肤，塑造晶莹冰美人！
夏季真情回馈，开展“夏季美白大优惠活动”，惊爆价300元即可超值购得原价594元的美白口服液三瓶装。
护肤要点：
1.夏季受到紫外线的影响，由于防晒不到位而造成肌肤局部晒黑；
2.随着气温和湿度的降低，水分易被夺取，肌肤开始变得干燥；
3.天气炎热，使肌肤变得油滑、毛孔变大；
4.美白、防晒、嫩肤成为护肤的关键。

图4-25 文字效果

03 切换到4-26.css文件中，定义一个名为.font01的类CSS样式，如图4-26所示。返回到设计视图，选中页面中的第二段文字，在“属性”面板上的“类”下拉列表中选择刚定义的CSS样式font01应用，如图4-27所示。

```
.font01{
    text-decoration:overline;
}
```

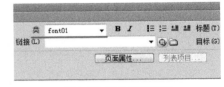

图4-26 CSS样式代码

类 font01
B I
标题(T)
链接(L)
目标(G)
页面属性...
列表项目...

图4-27 应用CSS样式

04 由于该属性设置在设计视图中看不出效果，因此需要在浏览器中预览页面效果，预览效果如图4-28所示。切换到4-26.css文件中，定义一个名为.font02的类CSS样式，如图4-29所示。

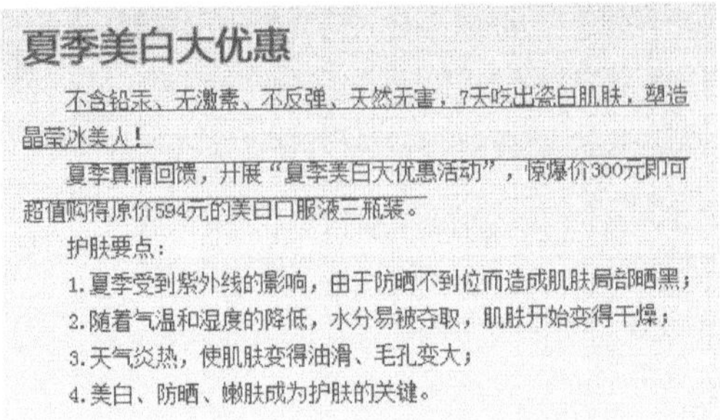

夏季美白大优惠
不含铅汞、无激素、不反弹、天然无害，7天吃出瓷白肌肤，塑造晶莹冰美人！
夏季真情回馈，开展“夏季美白大优惠活动”，惊爆价300元即可超值购得原价594元的美白口服液三瓶装。
护肤要点：
1.夏季受到紫外线的影响，由于防晒不到位而造成肌肤局部晒黑；
2.随着气温和湿度的降低，水分易被夺取，肌肤开始变得干燥；
3.天气炎热，使肌肤变得油滑、毛孔变大；
4.美白、防晒、嫩肤成为护肤的关键。

图4-28 文字效果

```
.font02{
    text-decoration:line-through;
}
```

图4-29 CSS样式代码

05 返回到设计视图，选中页面中其他部分的文字，在"属性"面板上的"类"下拉列表中选择刚定义的CSS样式font02应用，如图4-30所示。可以看到页面中字体的效果，如图4-31所示

图4-30 应用CSS样式

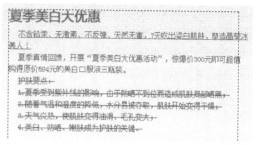

图4-31 文字效果

Q 如何实现文字既有下划线也有顶划线的效果？

A 可以将下划线和顶划线的值同时赋予到text-decoration属性上，CSS样式写法如下：text-decoration：underline overline；表示为下划线和顶划线同时应用。

Q 如何使用CSS样式设置字体样式？

A 字体样式，也就是我们所说的字体风格，在Dreamweaver中有三种不同的字体样式，分别是正常、斜体和偏斜体。在CSS中，字体的样式是通过font-style属性进行定义的。

font-style: normal | italic | oblique

- normal：默认值，显示的是标准的字体样式。
- italic：显示的是斜体的字体样式。
- oblique：显示的是倾斜的字体样式。

实例 027 定义字间距和行间距——制作网站公告

在Dreamweaver中，字间距是指两个文字之间的距离，可以通过letter-spacing属性进行设置；行间距是指两行文字基线之间的距离，通过line-height属性即可对其进行设置。

在CSS中，这两种属性既可以设置相对数值，也可以设置绝对数值，但在大多数情况下使用相对数值进行设置。

- **源 文 件** | 光盘\源文件\第4章\实例27.html
- **视 频** | 光盘\视频\第4章\实例27.swf
- **知 识 点** | letter-spacing、line-height属性
- **学习时间** | 10分钟

实例分析

本实例通过定义网页中文字的字间距和行间距来为浏览者提供更加舒适的阅读效果，但是需要注意文字与其他页面元素之间的协调，页面的最终效果如图4-32所示。

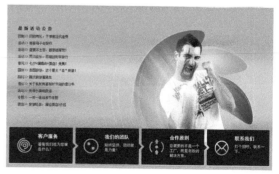

图4-32 最终效果

┤ 知识点链接 ├

　　一般在静态的网页中，大多数使用的是绝对数值的方式设置字体大小，但在一些论坛或者博客等用户可以自由定义字体大小的网页中，使用相对数值的方式进行定义能够便于用户通过设置字体的大小而改变相应的行距，因此相对数值的定义方式在网页中也较为广泛地被运用。

┤ 制作步骤 ├

01 执行"文件→打开"菜单命令，打开页面"光盘\源文件\第4章\实例27.html"，页面效果如图4-33所示。转换到该文件所链接的外部CSS样式表4-27.css文件中，定义一个名为.font的类CSS样式，如图4-34所示。

图4-33 页面效果

```
.font{
    letter-spacing:0.5em;
}
```

图4-34 CSS样式代码

02 返回到设计视图，选中页面中相应的文字，在"属性"面板上的"类"下拉列表中选择刚定义的CSS样式font应用，如图4-35所示。可以看到页面中文字的效果，如图4-36所示。

图4-36 文字效果

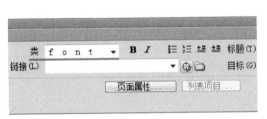

图4-35 应用CSS样式

03 切换到4-27.css文件中，定义一个名为.font01的类CSS样式，如图4-37所示。返回到设计视图，选中页面中相应的文字，在"属性"面板上的"类"下拉列表中选择刚定义的CSS样式font01应用，如图4-38所示。

图4-38 应用CSS样式

```
.font01{
    line-height:25px;
}
```

图4-37 CSS样式代码

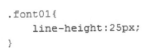

04 可以看到页面中字体的效果，如图4-39所示。执行"文件→保存"菜单命令，保存该页面按F12键即可在浏览器中预览该页面，效果如图4-40所示。

图4-39 文字效果

图4-40 预览效果

Q 在为网页中的文字设置字间距时应考虑到哪些方面？

A 需要考虑到页面整体的布局和构图，以及网页中文本内容的性质，从而进行适当的设置。

Q 使用相对行距的方法设置行间距的优势是什么？

A 通过相对行距设置的行间距会随着文字大小的改变而改变，不会出现因为文字变大而使间距过宽或者过窄的情况。

实例 028　定义段落首字下沉——制作企业介绍页面

段落首字下沉的排版方式经常出现在报纸、杂志和网站上的文章段落中，同样通过这种排版方式可以吸引浏览者的目光，从而增加网页的点击率。

- **源 文 件** | 光盘\源文件\第4章\实例28.html
- **视　　频** | 光盘\视频\第4章\实例28.swf
- **知 识 点** | 设置段落首字下沉
- **学习时间** | 10分钟

实例分析

本实例制作的是一个企业网站的介绍页面，并为页面中的两段介绍文字运用了首字下沉的效果来吸引浏览者的注意力，页面的最终效果如图4-41所示。

图4-41 最终效果

---| 知识点链接 |---

在CSS样式表中，首字下沉是通过为段落中的第一个文字单独应用样式来实现的，设置段落首字下沉的语法如下：

font-size:2em;

float:left;

---| 制作步骤 |---

01 执行"文件→打开"菜单命令，打开页面"光盘\源文件\第4章\实例28.html"，页面效果如图4-42所示。转换到该文件所链接的外部CSS样式表4-28.css文件中，定义一个名为.font01的类CSS样式，如图4-43所示。

图4-42 页面效果

```
.font01{
    font-size:24px;
    float:left;
}
```

图4-43 CSS样式代码

02 返回到设计视图，选中段落中的第一个字，在"属性"面板上的"类"下拉列表中选择刚定义的CSS样式font01应用，如图4-44所示。可以看到文字的效果，如图4-45所示。

图4-44 应用CSS样式

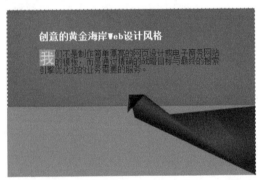

图4-45 文字效果

03 使用相同的方法，对另一个段落中的第一个字进行同样的操作，页面效果如图4-46所示。执行"文件→保存"菜单命令，保存该页面。按F12键在浏览器中进行预览，效果如图4-47所示。

图4-46 页面效果

图4-47 预览效果

Q 什么是首字下沉?

A 在CSS样式中,首字下沉是通过定义段落中第一个文字的大小并将其设置为左浮动而达到的一种页面效果。
首字的大小是其他文字大小的一倍,并且可以随意改变,关键是看页面整体布局结构的需要。

Q 在CSS样式中如何定义字体的粗细?

A 在CSS样式中通过font-weight属性对字体的粗细进行控制,font-weight属性的语法如下:

font-weight: normal | bold | bolder | lighter | inherit | 100~900;

- normal:正常的字体,相当于参数为400。
- bold:粗体,相当于参数为700。
- bolder:特粗体。
- lighter:细体。
- inherit:继承。
- 100~900:通过100~900之间的数值来设置字体的粗细

实例 029 定义段落首行缩进——制作设计公司网站页面

段落首行缩进和段落首字下沉性质相似,同样都是文字的一种排版方式,但是在网站页面中段落首行缩进样式相比段落首字下沉而言运用得更频繁。

- **源 文 件** | 光盘\源文件\第4章\实例29.html
- **视 频** | 光盘\视频\第4章\实例29.swf
- **知 识 点** | text-indent属性
- **学习时间** | 5分钟

实例分析

本实例制作的是设计公司的网站页面,通过定义text-indent属性将页面中的一段文字实现首行缩进的显示效果,页面的最终效果如图4-48所示。

图4-48 最终效果

知识点链接

段落首行缩进是指将段落的第一行文字缩进两个字符显示,在CSS样式中可以通过text-indent属性进行设置,设置段落首行缩进的语法如下:

text-indent: 24px;

制作步骤

01 执行"文件→打开"菜单命令,打开页面"光盘\源文件\第4章\实例29.html",页面效果如图4-49所示。转换到该文件所链接的外部CSS样式表4-29.css文件中,定义一个名为.font的类CSS样式,如图4-50所示。

图4-49 页面效果

```
.font{
    text-indent:24px;
}
```

图4-50 CSS样式代码

02 返回到设计视图，将光标放置在该段落中，在"属性"面板上的"类"下拉列表中选择刚定义的CSS样式font应用，如图4-51所示。可以看到该段落的效果，如图4-52所示。

图4-51 应用CSS样式

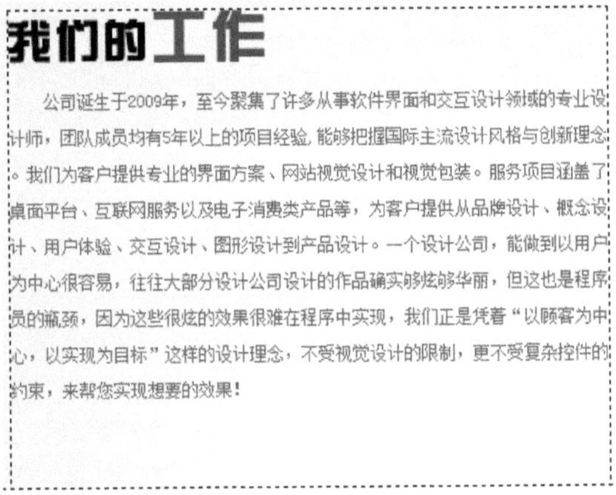

图4-52 页面效果

提示

段落首行缩进的 CSS 样式设置必须应用于段落文本，也就是 <p> 标签包含的文本才会起作用；如果不是段落文本，则并不会起到任何的作用。

Q 首行缩进通常使用在什么地方？

A 通常，文章段落的首行缩进在两个字符的位置，因此使用CSS样式对段落进行首行缩进的属性设置时，应根据该段落字体的大小设置首行缩进的数值。例如，当段落中字体大小为12px时，应设置首行缩进的值为24px。

Q 使用CSS样式设置颜色时，颜色值可以简写吗？

A 可以，在HTML页面中每一种颜色都是由RGB 3种颜色（"红绿蓝"三原色）按不同的比例调和而成的。在网页中，默认的颜色表现方式是十六进制的表现方式，比如#000000，前两位数字是红色的分量，中间两位数字是绿色的分量，最后两位数字则是蓝色的分量。

十六进制的表现手法还可以简写，比如#F90，该颜色的完整写法是#FF9900。

实例 030　定义段落水平对齐——制作网站弹出页面

段落水平对齐是指页面中的文字段落在水平方向上需要实现的对齐方式。在CSS样式中，段落水平对齐的效果可以通过设置text-align属性进行实现。

- ● **源　文　件**｜光盘\源文件\第4章\实例30.html
- ● **视　　　频**｜光盘\视频\第4章\实例30.swf
- ● **知　识　点**｜text-align属性
- ● **学习时间**｜10分钟

▌ 实例分析 ▐

　　本实例制作的是一个蛋糕网站的弹出页面，运用了色彩丰富的产品图片来吸引浏览者的注意力，并添加了文字进行简单的介绍，下面我们将对文字的对齐方式进行相应的设置，页面的最终效果如图4-53所示。

图4-53 最终效果

▌ 知识点链接 ▐

设置段落水平对齐的语法如下：

text-align: left | center | right | justify;

在CSS样式中，text-align属性包含4个属性值，分别为left（定义段落左对齐）、center（定义段落居中对齐）、right（定义段落右对齐）和justify（定义段落两端对齐）。

▌ 制作步骤 ▐

01 执行"文件→打开"菜单命令，打开页面"光盘\源文件\第4章\实例30.html"，页面效果如图4-54所示。转换到该文件所链接的外部CSS样式表4-30.css文件中，定义一个名为.font01的类CSS样式，如图4-55所示。

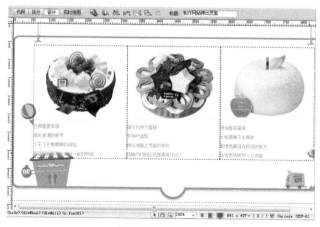

图4-54 页面效果

```
.font01{
    text-align:left;
}
```

图4-55 CSS样式代码

02 返回4-30.html页面中，选中页面中第一张图片下面的文字，在"类"下拉列表中选择刚定义的CSS样式font01应用，如图4-56所示。可以看到文字的效果，如图4-57所示。

图4-56 应用CSS样式　　　图4-57 文字效果

03 转换到4-30.css文件中，定义一个名为.font02的类CSS样式，如图4-58所示。返回4-30.html页面中，选中页面中第二张图片下面的文字，在"类"下拉列表中选择刚定义的CSS样式font02应用，如图4-59所示。

 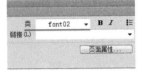

图4-58 CSS样式代码　　图4-59 应用CSS样式

04 可以看到文字的效果，如图4-60所示。转换到4-30.css文件中，定义一个名为.font03的类CSS样式，如图4-61所示。

图4-60 文字效果　　图4-61 CSS样式代码

05 返回4-30.html页面中，选中页面中第三张图片下面的文字，在"类"下拉列表中选择刚定义的CSS样式font03应用，如图4-62所示。可以看到文字的效果，如图4-63所示。

图4-62 应用CSS样式　　图4-63 文字效果

06 执行"文件→保存"菜单命令，保存该页面。按F12键即可在浏览器中预览该页面，效果如图4-64所示。

图4-64 预览效果

Q 当设置对齐的文本超过两段时，页面会有哪些变化？

A 根据不同的文字，页面的变化也有所不同。如果是英文，那么段落中每一个单词的位置都会相对于整体而发生一些变化；如果是中文，那么除了最后一行文字的位置发生变化之外，其他文字的位置相对于整体不会发生变化。

Q 中文可以设置为两端对齐吗？

A 两端对齐是美化段落文本的一种方法，可以使段落的两端与边界对齐。但两端对齐的方式只对整段的英文起作用，对于中文来说没有什么作用。这是因为英文段落在换行时为保留单词的完整性，整个单词会一起换行，所以会出现段落两端不对齐的情况。两端对齐只能对这种两端不对齐的段落起作用，而中文段落由于每一个文字与符号的宽度相同，在换行时段落是对齐的，因此自然不需要使用两端对齐。

031　定义文本垂直对齐——制作产品介绍页面

文本垂直对齐是指页面中的文本内容在垂直方向上需要实现对齐的方式。在CSS样式中，文本垂直对齐的效果可以通过设置vertical-align属性进行实现。

● **源　文　件** | 光盘\源文件\第4章\实例31.html

● **视　　　频** | 光盘\视频\第4章\实例31.swf

● **知　识　点** | vertical-align属性

● **学习时间** | 10分钟

实例分析

本实例主要通过设置文本垂直对齐属性来控制文本与图片之间的排列方式，通常在大型的购物网站上会用这样的方式来使页面看起来更加整齐、清晰，页面的最终效果如图4-65所示。

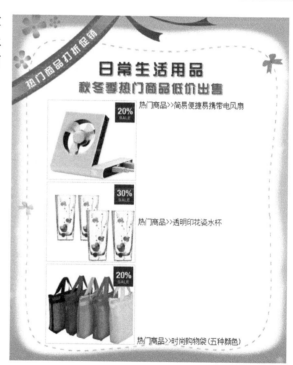

图4-65 最终效果

知识点链接

设置文本垂直对齐的语法如下：

vertical-align: top | middle | bottom;

在CSS样式中，vertical-align属性包含3个属性值，分别为top（定义文本顶端对齐）、middle（定义文本垂直居中对齐）和bottom（定义文本底端对齐）。

制作步骤

01 执行"文件→打开"菜单命令，打开页面"光盘\源文件\第4章\实例31.html"，页面效果如图4-66所示。转换到该文件所链接的外部CSS样式表4-31.css文件中，定义一个名为.font的类CSS样式，如图4-67所示。

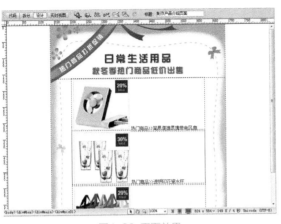

图4-66 页面效果

```
.font{
    vertical-align:top;
}
```

图4-67 CSS样式代码

02 返回设计视图，选中页面中第一张图片，在"属性"面板上的"类"下拉列表中选择刚定义的CSS样式font应用，如图4-68所示。可以看到页面的效果，如图4-69所示。

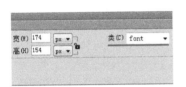

图4-68 应用CSS样式

图4-69 页面效果

03 切换到4-31.css文件中，定义一个名为.font01的类CSS样式，如图4-70所示。返回设计视图，选中页面中第二张图片，在"属性"面板上的"类"下拉列表中选择刚定义的CSS样式font01应用，如图4-71所示。

```
.font01{
    vertical-align:middle;
}
```

图4-70 CSS样式代码

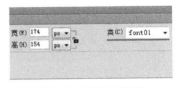

图4-71 应用CSS样式

04 可以看到页面的效果，如图4-72所示。切换到4-31.css文件中，定义一个名为.font02的类CSS样式，如图4-73所示。

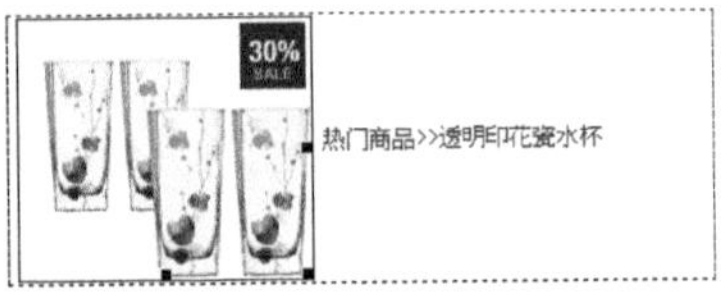

图4-72 页面效果

```
.font02{
    vertical-align:bottom;
}
```

图4-73 CSS样式代码

05 返回设计视图，选中页面中第三张图片，在"属性"面板上的"类"下拉列表中选择刚定义的CSS样式font02应用，如图4-74所示。可以看到页面的效果，如图4-75所示。

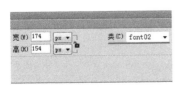

图4-74 应用CSS样式

图4-75 页面效果

06 执行"文件→保存"菜单命令，保存该页面。按 F12键即可在浏览器中预览该页面，效果如图4-76 所示。

图4-76 预览效果

Q 在设置文本垂直对齐属性时，为什么要选择一个页面元素（行内元素）作为参照物？

A 由于文字并不属于行内元素，因此不能直接对文字应用该属性设置，只能通过对图片进行垂直对齐定义，从而达到文字对齐的效果。

Q 为什么在有些情况下应用的文本段落垂直对齐不起作用？

A 段落垂直对齐只对行内元素起作用，行内元素也称为内联元素，在没有任何布局属性作用时默认排列方式是同行排列，直到宽度超出包含的容器宽度时才会自动换行。段落垂直对齐需要在行内元素中进行，如 <span></span>、<p></p>以及图片等，否则段落垂直对齐不会起作用。

实 例 032 使用Web字体——在网页中使用特殊字体

Web字体功能是Dreamweaver CS6新增的一项功能，通过该功能可以加载特殊字体，并在网页中实现特殊的文字效果。以前没有这项功能时，如果想要在网页中实现特殊字体，只能通过图片的方式来实现。

● **源 文 件** | 光盘\源文件\第4章\实例32.html

● **视　　频** | 光盘\视频\第4章\实例32.swf

● **知 识 点** | Web字体

● **学习时间** | 10分钟

┃ **实例分析** ┃

本实例通过为网页中的文字定义特殊字体后，在视觉上丰富了网页的画面效果，使得页面极富观赏性，从而脱离了千篇一律的字体样式，更能吸引浏览者的目光，页面的最终效果如图4-77所示。

图4-77 最终效果

知识点链接

Web字体的功能是Dreamweaver CS6新增的功能，通过该功能可以在网页中使用特殊的字体，从而不需要使用图片来代替特殊字体效果的显示。可以在Dreamweaver CS6中通过"Web字体管理器"对话框，将网站中需要用到的特殊字体添加到网站站点中，即可通过CSS样式设置使用相应的特殊字体。

制作步骤

01 执行"文件→打开"菜单命令，打开页面"光盘\源文件\第4章\实例32.html"，页面效果如图4-78所示。执行"修改→Web字体"菜单命令，弹出"Web字体管理器"对话框，如图4-79所示。

图4-78 页面效果

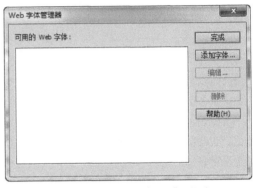
图4-79 "Web字体管理器"对话框

02 单击"添加字体"按钮，弹出"添加Web字体"对话框，如图4-80所示。单击"TTF字体"选项后的"浏览"按钮，弹出"打开"对话框，选择需要添加的字体，如图4-81所示。

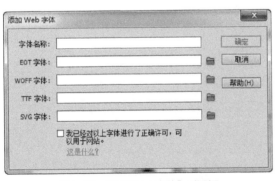
图4-80 "添加Web字体"对话框

图4-81 "打开"对话框

03 单击"打开"按钮，即可添加该字体，单击选中相应的复选框，如图4-82所示。单击"确定"按钮，即可将所选择的字体添加到"Web字体管理器"对话框中，如图4-83所示。

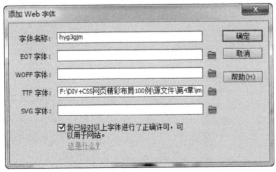
图4-82 "添加Web字体"对话框

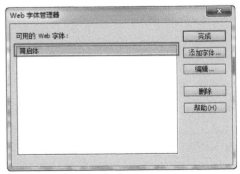
图4-83 "Web字体管理器"对话框

04 单击"完成"按钮，完成Web字体的添加。打开"CSS样式"面板，单击"新建CSS规则"按钮，弹出"新建CSS规则"对话框，设置如图4-84所示。单击"确定"按钮，弹出"CSS规则定义"对话框，在font-family下拉列表中选择刚定义的Web字体，并对其他选项进行相应的设置，如图4-85所示。

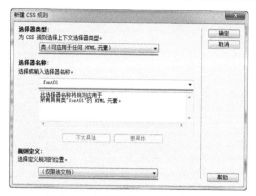

图4-84　"新建CSS规则"对话框

图4-85　"CSS规则定义"对话框

05 设置完成后，单击"确定"按钮，转换到代码视图，可以在页面头部看到所创建的CSS样式代码，如图4-86所示。返回到设计视图，选中相应的文字，在"属性"面板上的"类"下拉列表中选择刚定义的名为.font01的类CSS样式应用，如图4-87所示。

```
<style type="text/css">
@import url("../webfonts/hyg3gjm/stylesheet.css");

.font01 {
    font-family: hyg3gjm;
    font-size: 24px;
    line-height: 40px;
    color: #507883;
}
</style>
```

图4-86　代码视图

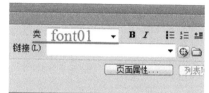

图4-87　应用CSS样式

提示

若在 CSS 样式中定义的字体为所添加的 Web 字体，则会在当前站点的根目标中自动创建名为 webfonts 的文件夹，并在该文件夹中创建以 Web 字体名称命令的文件夹，如图4-88所示。在该文件夹中自动创建了所添加的 Web 字体文件和 CSS 样式表文件，如图 4-89 所示。

图4-88　源文件中的文件夹

图4-89　源文件中的文件夹

06 执行"文件→保存"菜单命令，保存该页面。在Chrome浏览器中预览页面，可以看到使用Web字体的效果，如图4-90所示。使用相同的方法，在"Web字体管理器"中添加另外一种Web字体，如图4-91所示。

图4-90 页面效果

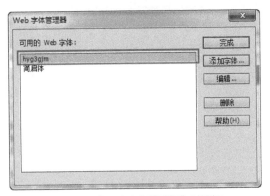

图4-91 "Web字体管理器"对话框

07 创建相应的类CSS样式，并为页面中相应的文字应用该类CSS样式，在Chrome浏览器中预览页面，可以看到使用Web字体的效果，如图4-92所示。

图4-92 预览效果

Q 最多可定义几种不同格式的字体？

A 在"添加Web字体"对话框中，最多可以添加4种不同格式的字体文件，只要分别单击各字体格式选项后的"浏览"按钮，即可添加相应格式的字体。

Q 是不是所有的浏览器都兼容Web字体？

A 如果在网页中使用过多的Web字体则会导致页面的下载速度变慢。另外，有的浏览器并不支持Web字体，在显示上存在着很大的问题，例如IE8。因此，在网页中还是要尽量少用Web字体。

实例 033 CSS类选区——应用多个类CSS样式

在Dreamweaver中，CSS类选区功能是Dreamweaver CS6新增的一项功能，使用该功能可以将定义的多个类CSS样式应用在页面中同一个元素上，其操作方法简单易懂，从而为网页制作者省去不少的时间和精力。

● **源 文 件** 光盘\源文件\第4章\实例33.html
● **视　 频** 光盘\视频\第4章\实例33.swf
● **知 识 点** CSS类选区
● **学习时间** 5分钟

　　本实例通过为页面中的文字应用类CSS样式来控制文字的显示效果，使得文字更加醒目，从而达到突出主题、美化页面的效果，页面的最终效果如图4-93所示。

图4-93 最终效果

　　在"属性"面板的"类"下拉列表中选择"应用多个类"选项，即可在"多类选区"对话框中显示当前页面的CSS样式中所有的类CSS样式，只需要在列表中单击选择需要为选中元素应用的多个类CSS样式即可。

　　但是，在该对话框中不显示ID样式、标签样式以及复合样式等其他的CSS样式。

01 执行"文件→打开"菜单命令，打开页面"光盘\源文件\第4章\实例33.html"，页面效果如图4-94所示。转换到该文件所链接的外部CSS样式文件4-33.css中，定义名为.font01和名为.font02的类CSS样式，如图4-95所示。

图4-94 页面效果

```
.font01{
    color:#F0F;
    font-weight:bold;
}
.font02{
    color: #FF0;
}
```

图4-95 CSS样式代码

02 返回到设计视图，选中需要应用类CSS样式的文字，如图4-96所示。在"属性"面板上的"类"下拉列表中选择"应用多个类"选项，如图4-97所示。

图4-96 选中文字

图4-97 "属性"面板

03 弹出"多类选区"对话框，单击选择需要为文字所应用的类CSS样式，如图4-98所示。单击"确定"按钮，即可将选中的多个类CSS样式应用于所选中的文字，文字效果如图4-99所示。

图4-98 "多类选区"对话框

图4-99 文字效果

04 转换到代码视图，可以看到为选中的文字应用多个类CSS样式的代码效果，如图4-100所示。执行"文件→保存"菜单命令，保存该页面。按F12键在浏览器中预览页面，效果如图4-101所示。

```
<div id="text01">
    <p class="font01 font02">我们专注
于高品质视觉设计以及品牌推广提供商，多年来
活跃在与创意产业相关的平面设计、网站设计、
网络推广、专业品牌设计等各个领域。</p>
</div>
```

图4-100 代码视图

图4-101 预览效果

Q 在什么情况下应用类CSS样式会发生冲突？

A 当两个类CSS样式中都定义了相同的属性，并且两个属性的值不相同，这时应用这两个类CSS样式，该属性就会发生冲突。

Q 当应用的两个类CSS样式发生冲突时，应如何取决？

A 应用类CSS样式有一个靠近原则，即当两个CSS样式中的属性发生冲突时，将应用靠近元素的CSS样式中的属性，则在此实例中就会应用名为.font02的类CSS样式中定义的color属性。

实例 034 text-shadow属性（CSS3.0）——为网页文字添加阴影

在网页中设置文字的显示属性时，可以根据需要为相应的文字添加阴影效果，从而在视觉上为文字增加立体感，并且提高网页的瞩目性。在Dreamweaver中，可以通过CSS3.0中新增的text-shadow属性进行设置。

● **源 文 件** | 光盘\源文件\第4章\实例34.html

● **视 频** | 光盘\视频\第4章\实例34.swf

● **知 识 点** | text-shadow属性

● **学习时间** | 5分钟

实例分析

本实例主要向大家讲述了如何通过CSS样式属性的设置对页面中的文字外观进行进一步的装饰，从而达到更加完美的视觉效果，页面的最终效果如图4-102所示。

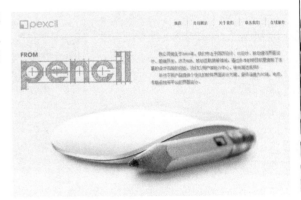

图4-102 最终效果

知识点链接

text-shadow属性的语法如下：

text-shadow: none | <length> none | [<shadow>,]* <opacity>或none | <color> [,<color>]*;

┤ 制作步骤 ├

01 执行"文件→打开"菜单命令，打开页面"光盘\源文件\第4章\实例34.html"，页面效果如图4-103所示。在Chrome浏览器中预览页面，可以看到页面中文字的效果，如图4-104所示。

图4-103　页面效果

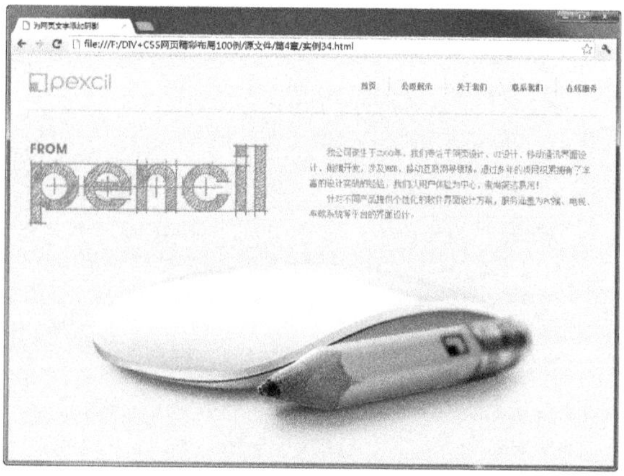

图4-104　预览效果

02 转换到该文件所链接的外部CSS样式表4-34.css文件中，找到名为#text的CSS样式代码，如图4-105所示。在该CSS样式设置中添加文字阴影text-shadow属性的设置，如图4-106所示。

```
#text{
    width:480px;
    height:136px;
    font-size:14px;
    background-image:url(../images/43405.png);
    background-repeat:no-repeat;
    background-position:left center;
    margin-top:50px;
    padding-left:463px;
    line-height:25px;
}
```

图4-105　CSS样式代码

```
#text{
    width:480px;
    height:136px;
    font-size:14px;
    background-image:url(../images/43405.png);
    background-repeat:no-repeat;
    background-position:left center;
    margin-top:50px;
    padding-left:463px;
    line-height:25px;
    text-shadow: 3px 3px 3px #999999;
}
```

图4-106　添加text-shadow属性设置

03 执行"文件→保存"命令，保存外部CSS样式表文件。在Chrome浏览器中预览页面，可以看到页面中文字的阴影效果，如图4-107所示。

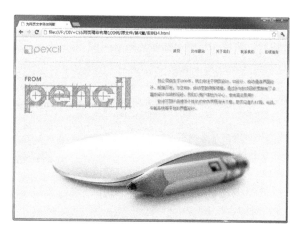

图4-107　预览效果

Q text-shadow属性的属性值分别表示什么意思？

A text-shadow属性的属性值说明如下。

- length：由浮点数字和单位标识符组成的长度值，可以为负值，用于设置阴影的水平延伸距离。
- color：用于设置阴影的颜色。
- opacity：由浮点数字和单位标识符组成的长度值，不可以为负值。用于指定模糊效果的作用距离。如果仅仅需要模糊效果，将前两个length属性全部设置为0。

035 word-wrap属性（CSS3.0）——控制网页文本换行

当在页面中一个固定大小的区域中放置一段文字时，如果不进行换行操作，文本会超出指定的区域范围。在这种情况下，我们可以使用CSS3.0中新增的word-wrap属性对其进行控制。

- ● **源 文 件** | 光盘\源文件\第4章\实例35.html
- ● **视　　频** | 光盘\视频\第4章\实例35.swf
- ● **知 识 点** | word-wrap属性
- ● **学习时间** | 5分钟

实例分析

本实例主要向大家讲述了如何使用word-wrap属性对网页中的文本进行换行控制，该属性为一些文字信息量较大的网页提供了极大的方便，页面的最终效果如图4-108所示。

图4-93 最终效果

知识点链接

设置文本换行的语法格式如下：

word-wrap: normal | break-word;

制作步骤

01 执行"文件→打开"命令，打开页面"光盘\源文件\第4章\实例35.html"，页面效果如图4-109所示。转换到代码视图中，可以看到id名为text01和id名为text02中的内容是相同的，不同的是text1中英文单词与单词之间没有空格，如图4-110所示。

图4-109 页面效果

```
        <div id="text01">
Locatedjust200metersfromthebeachinbeauti
fulEriceira,SurfcampPortugalistheperfect
surfholidaygetawayforbothbeginnersandsea
sonedsurfers.</div>
        <div id="text02">Located just 200
meters from the beach in beautiful
Ericeira,Surfcamp Portugal is the
perfect surf holiday getaway for both
beginners and seasoned surfers.</div>
```

图4-110 代码视图

02 在浏览器中预览页面，可以看到id名为text01中的英文内容显示到该Div的右边界后，超出部分内容被隐藏了，并没有自动换行显示；而id名为text02中的英文内容显示正常，如图4-111所示。转换到该文件所链接的外部CSS样式表4-35.css文件中，可以看到名为#text01和名为#text02的CSS样式完全一样，如图4-112所示。

图4-111 预览效果

```
#text01{
    width:350px;
    height:90px;
}
#text02{
    width:350px;
    height:90px;
}
```

图4-112 CSS样式代码

03 在名为#text01的CSS样式代码中添加word-wrap属性设置，如图4-113所示。执行"文件→保存"菜单命令，保存外部CSS样式表文件。按F12键即可在浏览器中预览页面，可以看到强制换行后的效果，如图4-114所示。

```
#text01{
    width:350px;
    height:90px;
    word-wrap:break-word;
}
```

图4-113 添加word-wrap属性设置

图4-114 预览效果

Q word-wrap属性为何对中文的文本内容没有作用？

A word-wrap属性主要是针对英文或阿拉伯数字进行强制换行，而中文内容本身具有遇到容器边界后自动换行的功能，所以将该属性应用于中文的文本内容起不到什么作用。

Q word-wrap属性的属性值分别表示什么意思？

A word-wrap属性的属性值说明如下。

- normal：控制连续文本换行。
- break-word：内容将在边界内换行。如果需要，词内换行也会发生。

036 text-overflow属性（CSS3.0）——控制文本溢出

text-overflow属性是CSS3.0中新增的属性，可以用来将页面中过长的信息进行省略显示。

在网页中显示文本信息时，如果需要显示的信息长于固定区域的宽度，那么信息将撑破指定的信息区域，并且会破坏整个网页的布局。除了使用JavaScript将超出的信息进行省略，还可以设置text-overflow属性进行控制。

- **源文件** | 光盘\源文件\第4章\实例36.html
- **视　频** | 光盘\视频\第4章\实例36.swf
- **知识点** | text-overflow属性
- **学习时间** | 10分钟

┨ 实例分析 ┠

在本实例的制作过程中，主要运用了text-overflow属性对页面中溢出的文本进行控制，从而使其能够更加符合页面的整体布局，页面的最终效果如图4-115所示。

图4-115 最终效果

┨ 知识点链接 ┠

text-overflow的语法格式如下：

text-overflow: clip | ellipsis;

┨ 制作步骤 ┠

01 执行"文件→打开"菜单命令，打开页面"光盘\源文件\第4章\实例36.html"，页面效果如图4-116所示。转换到代码视图中，可以看到名为text和text01的Div中的代码，如图4-117所示。

图4-116 页面效果

```
<div id="main_text">
    <div id="text">
        <span class="font">真心恒久 金秋送福</span><br />
        <span class="font01">特惠系列蛋糕花样<br />
        精致的蛋糕包含着你暖融融的爱意送给TA! </span><br />
        美味心语: 欧式蛋糕源于欧洲国家，借助果酱、新鲜
水果、巧克力等装饰的本身色彩来配色。淡奶的清香、丝滑的口感，无
论是好友热闹的生日Party上，还是独享暖阳的午后，都能慢慢
地品尝出它的细腻美味! 甜蜜的滋味、经典的款式展现得淋漓尽
致，带给你幸福美妙的感觉!
    </div>
</div>
<div id="main_text01">
    <div id="text01">
        <span class="font">青青子衿 悠悠我心</span><br />
        <span class="font01">特惠系列蛋糕花样<br />
        精致的蛋糕满含对TA的思念! </span><br />
        美味心语: 酥软原味蛋胚，鸡蛋含量高达60%以上，
进口新西兰奶油浇筑，超新鲜的时令水果，吃起来不会腻而且满
嘴清香。淡绿色的主色调令人唤起了对大自然特有的感觉，不论
是在视觉上还是在口感上，都是上上之选。
    </div>
</div>
</div>
```

图4-117 代码视图

02 在IE浏览器中预览该页面，可以看到溢出的文本被自动截断了，如图4-118所示。转换到该文件所链接的外部CSS样式表4-36.css文件中，可以看到名为#text和名为#text01的CSS样式代码，如图4-119所示。

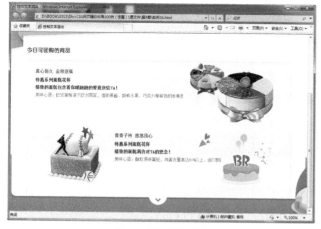

```
#text{
    width:500px;
    height:150px;
    padding-top:31px;
    padding-bottom:32px;
    white-space: nowrap;
    overflow:hidden;
}
#text01{
    width:360px;
    height:170px;
    padding-top:30px;
    padding-bottom:30px;
    white-space: nowrap;
    overflow:hidden;
}
```

图4-118 预览效果　　　　　　　　　图4-119 CSS样式代码

03 分别在名为#text和#text01的CSS样式中添加text-overflow属性设置，如图4-120所示。执行"文件→保存"菜单命令，保存外部CSS样式表文件。按F12键即可在浏览器中预览页面，可以看到通过text-overflow属性实现的溢出文本显示为省略号的效果，如图4-121所示。

```
#text{
    width:500px;
    height:150px;
    padding-top:31px;
    padding-bottom:32px;
    white-space: nowrap;
    overflow:hidden;
    text-overflow:clip;
}
#text01{
    width:360px;
    height:170px;
    padding-top:30px;
    padding-bottom:30px;
    white-space: nowrap;
    overflow:hidden;
    text-overflow:ellipsis;
}
```

图4-120 CSS样式代码　　　　　　　　　图4-121 预览效果

Q text-overflow属性的属性值分别表示什么意思？

A text-overflow属性的属性值说明如下。

● Clip：不显示省略标记（…），而是简单的裁切。
● ellipsis：当对象内文本溢出时显示省略标记（…）。

Q 为什么定义了text-overflow属性，但并没有显示省略标记？

A ext-overflow属性仅是标注当文本溢出时是否显示省略标记，并不具备其他的样式属性定义。要实现溢出时产生省略号的效果还需要定义，即强制文本在一行内显示（white-space: nowrap;）以及溢出内容为隐藏（overflow: hidden;），只有这样才能实现溢出文本显示省略号的效果。

第  章

使用CSS控制
图片效果

如今，最常使用的网页制作技术之一就是利用CSS样式来控制片在页面中的显示效果，使用这种方法对页面中的图片元素进行制，不但可以避免HTML对页面元素控制带来的麻烦，还可以使期对图片的修改、编辑等操作更加方便、简单，因此这种方法的用非常普遍。

在网页中使用图片时，不仅要考虑图片是否美观、新颖，还要看是否能够融入到整个页面中，以及能不能生动且形象地表达出网的主体信息，如果达到了这三方面的要求，再使用CSS样式对其行相应的设置，便可以使整个页面更加多姿多彩。

实例
037 图片边框——修饰网页图像

为网页中的图片显示边框效果，可以在视觉上美化网页界面，从而更能够吸引浏览者驻足浏览。但是，以往的利用HTML定义图片边框的方式只能设置边框的粗细，样式较为单一，并不能够满足缤纷多彩的互联网世界，因此可以使用CSS样式对border属性进行定义，来使图片边框的形式更加丰富。

- **源 文 件**｜光盘\源文件\第5章\实例37.html
- **视　　频**｜光盘\视频\第5章\实例37.swf
- **知 识 点**｜border属性
- **学习时间**｜5分钟

｜实例分析｜

本实例通过定义类CSS样式来设置边框的相关属性，再为图片应用类CSS样式即可，通过为图片设置边框效果，能够在视觉上为浏览者提供更多可以欣赏的元素，页面的最终效果如图5-1所示。

图5-1 最终效果

｜知识点链接｜

border的语法如下：

- **border**：border-style | border-color | border-width;
- **border-style**：用于设置图片边框的样式。
- **border-color**：用于设置图片边框的颜色。
- **border-width**：用于设置图片边框的粗细。

｜制作步骤｜

01 执行"文件→打开"菜单命令，打开页面"光盘\源文件\第5章\实例37.html"，页面效果如图5-2所示。转换到外部CSS样式表5-37.css文件中，定义一个名为.img的类CSS样式，如图5-3所示。

图5-2 打开页面

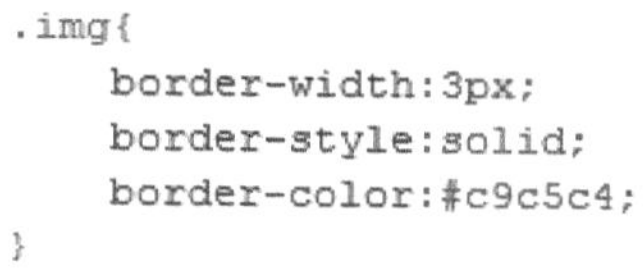

```
.img{
    border-width:3px;
    border-style:solid;
    border-color:#c9c5c4;
}
```

图5-3 CSS样式代码

02 返回到设计视图中，选中页面中相应的图片，在"属性"面板上的"类"下拉列表中选择刚定义的CSS样式img应用，如图5-4所示。可以看到页面中图片的效果，如图5-5所示。

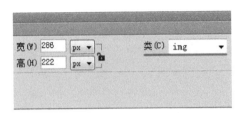

图5-4 应用CSS样式

图5-5 图片效果

03 使用相同的方法，为其他图片应用该类CSS样式，页面效果如图5-6所示。执行"文件→保存"菜单命令，保存该页面。按F12键即可在浏览器中预览该页面，效果如图5-7所示。

图5-6 页面效果

图5-7 预览效果

Q 图片的边框应如何定义？

A 图片的边框属性可以不完全定义，仅单独定义宽度与样式。不定义边框的颜色，图片边框也会有效果，边框默认颜色为黑色。但是如果单独定义颜色，边框不会有任何效果。

Q 如何使用border-style属性？

A border-style属性用于定义图片边框的样式，即定义图片边框的风格。

border-style的语法如下：

border-style: none | hidden | dotted | dashed | solid | double | groove | ridge | inset | outset

border-style属性的各属性值说明如下。

- none：定义无边框。
- hidden：与none相同。对于表，用来解决边框的冲突。
- dotted：定义点状边框。
- dashed：定义虚线边框。
- solid：定义实线边框。
- double：定义双线边框，双线宽度等于border-width的值。
- groove：定义3D凹槽边框，其效果取决于border-color的值。
- ridge：定义脊线式边框。
- inset：定义内嵌效果的边框。

- outset：定义突起效果的边框。

以上所介绍的边框样式属性，还可以定义在一个图片边框中。它是按照顺时针的方向分别对边框的上、右、下、左进行边框样式定义的，可以形成多样化样式的边框。

Q 如何使用border-color属性？

A 在定义页面元素的边框时，不仅可以对边框的样式进行设置，为了突出显示边框的效果，还可以通过CSS样式中的border-color属性来定义边框的颜色。

border-color的语法如下：

border-color : color;

border-color属性的属性值说明如下。

- color：设置边框的颜色，其颜色值通过十六进制和RGB等方式定义。

border-color与border-style的属性相似，它在为边框设置一种颜色的同时，也可以通过border-top-color、border-right-color、border-bottom-color和border-color-left属性分别进行设置。

Q 如何使用border-width属性？

A 在Dreamweaver中，可以通过CSS样式中的border-width来定义边框的宽度，以增强边框的效果。

border-width的语法如下：

border-width: medium | thin | thick | length

border-width属性的各属性值说明如下。

- medium：该值为默认值，中等宽度。
- thin：比medium细。
- thick：比medium粗。
- length：自定义宽度。

实例 038　图片缩放——自适应窗口大小的图片

通常情况下，为了保证图片的像素和质量，在网页上显示的图片都是以图片的原始大小进行显示的。但是，有些特殊情况中需要自定义图片的大小。在CSS样式中，可以通过设置width属性和height属性的相对值或绝对值来控制图片的大小。

- **源 文 件** | 光盘\源文件\第5章\实例38.html
- **视　　频** | 光盘\视频\第5章\实例38.swf
- **知 识 点** | with属性、height 属性
- **学习时间** | 15分钟

实例分析

本实例制作的是一个化妆品网站页面，并对页面的图片进行缩放控制，使图片能够根据不同的要求更加灵活地运用在页面中，页面的最终效果如图5-8所示。

图5-8 最终效果

知识点链接

　　百分比是指基于包含该图片的块级对象的百分比，如果图片置于某个Div元素中，那么图片的块级对象则是包含该图片的Div元素。

　　另外，使用相对数值控制图片缩放效果时，图片的宽度可以随相对数值的变化而变化，但高度却不会。

制作步骤

01 执行"文件→打开"菜单命令，打开页面"光盘\源文件\第5章\实例38.html"，页面效果如图5-9所示。转换到外部CSS样式表5-38.css文件中，定义一个名为.img的类CSS样式，如图5-10所示。

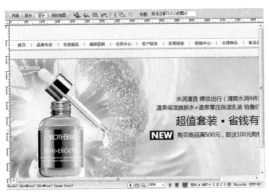

图5-9 页面效果

```
.img{
    width:960px;
    height:418px;
}
```

图5-10 CSS样式代码

02 返回到设计视图中，选中页面中插入的图像，在"类"下拉列表中选择刚定义的名为img的类CSS样式应用。保存页面，在浏览器中预览该页面，可以看到使用绝对值控制图片缩放的效果，如图5-11所示。

图5-11 预览使用绝对值控制图片缩放效果

> **提示**
>
> 通过预览效果可以看出，使用绝对数值对图片进行缩放后，图片的大小是固定的，因此不能随浏览器界面的变化而改变。

03 转换到外部CSS样式表5-38.css文件中，创建名为.img01的CSS规则，如图5-12所示。返回到设计视图，选中页面中插入的图像，在"类"下拉列表中选择刚定义的名为img01的类CSS样式应用，如图5-13所示。

```
.img01{
    width:100%;
}
```

图5-12 CSS样式代码

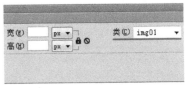

图5-13 应用CSS样式

04 保存页面，在浏览器中预览该页面，可以看到使用相对值控制图片缩放的效果，如图5-14所示。

图5-14 预览使用相对值控制图片缩放效果

> **提示**
>
> 通过预览效果可以看出，使用相对数值控制浏览器的缩放即可实现图片随浏览器变化而变化的效果，并且图片的宽度、高度都发生了变化，但有时我们只需要对宽度进行缩放，高度则保持不变，那么将图片的高度设置为绝对数值，将宽度设置为相对数值即可。

05 转换到外部CSS样式表5-38.css文件中，创建名为.img02的CSS规则，如图5-15所示。返回设计视图，选中页面中插入的图像，在"类"下拉列表中选择刚定义的名为img02的类CSS样式应用，如图5-16所示。

```
.img02{
    width:100%;
    height:418px;
}
```

图5-15 CSS样式代码

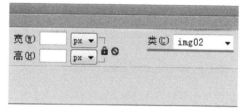

图5-16 应用CSS样式

06 保存页面，在浏览器中预览该页面，可以看到使用相对值与绝对值相配合控制图片缩放的效果，如图5-17所示。

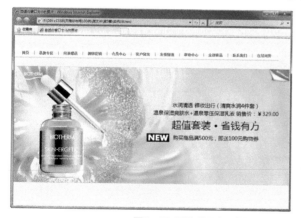

图5-17 预览使用相对值与绝对值相配合控制图片缩放效果

Q **在使用相对数值控制图片缩放效果时需要注意什么？**

A 由于图片的宽度可以随着相对数值的变化而发生变化，但高度却不会随着相对数值的变化而发生改变，所以在使用相对数值对图片设置缩放效果时，只需要设置图片宽度的相对数值即可。

实例 039 图片的水平对齐——制作产品展示页面

设置图片水平对齐与设置文字水平对齐的方式一样，都是通过设置text-align属性来实现的，通过设置该属性可以实现图片居左、居中、居右三种对齐效果。

● 源 文 件 ┃ 光盘\源文件\第5章\实例39.html
● 视　　频 ┃ 光盘\视频\第5章\实例39.swf
● 知 识 点 ┃ text-align属性
● 学习时间 ┃ 5分钟

实例分析

本实例主要是对一个产品展示页面中的产品图片进行水平对齐的控制，通过CSS样式中的text-align属性设置可以实现图片居左、居中和居右三种对齐效果，页面的最终效果如图5-18所示。

图5-18 最终效果

知识点链接

设置图片水平对齐的语法如下：

text-align: left | center | right | justify;

text-align属性的属性值介绍如下。

● eft：水平居左对齐。
● center：水平居中对齐。
● right：水平居右对齐。
● justify：两端对齐，对图像并不起作用，只针对英文起作用。

制作步骤

01 执行"文件→打开"菜单命令，打开页面"光盘\源文件\第5章\实例39.html"，页面效果如图5-19所示。转换到外部CSS样式表5-39.css文件中，可以看到分别放置三张图片的3个Div的CSS样式设置，如图5-20所示。

图5-19 打开页面

```
#pic01{
    width:990px;
    height:172px;
    margin-top:5px;
    margin-bottom:5px;
}
#pic02{
    width:990px;
    height:172px;
    margin-top:5px;
    margin-bottom:5px;
}
#pic03{
    width:990px;
    height:172px;
    margin-top:5px;
    margin-bottom:5px;
}
```

图5-20 CSS样式代码

02 分别在各Div的CSS样式中添加水平对齐的设置代码,如图5-21所示。执行"文件→保存"菜单命令,保存外部CSS样式表文件。在浏览器中预览页面,效果如图5-22所示。

```
#pic01{
    width:990px;
    height:172px;
    margin-top:5px;
    margin-bottom:5px;
    text-align:left;
}
#pic02{
    width:990px;
    height:172px;
    margin-top:5px;
    margin-bottom:5px;
    text-align:center;
}
#pic03{
    width:990px;
    height:172px;
    margin-top:5px;
    margin-bottom:5px;
    text-align:right;
}
```

图5-21 CSS样式代码

图5-22 预览效果

Q 在定义图片的对齐方式时,为什么要在父标签中对text-align属性进行定义?

A 由于<img>标签本身没有水平对齐属性,因此需要通过该图片的上一个标记级别,即父标签中对text-align属性进行定义,从而让图片继承父标记的对齐方式来实现对齐效果。

实例 040 图片的垂直对齐——制作饮品展示页面

在Dreamweaver中,如果想为网页中的图片定义垂直对齐,那么在CSS样式中设置vertical-align属性即可。vertical-align属性设置元素的垂直对齐方式,即定义行内元素的基线相对于该元素所在行的基线的垂直对齐,允许指定负长度值和百分比值。

- **源 文 件** | 光盘\源文件\第5章\实例40.html
- **视　　频** | 光盘\视频\第5章\实例40.swf
- **知 识 点** | vertical-align属性
- **学习时间** | 15分钟

┤ **实例分析** ├

本实例主要向大家介绍了如何通过vertical-align属性的设置来控制页面中图片的垂直对齐,使其更加符合网页的布局方式,页面的最终效果如图5-23所示。

图5-23 最终效果

┤ **知识点链接** ├

vertical-align属性的语法格式如下:

vertical-align: baseline | sub | super | top | text-top | middle | bottom | text-bottom | length;

在CSS样式中,Vertical-align属性包含9个子属性,分别为baseline(定义图片基线对齐)、sub(定义图片垂直对齐文本的下标）、super（定义图片垂直对齐文本的上标）、top（定义图片顶部对齐）、text-top（定义图片对齐文本顶部）、middle（定义图片居中对齐）、bottom（定义图片底部对齐）、text-bottom（定义图片对齐文本底部）和length（定义具体的长度值或百分数，可以使用正值或负值，定义由基线算起的偏移量。基线对于数值来说为0，对于百分数来说为0%）。

制作步骤

01 执行"文件→打开"菜单命令，打开页面"光盘\源文件\第5章\实例40.html"，页面效果如图5-24所示。转换到代码视图中，可以看到页面的代码，如图5-25所示。

```
<div id="main">
    <div id="pic"><img src="images/54010.png" width="118" height="180" />醋悦玫瑰</div>
    <div id="pic01"><img src="images/54011.png" width="118" height="180" />芒果水晶之恋</div>
    <div id="pic02"><img src="images/54012.png" width="118" height="180" />沙漠之源</div>
    <div id="pic03"><img src="images/54013.png" width="118" height="180" />青草乐园</div>
    <div id="pic04"><img src="images/54014.png" width="118" height="180" />加勒比黄昏</div>
    <div id="pic05"><img src="images/54015.png" width="118" height="180" />红粉佳人</div>
    <div id="pic06"><img src="images/54016.png" width="118" height="180" />美酒夜光杯</div>
    <div id="pic07"><img src="images/54017.png" width="118" height="180" />墨西哥旅程</div>
    <div id="pic08"><img src="images/54018.png" width="118" height="180" />玲珑翠玉</div>
</div>
```

图5-24 打开页面 　　　　　　　图5-25 CSS样式代码

02 转换到外部CSS样式表5-40.css文件中，分别定义多个类CSS样式，在每个类CSS样式中定义不同的图片垂直对齐方式，如图5-26所示。返回设计视图，分别为各个图片应用相应的类CSS样式，保存页面。在浏览器中预览页面，可以看到图片的垂直对齐效果，如图5-27所示。

```
.baseline{vertical-align:baseline;}
.sub{vertical-align:sub;}
.super{vertical-align:super;}
.top{vertical-align:top;}
.text-top{vertical-align:text-top;}
.middle{vertical-align:middle;}
.bottom{vertical-align:bottom;}
.text-bottom{vertical-align:text-bottom;}
.length{vertical-align:50px;}
```

图5-26 CSS样式代码 　　　　　　　图5-27 预览效果

Q vertical-align属性的属性值分别表示什么？

A vertical-align属性的属性值说明如下。

- baseline：设置图片基线对齐。
- sub：设置垂直对齐文本的下标。
- super：设置垂直对齐文本的上标。
- top：设置图片顶部对齐。
- text-top：设置对齐文本顶部。
- middle：设置图片居中对齐。
- bottom：设置图片底部对齐。
- text-bottom：设置对齐文本底部。

- length：设置具体的长度值或百分数，可以使用正值或负值，定义由基线算起的偏移量。基线对于数值来说为0，对于百分数来说为0%。

Q 在网页中使用CSS样式有哪些优点？

A 当用户需要管理一个非常大的网站时，使用CSS样式定义站点，可以体现出非常明显的优越性。使用CSS可以快速格式化整个站点，并且CSS样式可以控制多种不能使用HTML控制的属性。

使用CSS样式具有以下特点。

- 可以更加灵活地控制网页中文字的字体、颜色、大小、间距、风格以及位置。
- 可以灵活地设置一段文本的行高、缩进，并可以为其加入三维效果的边框。
- 可以方便地为网页中的任何元素设置不同的背景颜色和背景图像。
- 可以精确地控制网页中各元素的位置。
- 可以为网页中的元素设置各种过滤器，从而产生阴影、模糊、透明等效果。
- 可以与脚本语言相结合，从而产生各种动态效果。
- 由于是直接的HTML格式的代码，因此可以提高页面的打开速度。

实例 041　实现图文混排效果——制作产品介绍页面

页面排版整齐、图文并茂是一个优秀网页必备的条件，图片和文字合理地进行结合可以形成特殊的页面效果。在CSS样式中，可以通过设置float属性来实现图文混排的效果，并通过设置margin属性来控制图片与文字之间的距离。

- **源 文 件** | 光盘\源文件\第5章\实例41.html
- **视　　频** | 光盘\视频\第5章\实例41.swf
- **知 识 点** | float属性、margin属性
- **学习时间** | 10分钟

┃ 实例分析 ┃

本实例的制作主要向大家介绍了如何使用CSS样式的设置来实现图文混排的排版效果，让页面尝试另一种画面风格，页面的最终效果如图5-28所示。

图5-28　最终效果

┃ 知识点链接 ┃

通常情况下，float属性应用于图像，可以实现文本围绕图像的排版效果，另外还可以定义其他元素浮动。float属性的语法如下：

float : none | left | right ;

在CSS样式中，float属性包含3个子属性，分别为none（默认值，定义对象不浮动）、left（定义文本围绕在对象的左边）和right（定义文本围绕在对象的右边）。

制作步骤

01 执行"文件→打开"菜单命令，打开页面"光盘\源文件\第5章\实例41.html"，页面效果如图5-29所示。转换到该文件所链接外部CSS样式表文件5-41.css中，创建名为#text img的CSS样式，如图5-30所示。

图5-29 打开页面

```
#text img{
    float:left;
}
```

图5-30 CSS样式代码

02 执行"文件→保存"菜单命令，保存外部CSS样式表文件。在浏览器中预览页面，可以看到图文混排的效果，如图5-31所示。返回到5-41.css样式表文件中，对名为#text img的CSS样式进行相应的修改，如图5-32所示。

图5-31 预览效果

```
#text img{
    float:right;
}
```

图5-32 CSS样式代码

03 执行"文件→保存"菜单命令，保存外部CSS样式表文件。在浏览器中预览页面，页面效果如图5-33所示。返回到5-41.css样式表文件中，在名为#text img的CSS样式中添加左边距的设置，使图像左侧与文字内容之间有一定的间距，如图5-34所示。

图5-33 预览效果

```
#text img{
    float:right;
    margin-left:20px;
}
```

图5-34 CSS样式代码

04 执行"文件→保存"菜单命令，保存外部CSS样式表文件。在浏览器中预览页面，页面效果如图5-35所示。

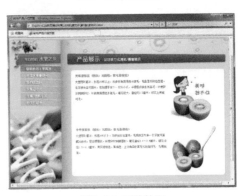

图5-35 预览效果

Q 图文混排的排版方式在什么情况下会出现错误？

A 由于需要设置的图文混排中的文本内容需要在行内元素中才能正确显示，如<p></p>。因此，当该文本内容没有在行内元素中进行时，则有可能会出现错行的情况。

Q 如何调整图文混排中的文字是左边环绕还是右边环绕？

A 图文混排的效果是随着float属性的改变而改变的。因此，当float的属性值设置为right时，图片则会移至文本内容的右边，从而使文字形成左边环绕的效果；反之，当float的属性值设置为left时，图片则会移至文本内容的左边，从而使文字形成右边环绕的效果。

实例 042　border-colors属性（CSS3.0）——为图像添加多种色彩边框

在Dreamweaver中，可以通过CSS3.0中新增的border-colors属性为元素的边框设置多种颜色。如果设置border的宽度为Npx，则可以在border上使用N种颜色，每种颜色显示1px的宽度。

- **源 文 件** | 光盘\源文件\第5章\实例42.html
- **视　　频** | 光盘\视频\第5章\实例42.swf
- **知 识 点** | border-colors属性
- **学习时间** | 10分钟

实例分析

通常，在一些比较传统、页面内容较多的页面中，为了避免给浏览者浏览网页的内容时带来干扰，边框的颜色会以单一的颜色进行显示。但是在一些较为创新并且页面内容较少的页面中，则可以使用多种颜色的边框来增添画面的饱和度，从而不会显得页面太空荡，页面的最终效果如图5-36所示。

图5-36 最终效果

知识点链接

border-colors属性的语法格式如下：

border-colors: <color> <color> <color>…;

如果所设置的border的宽度为10像素，但只声明了5或6种颜色，那么最后一个颜色将被添加到剩下的宽度。

制作步骤

01 执行"文件→打开"菜单命令，打开页面"光盘\源文件\第5章\实例42.html"，页面效果如图5-37所示。转换到该文件所链接外部CSS样式表文件5-42.css中，创建名为.img01的类CSS样式，如图5-38所示。

图5-37 打开页面

```
.img01{
    border:5px solid #FFF;
    -moz-border-top-colors:#0FF #00CCFF #0099FF #0066FF #0033FF;
    -moz-border-right-colors:#0F0 #00CC00 #009900 #006600 #003300;
    -moz-border-bottom-colors:#FF0 #FFCC00 #FF9900 #FF6600 #FF3300;
    -moz-border-left-colors:#FCF #FF99FF #FF66FF #FF33FF #FF00FF;
```

图5-38 CSS样式代码

02 返回到设计视图，选中相应的图像，在"类"下拉列表中选择刚定义的名为img01的类CSS样式应用，如图5-39所示。执行"文件→保存"菜单命令，保存页面和外部样式表文件。在Firefox浏览器中预览页面，可以看到为图像添加的多种颜色的边框效果，如图5-40所示。

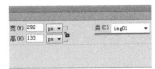

图5-39 应用CSS样式　　　　　　图5-40 预览效果

Q border-colors属性可以分开进行设置吗？

A border-colors属性可以分开进行设置，分别为四边设置多种颜色，分别为border-top-colors（定义顶部的边框颜色）、border-right-colors（定义右侧的边框颜色）、border-bottom-colors（定义底部的边框颜色）和border-left-colors（定义左侧的边框颜色）。

Q CSS样式的基本语法是什么？

A CSS语言由选择符和属性构成，CSS样式的基本语法如下。

```
CSS选择符 {
属性1: 属性值1;
 属性2: 属性值2;
 属性3: 属性值3;
 … …
}
```

实例 043　border-radius属性（CSS3.0）——实现圆角边框

在Dreamweaver中，可以通过CSS3.0中新增的border-radius属性来实现网页元素圆角边框的特殊效果。但是在CSS3.0之前，一般是通过图像来实现。

● **源 文 件** ┃ 光盘\源文件\第5章\实例43.html

● **视　　频** ┃ 光盘\视频\第5章\实例43.swf

● **知 识 点** ┃ border-radius属性

● **学习时间** ┃ 10分钟

┤ **实例分析** ├

本实例通过使用CSS3.0中的border-radius属性设置为页面元素实现圆角边框的效果，从而给浏览者带来新颖、独特的视觉感受，页面的最终效果如图5-41所示。

图5-41 最终效果

━┫ 知识点链接 ┣━

border-radius属性的语法格式如下：

border-radius: none | <length>{1,4} [/ <length>{1,4}]?;

━┫ 制作步骤 ┣━

01 执行"文件→打开"菜单命令，打开页面
"光盘\源文件\第5章\实例43.html"，页面
效果如图5-42所示。转换到该文件所链接的
外部CSS样式表文件5-43.css，找到名为
#pic01的CSS规则，如图5-43所示。

图5-42 打开页面

```
#pic01{
    float:left;
    width:260px;
    height:285px;
    background-color:#FFF;
    margin-left:20px;
    margin-right:20px;
    padding-top:15px;
    background-color:#a4ac2d;
}
```

图5-43 CSS样式代码

02 在该CSS样式中添加圆角边框的CSS样
式设置，如图5-44所示。执行"文件→保
存"菜单命令，保存外部样式表文件。在
Chrome浏览器中预览页面，可以看到所实
现的圆角边框效果，如图5-45所示。

```
#pic01{
    float:left;
    width:260px;
    height:285px;
    background-color:#FFF;
    margin-left:20px;
    margin-right:20px;
    padding-top:15px;
    background-color:#a4ac2d;
    -webkit-border-radius:15px;
}
```

图5-44 CSS样式代码

图5-45 预览效果

03 转换到该文件所链接外部CSS样式表文件
5-43.css中，找到名为#pic02的CSS规
则，如图5-46所示。在该CSS样式中添加圆
角边框的CSS样式设置，如图5-47所示。

```
#pic02{
    float:left;
    width:260px;
    height:285px;
    background-color:#FFF;
    margin-left:20px;
    margin-right:20px;
    padding-top:15px;
    background-color:#a4ac2d;
}
```

图5-46 CSS样式代码

```
#pic02{
    float:left;
    width:260px;
    height:285px;
    background-color:#FFF;
    margin-left:20px;
    margin-right:20px;
    padding-top:15px;
    background-color:#a4ac2d;
    -webkit-border-radius:15px 0px 15px 0px;
}
```

图5-47 CSS样式代码

提示

第一个值是水平半径值，如果第二个值省略，则它等于第一个值，这时这个角就是一个四分之一圆角。如果任意一个值为
0，则这个角是矩形，不会是圆角。

04 执行"文件→保存"菜单命令，保存外部
样式表文件。在Chrome浏览器中预览页
面，可以看到所实现的圆角边框效果，如图
5-48所示。转换到该文件所链接外部CSS样
式表文件5-43.css中，找到名为#pic03的
CSS规则，如图5-49所示。

图5-48 预览效果

```
#pic03{
    float:left;
    width:260px;
    height:285px;
    background-color:#FFF;
    margin-left:20px;
    margin-right:20px;
    padding-top:15px;
    background-color:#a4ac2d;
}
```

图5-49 CSS样式代码

05 在该CSS样式中添加圆角边框的CSS样式设置，如图5-50所示。执行"文件→保存"菜单命令，保存外
部样式表文件。在Chrome浏览器中预览页面，可以看到所实现的圆角边框效果，如图5-51所示。

```
#pic03{
    float:left;
    width:260px;
    height:285px;
    background-color:#FFF;
    margin-left:20px;
    margin-right:20px;
    padding-top:15px;
    background-color:#a4ac2d;
    -webkit-border-radius:15px 15px 15px 0px;
}
```

图5-50　CSS样式代码

图5-51　预览效果

Q border-radius属性的属性值分别表示什么？

A border-radius属性的属性值说明如下。

- none：为默认值，表示不设置圆角效果。
- length：用于设置圆角度数值，由浮点数字和单位标识符组成，不可以设置为负值。

Q border-radius属性可以分开进行设置吗？

A border-radius属性可以分开进行设置，分别为四个角设置相应的圆角值，分别写为border-top-right-radius（右上角）、border-bottom-right-radius（右下角）、border-bottom-left-radius（左下角）、border-top-left-radius（左上角）。

实例 044　border-image属性（CSS3.0）——实现图像边框

　　使用CSS3.0中新增的border-image属性可以实现用图像作为对象边框的效果，从而增强了网页元素的边框效果。但是，如果<table>标签设置了"border-collapse: collapse"，那么border-image属性的设置将无法显示。

- **源 文 件** | 光盘\源文件\第5章\实例44.html
- **视　　频** | 光盘\视频\第5章\实例44.swf
- **知 识 点** | border-image属性
- **学习时间** | 10分钟

实例分析

　　本实例通过在CSS样式中为Div元素定义border-image属性来实现图像边框的效果，从而为网页的制作省去了许多其他步骤，使得页面结构变得更加清晰、有条理，页面的最终效果如图5-52所示。

图5-52　最终效果

知识点链接

　　border-image属性的语法格式如下：

　　border-image: none | <image> [<number> | <percentage>]{1,4}[/ <border-width>{1,4}]? [stretch | repeat | round] {0,2};

┤ 制作步骤 ├

01 执行"文件→打开"菜单命令，打开页面"光盘\源文件\第5章\实例44.html"，页面效果如图5-53所示。转换到该文件所链接外部CSS样式表文件5-44.css中，找到名为#menu的CSS规则，如图5-54所示。

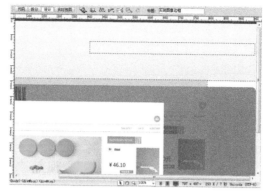

图5-53 打开页面

```
#menu{
    width:505px;
    height:37px;
    text-align:center;
    margin-top:70px;
    margin-left:230px;
}
```

图5-54 CSS样式代码

02 在该CSS样式中添加图像边框的CSS样式设置，如图5-55所示。执行"文件→保存"菜单命令，保存外部样式表文件。在Firefox浏览器中预览页面，可以看到所实现的图像边框效果，如图5-56所示。

```
#menu{
    width:505px;
    height:37px;
    text-align:center;
    margin-top:70px;
    margin-left:230px;
    border-width:0px 20px;
    -moz-border-image:url(../images/54405.png) 0 20 0 20 stretch stretch;
}
```

图5-55 CSS样式代码

图5-56 预览效果

Q border-image属性的属性值分别表示什么？

A border-image属性的各属性值说明如下。

- none：为默认值，表示无图像。
- image：用于设置边框图像，可以使用绝对地址或相对地址。
- number：边框宽度或者边框图像的大小，使用固定像素值表示。
- percentage：用于设置边框图像的大小，即边框宽度，用百分比表示。
- stretch | repeat | round：拉伸 | 重复 | 平铺（其中stretch是默认值）。

Q border-image属性可以派生出相应的属性吗？都有哪些？

A 为了能够更加方便、灵活地定义边框图像，CSS3.0允许从border-image属性派生出众多的子属性。

- border-top-image：定义上边框图像。
- border-right-image：定义右边框图像。
- border-bottom-image：定义下边框图像。
- border-left-image：定义左边框图像。
- border-top-left-image：定义边框左上角图像。
- border-top-right-image：定义边框右上角图像。
- border-bottom-left-image：定义边框左下角图像。
- border-bottom-right-image：定义边框右下角图像。
- border-image-source：定义边框图像源，即图像的地址。
- border-image-slice：定义如何裁切边框图像。
- border-image-repeat：定义边框图像重复属性。
- border-image-width：定义边框图像的大小。
- border-image-outset：定义边框图像的偏移位置。

第  章

使用CSS控制
列表样式

在网页界面中经常涉及到项目列表的使用，项目列表是用来整理网页面中一系列相互关联的文本信息的，其中包括有序列表、无序列表和定义列表三种。在Dreamweaver中，用户可以通过CSS属性对列表式进行更好的控制，从而达到美化网页界面、提高网站使用性的作用列表元素是网页中非常重要的应用形式之一，在网页界面的设计中通过使用CSS属性控制列表可以轻松实现网页整洁、直观的页面果。列表形式的布局在网页界面中占有很大部分的比重，页面信息显示非常清晰，浏览者能够很方便地查看网页。下面我们将通过实的制作向大家进行详细的讲解。

实例 045　ul无序列表——制作新闻栏目

无序列表是网页中常见的元素之一，作用是将一组相关的列表项目排列在一起，并且列表中的项目没有特别的先后顺序。无序列表使用<li>标记来罗列各个项目，并且每个项目前面都带有特殊符号，比如黑色实心圆等。

- **源 文 件** | 光盘\源文件\第6章\实例45.html
- **视　　频** | 光盘\视频\第6章\实例45.swf
- **知 识 点** | list-style-type属性
- **学习时间** | 10分钟

实例分析

本实例主要是通过对页面中的段落文字应用相应的项目列表，制作出新闻栏目的效果。通过对CSS样式的控制，可以使新闻浏览起来更简洁、方便，页面的最终效果如图6-1所示。

图6-1 最终效果

知识点链接

在CSS中，可以通过list-style-type属性对无序列表前面的符号进行控制，list-style-type属性的语法格式如下：

list-style-type：参数1，参数2，…

表6-1所示的是在无序列表中list-style-type属性包含的各个参数值的含义。

表6-1 无序列表常用属性值

属 性	方 式	说 明
disc	list-style-type: disc	实心圆
circle	list-style-type: circle	空心圆
square	list-style-type: square	实心方块
none	list-style-type: none	不使用任何项目符号

制作步骤

01 执行"文件→打开"菜单命令，打开页面"光盘\源文件\第6章\实例45.html"，页面效果如图6-2所示。光标移至名为news的Div中，将多余文字删除，输入相应的段落文字，如图6-3所示。

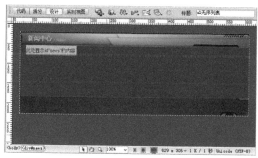

图6-2 打开页面

图6-3 输入文字

02 选中页面中所有的段落文字，单击“属性”面板上的“列表项目”按钮，如图6-4所示，为文字创建项目列表。切换到代码视图，可以看到代码的效果，如图6-5所示。

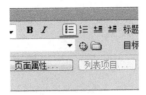

图6-4 创建项目列表

```
<div id="news">
  <ul>
    <li>活动：乐享周末福利CF周末乱战活动上线</li>
    <li>新闻：揭秘设计网游近况，犹如菜系分明</li>
    <li>CFPL:CFPL第二季四强席位之争前瞻</li>
    <li>游久:CF雷人囧图之 回忆那遗失的美好</li>
    <li>论坛：当战队的声誉受损时我们该怎么办？</li>
  </ul>
</div>
```

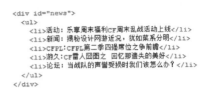

图6-5 代码视图

03 返回到设计视图中，可以看到页面效果，如图6-6所示。切换到该文件所链接的外部CSS样式表6-45.css文件中，创建一个名为#news li的CSS规则，如图6-7所示。

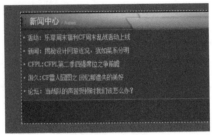

图6-6 页面效果

```
#news li{
    list-style-position: inside;
    border-bottom: dashed 1px #33CCFF;
    padding-left: 5px;
}
```

图6-7 CSS样式代码

04 返回到设计视图中，可以看到页面中的项目列表效果，如图6-8所示。执行“文件→保存”菜单命令保存页面文件。按F12键即可在浏览器中预览该页面，效果如图6-9所示。

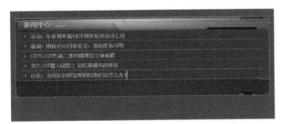

图6-8 页面效果

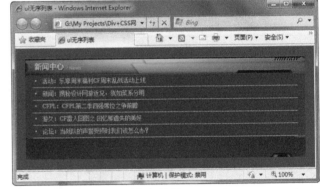

图6-9 预览效果

Q 为什么创建出来的项目列表只有一个，而不是每个新闻标题都是一个项目列表？

A 如果需要通过单击“属性”面板上的“项目列表”按钮在网页中创建项目列表，则需要在页面中选中段落文本。段落文本的输入方法是在段落后按键盘上的Enter键，即可在页面中插入一个段落。也就是说，每个新闻标题都需要是一个独立的段落，这样创建出来的项目列表才是正确的。

Q 网页中文本分行与分段的区别？

A 遇到文本末尾的地方，Dreamweaver会自动进行分行操作。然而在某些情况下，我们需要进行强迫分行，将某些文本放到下一行去，此时在操作上读者可以有两种选择：按键盘上的Enter键（为段落标签），或者在“代码”视图中显示为<P>标签。

也可以按快捷键Shift+Enter（为换行符也被称为强迫分行），在“代码”视图中显示为
，可以将文本放到下一行去，在这种情况下被分行的文本仍然在同一段落中。

实例 046 ol有序列表——制作网站公告

有序列表与无序列表相反，有序列表可以创建具有先后顺序的列表，比如在每条信息前加上序号1、2、3、……等。在CSS中，与无序列表一样，可以通过list-style-type属性对有序列表进行控制，只是属性值不同而已。

● **源 文 件** | 光盘\源文件\第6章\实例46.html
● **视　　频** | 光盘\视频\第6章\实例46.swf
● **知 识 点** | list-style-type属性
● **学习时间** | 5分钟

实例分析

　　本实例制作的是一个活动公告内容，通过对list-style-type属性值的设置为段落文本应用了相应的有序列表样式，使得网页浏览看起来一目了然，也更加整齐、美观，页面的最终效果如图6-10所示。

图6-10　最终效果

知识点链接

list-style-type属性的语法格式如下：

list-style-type：参数1，参数2，…

表6-2所示的是在有序列表中list-style-type属性中包含的各个参数值的含义。

表6-2　有序列表常用属性值

属　　性	方　　式	说　　明
decimal	list-style-type：decimal	十进制数字标记（1，2，3……）
decimal-leading-zero	list-style-type：decimal-leading-zero	有前导零的十进制数字标记（01，02，03……）
lower-roman	list-style-type：lower-roman	小写罗马数字
upper-roman	list-style-type：upper-roman	大写罗马数字
lower-alpha	list-style-type：lower-alpha	小写英文字母
upper-alpha	list-style-type：upper-alpha	大写英文字母
none	list-style-type：none	不使用任何项目符号
inherit	list-style-type：inherit	使用包含盒子的list-style-type的值

制作步骤

01 执行"文件→打开"菜单命令，打开页面"光盘\源文件\第6章\实例46.html"，页面效果如图6-11所示。将光标移至名为gonggao的Div中，删除多余文字，输入相应的段落文字，如图6-12所示。

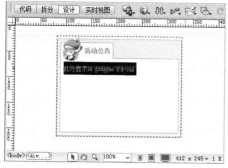

图6-11　页面效果

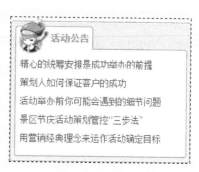

图6-12　输入文字

02 返回到设计视图中，选中页面中相应的文字，单击"属性"面板上的"编号列表"按钮，如图6-13所示。切换到代码视图，可以看到代码的效果，如图6-14所示。

图6-13 创建编号列表　　　　图6-14 代码视图

03 返回到设计视图中，可以看到页面中有序列表的效果，如图6-15所示。切换到该文件所链接的外部CSS样式表6-46.css文件中，创建一个名为#gonggao li的CSS规则，如图6-16所示。

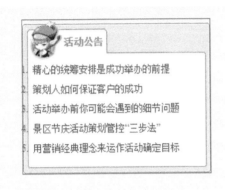

```
#gonggao li {
    color: #990;
    list-style-position:inside;
}
```

图6-15 页面效果　　　　图6-16 CSS样式代码

04 返回到设计视图中，可以看到页面的效果，如图6-17所示。执行"文件→保存"命令保存页面文件。按F12键即可在浏览器中预览该页面，效果如图6-18所示。

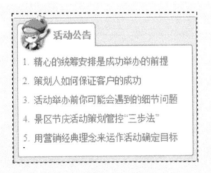

图6-17 页面效果　　　　图6-18 预览效果

Q 如何不通过CSS样式更改项目列表前的符号效果？

A 在设计视图中选中已有列表的其中一项，执行"格式→列表→属性"菜单命令，弹出"列表属性"对话框，在"列表类型"下拉列表中选择"项目列表"选项，此时"列表属性"对话框上除"列表类型"下拉列表框外，只有"样式"下拉列表框和"新建样式"下拉列表框可用。在"样式"下拉列表框中共有3个选项，分别为"默认"、"项目符号"和"正方形"，它们用来设置项目列表里每行开头的列表标志，如图6-19所示。

默认的列表标志是项目符号，也就是圆点。在"样式"下拉列表框中选择"默认"或"项目符号"选项都将设置列表标志为项目符号。

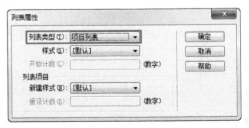

图6-19 "列表属性"对话框

Q 如何不通过CSS样式更改有序列表前的编号符号？

A 如果在"列表属性"对话框中的"列表类型"下拉列表中选择"编号列表"选项，如图6-20所示，在"样式"
下拉列表框有6个选项，分别为"默
认"、"数字"、"小写罗马字
母"、"大写罗马字母"、"小写
字母"和"大写字母"，如图6-21
所示，这是用来设置编号列表里每
行开头的编号符号。

图6-20 "列表属性"对话框

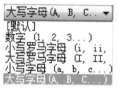

图6-21 "样式"下拉列
表框选项

实例 047　更改列表项目样式——制作方块列表效果

当给<ul>标签或者<ol>标签设置list-style-type属性时，那么标签中的所有<li>标签都将应用该设置。如果想要
<li>标签具有单独的样式，则可以对<li>标记单独设置list-style-type属性值，那么该样式只会对该条项目起作用。

● **源 文 件** | 光盘\源文件\第6章\实例47.html
● **视　　频** | 光盘\视频\第6章\实例47.swf
● **知 识 点** | list-style-type属性、<li>标签
● **学习时间** | 10分钟

实例分析

　　本实例制作的是一个动漫网站的小页面，字体颜色运用的是
与页面整体颜色相搭配的蓝色，使得网页看起来整洁、美观，下
面我们将为大家介绍的是如何通过修改CSS规则来改变列表项目
的样式，页面的最终效果如图6-22所示。

图6-22 最终效果

知识点链接

　　在CSS样式中，通过对<li>标记进行修改设置list-style-type属性，则该样式就会应用到设计页面中，从而改变页
面效果；也可以单独创建<li>标签，然后为特定内容应用样式。

制作步骤

01 执行"文件→打开"菜单命令，打开页面"光盘\源文件\第6章\实例47.html"，页面效果如图6-23所示。光
标移至名为news的Div中，将多余文字删除，输入相应的段落文字，如图6-24所示。

图6-23 页面效果

图6-24 输入文字

02 选中页面中所有段落文字，单击"属性"面板上的"项目列表"按钮，为文字创建无序列表，如图6-25所示。切换到代码视图，可以看到代码的效果，如图6-26所示。

图6-25 创建项目列表

```
<div id="news">
  <ul>
    <li>超畅爽体验，91wan百炼成仙双端时代降临</li>
    <li>《神魔仙界》、《怪物世界》漫画直击荣誉巅峰</li>
    <li>赛尔号黄金十二宫巨蟹宫凯斯尔打法攻略</li>
    <li>日漫风来袭 冰川《神器》原创漫画曝光好评如潮</li>
  </ul>
</div>
```

图6-26 代码视图

03 返回到设计视图中，可以看到页面中无序列表的效果，如图6-27所示。切换到该文件所链接的外部CSS样式表6-47.css文件中，创建一个名为#news li的CSS规则，如图6-28所示。

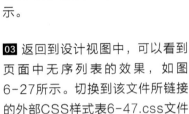

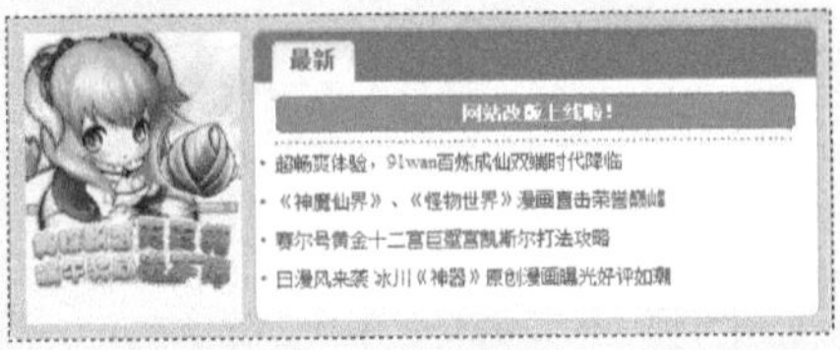

图6-27 页面效果

```
#news li {
    list-style-position: inside;
    border-bottom: solid 1px #0099FF;
}
```

图6-28 CSS样式代码

04 返回到设计视图中，可以看到页面的效果，如图6-29所示。在浏览器中浏览该页面，效果如图6-30所示。

图6-29 页面效果

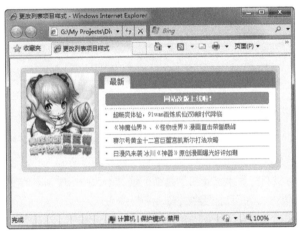

图6-30 预览效果

05 切换到该文件所链接的外部CSS样式表6-47.css文件中，找到名为#news li的CSS样式，并修改其代码，如图6-31所示。返回到设计视图，执行"文件→保存"命令保存文件。按F12键在浏览器中预览该页面，效果如图6-32所示.

```
#news li {
    list-style-type:square;
    list-style-position: inside;
    border-bottom: solid 1px #0099FF;
}
```

图6-31 修改样式

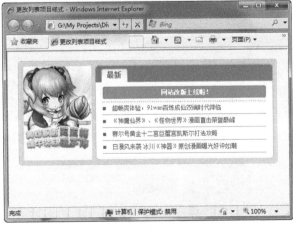

图6-32 预览效果

Q list-stylc-image属性的作用是什么？

A list-style-image属性用于设置项目符号图像，通过该属性的设置可以选择相应的图像作为项目列表前的项目符号图像。

Q list-style-position属性的作用是什么？

A list-style-position属性用于设置列表图像位置，决定列表项目缩进的程度。选择outside（外），则列表贴近左侧边框；选择inside（内）则列表缩进，该项设置效果不明显。

048 使用图片作为列表样式——制作图像列表

使用图片作为列表样式在网页界面中经常使用，可以用来作为美化网页界面、提升网页整体视觉效果的一种方式。在Dreamweaver中，使用CSS样式将项目符号替换为特定图像符号的方法很简单。

- **源 文 件** | 光盘\源文件\第6章\实例48.html
- **视　　频** | 光盘\视频\第6章\实例48.swf
- **知 识 点** | list-style-type属性、<li>标签
- **学习时间** | 10分钟

实例分析

本实例通过为网页中文字创建项目列表，并为其创建<li>标签，将默认项目符号替换为图片样式，使得网页中的社区消息更整洁、一目了然，页面的最终效果如图6-33所示。

图6-33 最终效果

知识点链接

如果想要为网页添加图像作为列表样式的方法很简单，首先在列表项左边添加填充，为图像符号留出需要占用的空间，然后将图像符号作为背景图像应用于列表项即可。

制作步骤

01 执行"文件→打开"菜单命令，打开页面"光盘\源文件\第6章\实例48.html"，页面效果如图6-34所示。光标移至名为news的Div中，将多余文字删除，输入相应的段落文字，如图6-35所示。

图6-34 页面效果

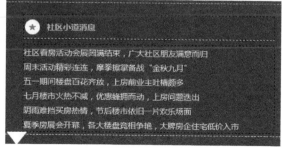

图6-35 输入文字

02 选中所有的段落文字，单击"属性"面板上的"项目列表"按钮，为文字创建项目列表，如图6-36所示。在设计视图中可以看到页面效果，如图6-37所示。

图6-36 创建项目列表

图6-37 页面效果

03 切换到6-48.css文件中，创建一个名为#news li的CSS规则，如图6-38所示。返回到设计视图中，可以看到页面的效果，页面效果如图6-39所示。

```
#news li {
    list-style-type:none;
    background-image:url(../images/4803.gif);
    background-repeat:no-repeat;
    background-position:left;
    padding-left:15px;
}
```

图6-38 CSS样式代码

图6-39 页面效果

04 执行"文件→保存"菜单命令保存文件。按F12键即可在浏览器中预览该页面，效果如图6-40所示。

图6-40 预览效果

Q 除了可以通过背景图像的方式来实现图像列表效果，还有其他方法吗？

A 还可以通过list-style-image属性设置的方法来实现图像列表效果，设置list-style-image属性值为项目符号的图像地址即可。例如，下面的设置代码。

list-style-image: url(../image/4803.gif);

Q 除了可以直接编写CSS样式代码设置列表效果，还可以有其他方式吗？

A 有，在Dreamweaver中可以通过"CSS规则定义"对话框设置来控制列表的外观。在"CSS规则定义"对话框左侧选择"列表"选项；在右侧的选项区中可以对列表样式进行设置，如图6-41所示。

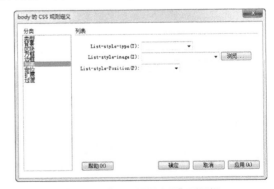

图6-41 "CSS规则定义"对话框

定义列表——制作音乐列表

定义列表是一种比较特殊的列表形式，相对于有序列表和无序列表来说，应用的较少。定义列表的<dl>标签是成对出现的，并且需要网页设计者在代码视图中手动添加。

- ● **源 文 件** | 光盘\源文件\第6章\实例49.html
- ● **视　　频** | 光盘\视频\第6章\实例49.swf
- ● **知 识 点** | <dl>、<dt>和<dd>标签
- ● **学习时间** | 15分钟

┨ **实例分析** ┠

本实例制作的是一个音乐网站的小页面，通过创建成对的<dl>标签、<dt>标题标签和用于描述列表中元素的标签<dd>，并创建相应的CSS规则，从而使得该音乐页面变得更加美观，页面的最终效果如图6-42所示。

图6-42　最终效果

┨ **知识点链接** ┠

从<dl>开始到</dl>结束，列表中每个元素的标题使用<dt>definition term</dt>，后面跟随<dd>definition term</dd>用于描述列表中元素的内容。

┨ **制作步骤** ┠

U1 执行"文件→打开"菜单命令，打开页面"光盘\源文件\第6章\实例49.html"，页面效果如图6-43所示。光标移至名为music的Div中，将多余文字删除，插入图片并输入相应的段落文字，如图6-44所示。

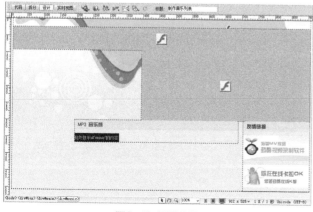

图6-43　页面效果

图6-44　输入文字

```
<div id="music">
  <dl>
    <dt><img src="images/num_1.gif" width="16" height="11" />为你写首诗</dt>
    <dd>范范明明</dd>
    <dd><img src="images/d1.jpg" width="18" height="18" /><img src="images/d2.jpg" width="18" height="18" /><img src="images/d3.jpg"
width="18" height="18" /></dd>
    <dt><img src="images/num_2.gif" width="16" height="11" />为爱而生</dt>
    <dd>三人组合</dd>
    <dd><img src="images/d1.jpg" width="18" height="18" /><img src="images/d2.jpg" width="18" height="18" /><img src="images/d3.jpg"
width="18" height="18" /></dd>
    <dt><img src="images/num_3.gif" width="16" height="11" />最重要的小事</dt>
    <dd>李基成</dd>
    <dd><img src="images/d1.jpg" width="18" height="18" /><img src="images/d2.jpg" width="18" height="18" /><img src="images/d3.jpg"
width="18" height="18" /></dd>
    <dt><img src="images/num_4.gif" width="16" height="11" />快乐很伟大</dt>
    <dd>王世伟</dd>
    <dd><img src="images/d1.jpg" width="18" height="18" /><img src="images/d2.jpg" width="18" height="18" /><img src="images/d3.jpg"
width="18" height="18" /></dd>
    <dt><img src="images/num_5.gif" width="16" height="11" />摩托车日记</dt>
    <dd>陈嘉华</dd>
    <dd><img src="images/d1.jpg" width="18" height="18" /><img src="images/d2.jpg" width="18" height="18" /><img src="images/d3.jpg"
width="18" height="18" /></dd>
    <dt><img src="images/num_6.gif" width="16" height="11" />我们的那些年</dt>
    <dd>张菌</dd>
    <dd><img src="images/d1.jpg" width="18" height="18" /><img src="images/d2.jpg" width="18" height="18" /><img src="images/d3.jpg"
width="18" height="18" /></dd>
    <dt><img src="images/num_7.gif" width="16" height="11" />谈何容易</dt>
    <dd>张绍荣</dd>
    <dd><img src="images/d1.jpg" width="18" height="18" /><img src="images/d2.jpg" width="18" height="18" /><img src="images/d3.jpg"
width="18" height="18" /></dd>
    <dt><img src="images/num_8.gif" width="16" height="11" />习惯</dt>
    <dd>师世乐队</dd>
    <dd><img src="images/d1.jpg" width="18" height="18" /><img src="images/d2.jpg" width="18" height="18" /><img src="images/d3.jpg"
width="18" height="18" /></dd>
    <dt><img src="images/num_9.gif" width="16" height="11" />晴天不会来</dt>
    <dd>谭清</dd>
    <dd><img src="images/d1.jpg" width="18" height="18" /><img src="images/d2.jpg" width="18" height="18" /><img src="images/d3.jpg"
width="18" height="18" /></dd>
    <dt><img src="images/num_10.gif" width="16" height="11" />单纯的旅程</dt>
    <dd>小猫组合</dd>
    <dd><img src="images/d1.jpg" width="18" height="18" /><img src="images/d2.jpg" width="18" height="18" /><img src="images/d3.jpg"
width="18" height="18" /></dd>
  </dl>
</div>
```

图6-45 代码视图

02 切换到代码视图，为文字添加相应的标签，如图6-45所示。切换到6-49.css文件中，创建名为#music dt和#music dd的CSS规则，如图6-46所示。

```
#music dt {
    width: 255px;
    border-bottom: dashed 1px #06F;
    float: left;
}
#music dd {
    width: 120px;
    border-bottom: dashed 1px #06F;
    text-align: center;
    float: left;
}
```

图6-46 CSS样式代码

03 返回到设计视图中，可以看到页面中定义列表的效果，如图6-47所示。执行"文件→保存"菜单命令保存文件。按F12键即可在浏览器中预览该页面，效果如图6-48所示。

图6-47 页面效果

图6-48 预览效果

Q 在Dreamweaver中可以通过可视化操作自动创建定义列表吗？

A 不可以，在Dreamweaver中并没有提供定义列表的可视化创建操作，设计者可以转换到代码视图中，手动添加相关的<dl>、<dt>和<dd>标签来创建定义列表。注意，<dl>、<dt>和<dd>标签都是成对出现的。

Q 在网页中如何输入一些特殊的字符？

A 特殊字符在HTML中是以名称或数字的形式表示的，它们被称为实体，其中包含注册商标、版权符号、商标符号等字符的实体名称。

首先将光标移至需要插入特殊字符的位置，然后在"插入"面板中选择"文本"选项卡，如图6-49所示。在"文本"选项卡中单击"字符"按钮中三角符号，在弹出菜单中可以选择需要插入的特殊字符，如图6-50所示。单击"其他字符"按钮 ，在弹出的"插入其他字符"对话框中可以选择更多特殊字符，单击需要的字符按钮，或直接在"插入"文本框中输入特殊字符的编码，然后单击"确定"按钮，即可插入相应的特殊字符，如图6-51所示。

图6-49 "插入"面板中的"文本"选项卡

图6-50 "字符"按钮中三角符号的弹出菜单

图6-51 "插入其他字符"对话框

列表的应用——制作横向导航菜单

在Dreamweaver中，由于项目列表的项目符号可以通过list-style-type属性将其设置为none，因此我们可以利用这一优势轻松地制作各种各样的菜单和导航条。通过CSS属性对项目列表进行控制可以达到很多意想不到的效果，从而丰富网页内容。

- **源 文 件** | 光盘\源文件\第6章\实例50.html
- **视　　频** | 光盘\视频\第6章\实例50.swf
- **知 识 点** | list-style-type属性、float属性
- **学习时间** | 10分钟

实例分析

本实例制作的是旅游公司页面的横向导航菜单，通过对list-style-type属性的设置，制作出导航菜单，最终效果如图6-52所示。

图6-52　最终效果

知识点链接

通过list-style-type属性，可以将该属性值设置为none，从而去除项目列表前的项目符号；再通过设置float属性为left，可以将项目列表显示在一行中；再通过其他的一些CSS样式属性设置，即可制作出横向导航菜单的效果。

制作步骤

01 执行"文件→打开"菜单命令，打开页面"光盘\源文件\第6章\实例50.html"，页面效果如图6-53所示。光标移至名为menu的Div中，将多余文字删除，输入相应的段落文字，如图6-54所示。

图6-53　页面效果

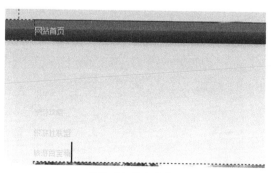

图6-54　输入文字

02 选中页面中所有的段落文字，单击"属性"面板上的"项目列表"按钮，为文字创建项目列表，如图6-55所示。切换到6-50.css文件中，创建名为#menu li的规则，如图6-56所示。

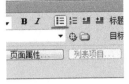

图6-55 创建项目列表

```
#menu li{
    list-style-type: none;
    float: left;
}
```

图6-56 CSS样式代码

03 返回到设计视图中，可以看到页面的效果，如图6-57所示。选中"网站首页"文本，在"属性"面板上的"链接"文本框中输入"#"，为文字设置空链接，如图6-58所示。

图6-57 页面效果

图6-58 "属性"面板

04 使用相同的方法，为其他文字添加空链接，效果如图6-59所示。切换到6-50.css文件中，创建名为#menu li a的CSS规则，如图6-60所示。

图6-59 页面效果

```
#menu li a {
    display: block;
    padding-left: 40px;
    padding-right: 40px;
    text-decoration: none;
    border-right: solid 1px #888;
}
```

图6-60 CSS样式代码

05 返回到设计视图中，可以看到页面效果，如图6-61所示。切换到6-50.css文件中，创建名为#menu li a:link 和#menu li a:hover的CSS规则，如图6-62所示。

图6-61 页面效果

```
#menu li a:link {
    color: #FFF;
    text-decoration: none;
}
#menu li a:hover {
    color: #FFF;
    text-decoration: none;
    background-image: url(../images/5005.jpg);
    background-repeat: repeat-x;
}
```

图6-62 CSS样式代码

06 返回到设计视图，可以看到页面的效果，如图6-63所示。执行"文件→保存"菜单命令，保存该页面。在浏览器中预览该页面，可以看到所实现的导航菜单效果，如图6-64所示。

图6-63 页面效果

图6-64 预览效果

Q 横向导航菜单的优点是什么？

A 横向导航菜单一般用作网站的主导航菜单，门户类网站更是如此。由于门户网站的分类导航较多，且每个频道均有不同的样式区分，因此在网站顶部固定一个区域设计统一样式且不占用过多空间的横向导航菜单是最理想的选择。

Q 在网页中使用CSS样式是不是所有浏览器都能够正常显示？

A CSS样式比上HTML出现得要晚，这就意味着一些较老的浏览器不能够识别使用CSS编写的样式，并且CSS在简单文本浏览器中的用途也有限，例如为手机或移动设备编写的简单浏览器等。

CSS样式是可以实现向后兼容的，例如，较老的浏览器虽然不能够显示样式，但是却能够正常地显示网页。如果使用默认的HTML表达，并且设计者合理地设计了CSS和HTML，即使CSS样式不能显示，页面的内容还是可用的。

实例 051　制作纵向导航菜单

在网页界面中，不仅仅只有横向排列的导航菜单，为了使网页界面结构设计多样化，很多时候也要求导航菜单能够在垂直方向上显示。在Dreamweaver中，我们可以通过设置CSS属性轻松实现导航菜单的横纵转换。

● **源文件** | 光盘\源文件\第6章\实例51.html

● **视　频** | 光盘\视频\第6章\实例51.swf

● **知识点** | list-style-type属性

● **学习时间** | 10分钟

实例分析

本实例制作的是一个音乐网站的页面，该页面的导航菜单的制作与上个实例的操作基本相似。通过对<li>标签的设置，实现纵向导航菜单的制作，最终效果如图6-65所示。

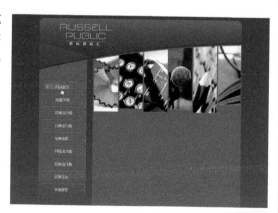

图6-65 最终效果

知识点链接

在CSS样式中，<li>标记的左浮动实现的是让导航菜单横向显示，也就是上个实例的横向导航菜单的制作；当删除<li>标记的左浮动时，即可实现导航菜单的纵向显示，即纵向导航菜单。

制作步骤

01 执行"文件→打开"菜单命令，打开页面"光盘\源文件\第6章\实例51.html"，页面效果如图6-66所示。光标移至名为menu的Div中，将多余文字删除，输入相应的段落文字，如图6-67所示。

图6-66 页面效果   图6-67 输入文字

02 选中页面中所有的段落文字，单击"属性"面板上的"项目列表"按钮，为文字创建项目列表，如图6-68所示。切换到6-51.css文件中，创建名为#menu li的规则，如图6-69所示。

```
#menu li {
    list-style-type:none;
    background-image:url(../images/5104.gif);
    background-repeat:no-repeat;
    padding-left:10px;
    margin-left:5px;
    margin-top:10px;
    padding-top:10px;
}
```

图6-68 创建项目列表   图6-69 CSS样式代码

03 返回到设计视图中，可以看到页面的效果，如图6-70所示。选中"网站首页"文本，在"属性"面板上的"链接"文本框中输入"#"，为文字添加空链接，如图6-71所示。

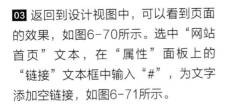

图6-70 页面效果   图6-71 "属性"面板

04 使用相同的方法，为其他文字设置空链接，效果如图6-72所示。切换到6-51.css文件中，创建名为#menu li a的CSS规则，如图6-73所示。

```
#menu li a{
    display:block;
    padding-left:40px;
    padding-right:40px;
    text-decoration:none;
    border-right: solid 1px #d17523;
}
```

图6-72 页面效果   图6-73 CSS样式代码

05 返回到设计视图中，可以看到页面效果，如图6-74所示。切换到6-51.css文件中，创建名为#menu li a:link和#menu li a:hover的CSS规则，如图6-75所示。

```
#menu li a:link{
    color:#FFF;
    text-decoration:none;
}
#menu li a:hover{
    color:#FFF;
    text-decoration:none;
    background-image:url(../images/5105.gif);
    background-repeat:no-repeat;
}
```

图6-74 页面效果   图6-75 CSS样式代码

第2篇 第3篇 第4篇

06 返回到设计视图，可以看到页面的效果，如图6-76所示。执行"文件→保存"命令，保存该页面。在浏览器中预览该页面，可以看到所实现的导航菜单效果，如图6-77所示。

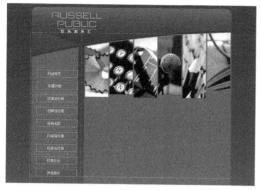

图6-76 页面效果

图6-77 预览效果

Q 纵向导航菜单通常用在什么类型的网站中？

A 纵向导航菜单很少用于门户网站中，纵向导航菜单更倾向于表达产品分类。例如，很多购物网站和电子商务网站的左侧都提供了对全部的商品进行分类的导航菜单，以方便浏览者快速找到想要的内容。

Q CSS样式不能做什么？

A CSS的功能虽然很强大，但是它也有某些局限性。CSS样式表的主要不足是它局限于对标签文件中的显示内容起作用。显示顺序在某种程度上可以改变，可以插入少量文本内容，但是在源HTML（或XML）中做较大改变，用户需要使用另外的方法，例如使用XSL转换（XSLT）。

实例 052　content属性（CSS3.0）——赋予Div内容

content属性用于在网页中插入生成内容。content属性与"：before"以及"：after"伪元素配合使用，可以将生成的内容放在一个元素内容的前面或后面。

- **源 文 件** 光盘\源文件\第6章\实例52.html
- **视　　频** 光盘\视频\第6章\实例52.swf
- **知 识 点** content属性
- **学习时间** 5分钟

| 实例分析 |

本实例通过使用CSS3.0中新增的content属性，为网页中相应的Div赋予内容。如果需要修改该Div中的内容，则只需要修改CSS样式表中定义的content属性值即可，页面的最终效果如图6-78所示。

图6-78 最终效果

▎知识点链接▎

content属性的语法格式如下：

content: normal | string | attr() | url() | counter();

▎制作步骤▎

01 执行"文件→打开"菜单命令，打开页面"光盘\源文件\第6章\实例52.html"，页面效果如图6-79所示。在页面中可以看到一个id名为title的Div，转换到代码视图中，将该div中的提示文字内容删除，如图6-80所示。

图6-79 页面效果

```
<body>
<div id="box">
  <div id="top">
    <div id="title">×</div>
    <div id="logo"><img src="images/5203.png"
        width="233" height="77" /></div>
  </div>
  <div id="banner"><img src="images/5205.jpg"
        width="900" height="400" /></div>
</div>
</body>
```

图6-80 删除提示文字

02 转换到6-52.css文件中，创建一个名为#title:before的CSS样式，如图6-81所示。返回到设计视图中，在设计视图中看不出任何效果，如图6-82所示。

```
#title:before {
    content:"店铺展示效果";
}
```

图6-81 CSS样式代码

图6-82 页面设计视图

03 执行"文件→保存"菜单命令，保存页面，并保存外部CSS样式表文件。在IE浏览器中预览效果，可以看到通过content属性为id名为title的Div赋予文字内容的效果，如图6-83所示。

图6-83 预览效果

Q content属性的各属性值分别表示什么？

A content属性的各属性值的介绍如表6-3所示。

表6-3　content属性值

属　性　值	说　　　明
normal	默认值，表示不赋予内容
string	赋予文本内容
attr()	赋予元素的属性值
url()	赋予一个外部资源（图像、声音、视频或浏览器支持的其他任何资源）
counter()	计数器，用于插入赋予标识

Q CSS1.0、CSS2.0和CSS3.0分别有哪些特点？

A CSS1.0主要定义了网页的基本属性，如字体、颜色、空白边等。CSS2.0在此基础上添加了一些高级功能，如浮动和定位，以及一些高级选择器，如子选择器、相邻选择器等。CSS3.0开始遵循模块化开发，这将有助于理清模块化规范之间的不同关系，减少完整文件的大小。以前的规范是一个完整的模块，太过于庞大，而且比较复杂，所以，新的CSS 3.0规范将其分成了多个模块。

实例 053　opacity属性（CSS3.0）——实现元素的半透明效果

如果需要实现网页中元素的半透明效果，可以通过CSS样式中的alpha滤镜来实现，但在CSS3.0中新增了opacity属性，使用该属性能够更加方便、快捷地实现网页元素的半透明效果。

- **源　文　件** | 光盘\源文件\第6章\实例53.html
- **视　　　频** | 光盘\视频\第6章\实例53.swf
- **知　识　点** | opacity属性
- **学习时间** | 5分钟

实例分析

本实例通过使用CSS3.0中新增的opacity属性，来实现网页中元素的半透明效果，opacity的取值为1的元素是完全不透明的；反之，取值为0的元素是完全透明的。1到0之间的任何值都表示该元素的透明度，本实例的最终效果如图6-84所示。

图6-84　最终效果

知识点链接

opacity属性的语法格式如下：

opacity：<length> | inherit;

制作步骤

01 执行"文件→打开"菜单命令，打开页面"光盘\源文件\第5章\实例53.html"，页面效果如图6-85所示。转换到该文件所链接的外部CSS样式文件6-53.css中，创建名为.img01、.img02和.img03的3个类CSS样式，如图6-86所示。

```
.img01 {
    opacity: 0.3;
}
.img02 {
    opacity: 0.6;
}
.img03 {
    opacity: 0.8;
}
```

图6-85 页面效果

图6-86 CSS样式代码

02 返回到设计视图中，分别为3张图像应用刚刚定义的3个类CSS样式，如图6-87所示。执行"文件→保存"菜单命令，保存页面，并保存外部CSS样式表文件。在Firefox浏览器中预览效果，可以看到通过opacity属性所实现的透明度效果，如图6-88所示。

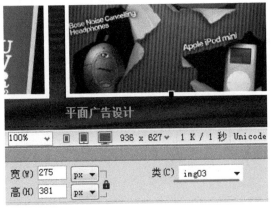

图6-87 应用CSS样式

图6-88 在Firefox浏览器中预览页面效果

Q opacity属性的各属性值分别表示什么？

A opacity属性的各属性值介绍如表6-4所示。

表6-4 opacity属性值

属　性　值	说　　明
length	由浮点数字和单位标识符组成的长度值，不可以为负值，默认值为1
inherit	默认继承，继承父级元素的opacity属性设置

Q 什么是CSS选择符？

A 选择符也称为选择器，HTML中的所有标签都是通过不同的CSS选择符进行控制的。选择符不只是HTML文档中的元素标签，它还可以是类（class）、ID（元素的唯一标识名称）或是元素的某种状态（如a:hover）。根据CSS选择符的用途可以把选择符分为标签选择器、类选择器、全局选择器、ID选择器和伪类选择器。

第 **07** 章

使用CSS美化表格
和表单元素

网页中表格的应用无处不在，在HTML中，最初希望用于纯数据，却发展为基本页面布局子语言；但是在Web标准中，正在渐渐地恢复表格原来的用途，即只用来显示表格数据。如今，表格已经成为可视化构成与格式化输出的主要方式。接下来我们将向大家详细讲述使用CSS样式设置表格的方法，使读者能够迅速掌握Web标准网站的页面中数据的制作方法，并能够使用CSS样式表对数据表格进行综合运用。

实例 054 创建数据表格——制作企业网站新闻页面

本实例制作一个企业网站新闻页面，在该新闻页面中使用数据表格的形式来表现新闻标题内容，为页面中的数据进行合理、清晰的排版，使浏览者能够对页面中的数据一目了然，页面的最终效果如图7-1所示。

- **源 文 件** 光盘\源文件\第7章\实例54.html
- **视 频** 光盘\视频\第7章\实例54.swf
- **知 识 点** 表格、表格相关标签
- **学习时间** 20分钟

实例分析

本实例制作一个企业网站新闻页面，在该新闻页面中使用数据表格的形式来表现新闻标题内容，为页面中的数据进行合理、清晰的排版，使浏览者能够对页面中的数据一目了然，页面的最终效果如图7-1所示。

图7-1 最终效果

知识点链接

HTML表格通过<table>标签定义。在<table>的打开和关闭标签之间，可以发现许多由<tr>标签指定的表格行，每一行由一个或者多个表格单元格组成。表格单元格可以是表格数据<td>，或者表格标题<th>。通常将表格标题认为是表达对应表格数据单元格的某种信息。

通过使用<thead>、<tbody>和<tfood>元素，将表格行聚集为组，可以构建更复杂的表格。每个标签定义包含一个或者多个表格行，并且将它们标识为一个组的盒子。<thead>标签用于指定表格标题行，如果打印的表格超过一页纸，<thead>应该在每个页面的顶端重复。<tfood>是表格标题行的补充，它是一组作为脚注的行，如果表格横跨多个页面，也应该重复。用<tbody>标签标记的表格正文部分，将相关行集合在一起，表格可以有一个或者多个<tbody>部分。

制作步骤

01 执行"文件→打开"菜单命令，打开页面"光盘\源文件\第7章\实例54.html"，页面效果如图7-2所示。将光标移至名为title的Div之后，单击"插入"面板上"常用"选项卡中的"表格"按钮，弹出"表格"对话框，设置如图7-3所示。

图7-2 打开页面

图7-3 "表格"对话框

可以在"表格"对话框中直接为数据表格设置"标题",也可以转换到代码视图,在表格 <table> 标签中加入标题标签 <caption> 来设置表格的标题。

02 单击"确定"按钮,完成"表格"对话框的设置,即可在页面中插入表格,效果如图7-4所示。选中刚刚插入的表格,在"属性"面板上的"表格"下拉列表框中输入表格的id为table01,如图7-5所示。

图7-4 插入表格

图7-5 "属性"面板

03 转换到该文件所链接的外部样式表7-54.css文件中,创建名为#table01的CSS规则,如图7-6所示。返回设计页面中,页面效果如图7-7所示。

```
#table01{
    margin-top: 20px;
    width: 580px;
}
```

图7-6 CSS样式代码

图7-7 页面效果

04 将光标移至"公司大记事"表格中,转换到代码视图,在表格标签<table>中加入summary属性,如图7-8所示。切换到7-54.css文件中,创建名为caption的CSS规则,如图7-9所示。

```
<table cellpadding="0" cellspacing="0" id=
"table01" summary="公司大记事表,包括编号、类型和日期">
    <caption>
        公司大记事
    </caption>
```

图7-8 代码视图

```
caption {
    font-weight: bold;
    color: #734A12;
}
```

图7-9 CSS样式代码

05 返回到设计视图,页面效果如图7-10所示。将光标移至"公司大记事"表格中,转换到代码视图中,修改表格第1行单元格的代码,如图7-11所示。

图7-10 页面效果

```
<table cellpadding="0" cellspacing="0" id=
"table01" summary="公司大记事表,包括编号、类型和日期">
    <caption>
        公司大记事
    </caption>
    <thead>
    <tr>
    <th id="tablelist" scope="col">tablelist</th>
    <th id="type" scope="col">类 型</th>
    <th id="title" scope="col">标 题</th>
    <th id="time" scope="col">日 期</th>
    </tr>
    </thead>
```

图7-11 代码视图

<thead>、<tbody> 和 <tfoot> 标签使设计者能够将表格划分为逻辑部分,例如将所有列标题放在 <thead> 标签中,这样就能够对这个特殊区域单独的应用样式表。如果在一个表格中使用了 <thead> 或 <tfoot> 标签,那么在这个表格中至少使用一个 <tbody> 标签。一个表格中只能使用一个 <thead> 和 <tfoot> 标签,但却可以使用多个 <tbody> 标签将复杂的表格划分为更容易管理的部分。

06 切换到7-54.css文件中,创建名为#tablelist的CSS规则,如图7-12所示。返回到设计视图,页面效果如图7-13所示。

```
#tablelist {
    text-indent: -1000em;
    width: 40px;
}
```

图7-12 CSS样式代码

图7-13 页面效果

提示

从视觉角度上来说，不希望显示标题 tablelist，但却希望屏幕阅读器用户能够访问它。为了隐藏这个标题，只需要给它设置一个大的负值文本缩进即可。

07 切换到7-54.css文件中，创建名为thead的CSS规则，如图7-14所示。返回到设计视图，页面效果如图7-15所示。

```
thead {
    font-family: "宋体";
    line-height: 32px;
    font-weight: bold;
    color: #734A12;
    height: 30px;
}
```

图7-14 CSS样式代码

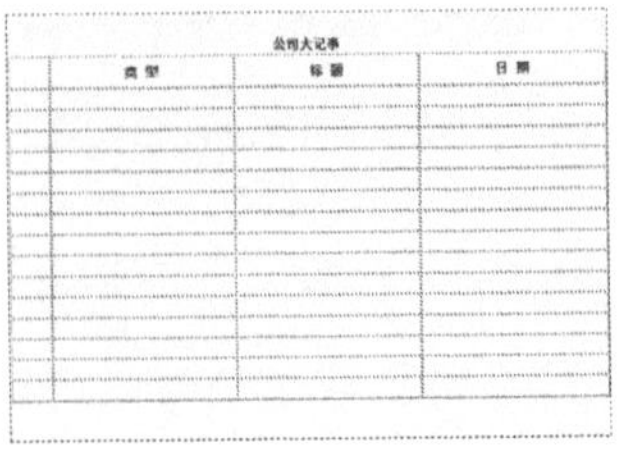

图7-15 页面效果

08 使用相同的制作方法，在7-54.css文件中创建名为#type、#title和#time的CSS规则，如图7-16所示。返回到设计视图，页面效果如图7-17所示。

```
#type {
    text-align: left;
    width: 70px;
    padding-left: 10px;
}
#title {
    text-align: left;
    width: 370px;
    padding-left: 10px;
}
#time {
    text-align: left;
    padding-left: 10px;
}
```

图7-16 CSS样式代码

图7-17 页面效果

09 转换到代码视图，在表格中添加<tbody>标签标识出表格中数据部分，如图7-18所示。切换到7-54.css文件中，创建名为td的CSS规则，如图7-19所示。

```
<thead>
<tr>
  <th id="tablelist" scope="col">tablelist</th>
  <th id="type" scope="col">类 型</th>
  <th id="title" scope="col">标 题</th>
  <th id="time" scope="col">日 期</th>
</tr>
</thead>
<tbody>
  <tr>
```

图7-18 代码视图

```
td {
    padding-left: 10px;
    border-bottom: 1px dashed #CCC;
}
```

图7-19 CSS样式代码

提示

<tbody> 标签里包含表格中所有的数据内容，在此由于截图篇幅所限，所以只截取了 <tbody> 的开始标签，在数据表格内容结束后，还应该加入结束标签 </tbody>。

10 返回到设计视图，单击“实时视图”按钮，切换到实时视图，可以看到页面效果，如图7-20所示。返回到设计视图，在各个单元格中填入相应的数据内容，如图7-21所示。

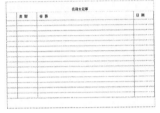

图7-20 预览效果

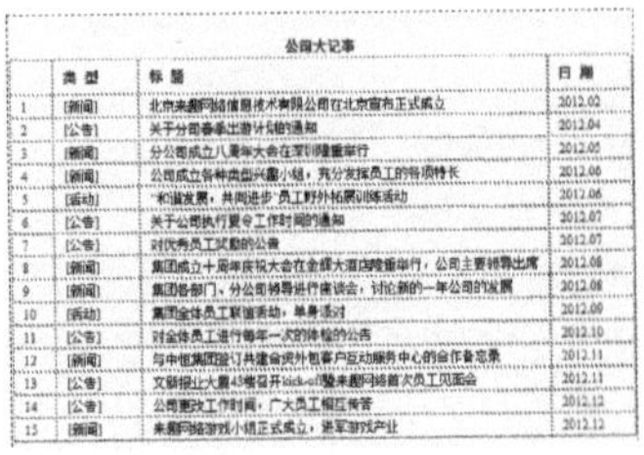

图7-21 输入文本内容

11 切换到7-54.css文件中，创建名为.font02和.font03的类CSS样式，如图7-22所示。返回到设计视图，为相应的文本应用该类CSS样式，页面效果如图7-23所示。

```
.font02 {
    font-weight: bold;
}
.font03 {
    font-weight: bold;
    color: #734A12;
}
```

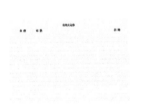

图7-22 CSS样式代码

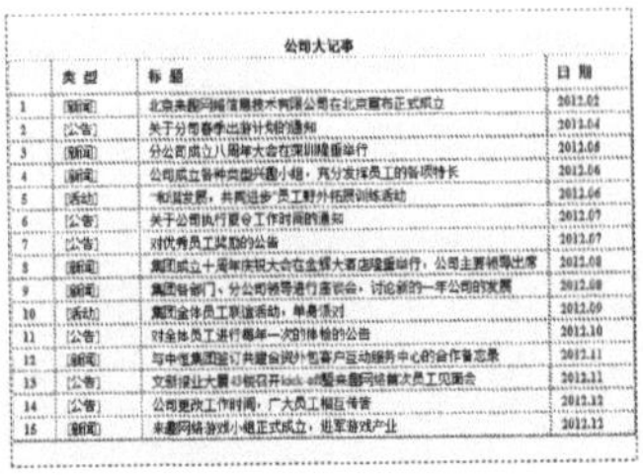

图7-23 页面效果

12 完成数据表格的创建后，执行"文件→保存"菜单命令，保存外部样式表和页面。按F12键即可在浏览器中预览该页面，效果如图7-24所示。

图7-24 预览效果

Q 默认情况下，Web浏览器如何显示表格数据？

A Web浏览器通过基于浏览器对表格标记理解的默认样式设计来显示表格，即单元格之间或者表格周围没有边框；表格数据单元格使用普通文本并且左对齐；表格标题单元格居中对齐，并设置为粗体字体；标题在表格中间。

Q 为什么需要使用CSS对表格数据进行控制？

A 表格在网页中主要用于表现表格式数据，Web标准是为了实现网页内容与表现的分离，这样可以使网页的内容和结构更加整洁，便于更新和修改。如果直接在表格的相关标签中添加属性设置，会使得表格结构复杂，不能够实现内容与表现的分离，不符合Web标准的要求，所以建议使用CSS样式对表格数据进行控制。

实例 055　设置表格边框和背景——制作精美表格

在网页中，通常会为表格添加边框和背景，以此来界定和区分不同单元格中的数据内容，如果表格的border值大于0，则显示边框，如果border值为0，则不显示边框。

- **源 文 件** | 光盘\源文件\第7章\实例55.html
- **视　　频** | 光盘\视频\第7章\实例55.swf
- **知 识 点** | border属性、border-collapse属性和background-color属性
- **学习时间** | 20分钟

实例分析

本实例通过设置表格的边框、背景颜色以及背景图片来对表格进行进一步的装饰和美化，使得页面中的内容能够更加丰富多彩，从而增强网页的吸引力，页面的最终效果如图7-25所示。

图7-25 最终效果

知识点链接

在CSS样式中，通过定义border属性、border-collapse属性和background-color属性可以对表格的边框和背景进行设置，border-collapse属性主要用来设置表格的边框是否被合并为一个单一的边框。

border-collapse属性的语法格式如下：

border-collapse: separate | collapse;

在CSS样式中，border-collapse属性包含了2个子属性，分别为separate（为默认值，表示边框会被分开，不会忽略border-spacing和empty-cells属性）和collapse（表示边框会合并为一个单一的边框，会忽略border-spacing和empty-cells属性）。

┤ 制作步骤 ├

01 执行"文件→新建"菜单命令,弹出"新建文档"对话框,设置如图7-26所示。单击"创建"按钮,新建一个空白文档,将该页面保存为"光盘\源文件\第7章\实例55.html"。使用相同的方法,新建一个CSS样式表文件,并将其保存为"光盘\源文件\第7章\style\7-55.css",如图7-27所示。

图7-26 "新建文档"对话框

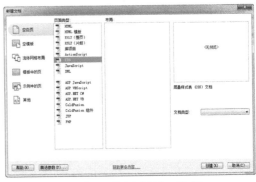

图7-27 "新建文档"对话框

02 单击"CSS样式"面板上的"附加样式表"按钮,弹出"链接外部样式表"对话框,设置如图7-28所示,单击"确定"按钮。切换到7-55.css文件中,创建名为"*"的通配符CSS规则和名为body的标签CSS规则,如图7-29所示。

图7-28 "链接外部样式表"对话框

```
* {
    margin: 0px;
    padding: 0px;
    border: 0px;
}
body {
    font-family: "宋体";
    font-size: 12px;
    color: #737373;
    text-align: center;
}
```

图7-29 CSS样式代码

03 返回到设计视图,可以看到页面的效果,如图7-30所示。将光标移至页面中,插入名为list_title的Div。切换到7-55.css文件中,创建名为#list_title的CSS规则,如图7-31所示。

04 返回设计视图中,可以看到页面的效果,如图7-32所示。将光标移至名为list_title的Div中,将多余文字删除,插入图片"光盘\源文件\第7章\images\5502.gif",如图7-33所示。

图7-30 页面效果

```
#list_title {
    background-image: url(../images/5501.jpg);
    background-repeat: no-repeat;
    text-align: right;
    height: 22px;
    width: 580px;
    padding-top: 13px;
    padding-right: 19px;
    margin: 100px auto 5px auto;
}
```

图7-31 CSS样式代码

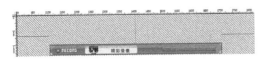

图7-32 页面效果

图7-33 插入图像

05 在名为list_title的Div后，插入名为table_bg的Div。切换到7-55.css文件中，创建名为#table_bg的CSS规则，如图7-34所示。返回到设计视图中，可以看到页面的效果，如图7-35所示。

```
#table_bg {
    background-color: #EEE4FD;
    padding: 5px;
    height: 132px;
    width: 587px;
    border: 1px solid #D5B8FB;
    margin: 0 auto;
}
```

图7-34 CSS样式代码

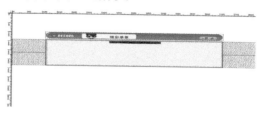

图7-35 页面效果

06 将光标移至名为table_bg的Div中，将多余文字删除，单击"插入"面板上"常用"选项卡中的"表格"按钮，弹出"表格"对话框，设置如图7-36所示。设置完成后，单击"确定"按钮，即可在页面中插入表格，效果如图7-37所示。

图7-36 "表格"对话框

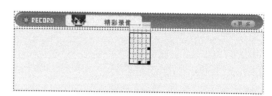

图7-37 插入表格

07 选中刚插入的表格，在"属性"面板上的"表格"下拉列表框中输入表格id为table_list，如图7-38所示。切换到7-55.css文件，创建名为#table_list的CSS规则，如图7-39所示。

图7-38 "属性"面板

```
#table_list {
    background-color: #F8F2FE;
    text-align: left;
    height: 132px;
    width: 100%;
}
```

图7-39 CSS样式代码

08 返回到设计视图，可以看到表格的效果，如图7-40所示。将光标移至id名为table_list的表格中，转换到代码视图，在<table>标签中添加summary属性和<tbody>标签，并在<td>标签中加入id属性，如图7-41所示。 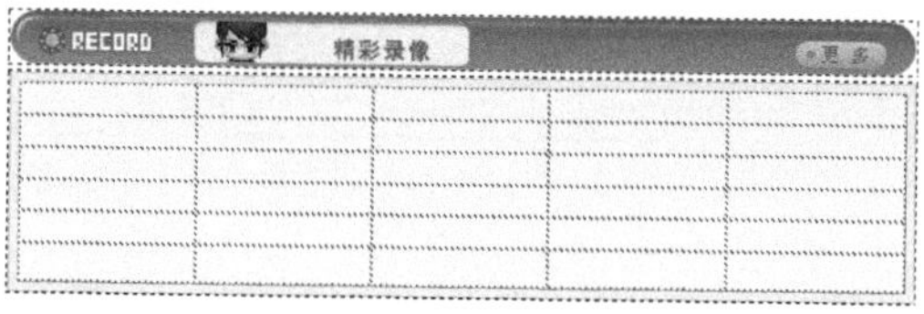

图7-40 页面效果

```
<table cellpadding="0" cellspacing="0" id=
"table_list" summary="精彩游戏视频录像">
    <tbody>
        <tr>
            <td id="type"> </td>
            <td id="name"> </td>
            <td id="list"> </td>
            <td id="game"> </td>
            <td id="down"> </td>
        </tr>
    </tbody>
```

图7-41 代码视图

09 切换到7-55.css文件中，创建名为#type的CSS规则，如图7-42所示。返回到设计视图，页面效果如图7-43所示。

```
#type {
    background-image: url(../images/5503.gif);
    background-repeat: no-repeat;
    background-position: 1px 7px;
    text-indent: 12px;
    width: 77px;
}
```

图7-42 CSS样式代码

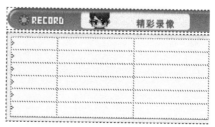

图7-43 页面效果

10 使用相同的制作方法，在7-55.css文件中创建名为#name、#list、#game和#down的CSS规则，如图7-44所示。返回设计视图，页面效果如图7-45所示。

```
#name {
    color: #40403E;
    text-align: center;
    width: 197px;
}
#list {
    width: 102px;
    text-align: center;
}
#game {
    text-align: center;
    width: 136px;
}
#down {
    color: #40403E;
    text-align: center;
}
```

图7-44 CSS样式代码

图7-45 页面效果

11 将光标移至表格单元格中，在各单元格中输入相应的内容，如图 7-46 所示。切换到7-55.css文件中，创建名为td的标签CSS规则，如图7-47所示。

图7-46 输入文字

```
td {
    border-bottom-width: 1px;
    border-bottom-style: dashed;
    border-bottom-color: #D4C1EF;
}
```

图7-47 CSS样式代码

12 返回到设计视图，页面效果如图7-48所示。执行"文件→保存"菜单命令，保存该页面，并保存外部样式表文件。按F12键即可在浏览器中预览页面效果，如图7-49所示。

图7-48 页面效果

图7-49 预览效果

Q border-collapse属性的各属性值分别表示什么？

A border-collapse属性的各属性值介绍如表7-1所示。

表7-1 border-collapse属性值

属 性 值	说 明
separate	该属性值为默认值，表示边框会被分开，不会忽略border-spacing和empty-cells属性
collapse	该属性值表示边框会合并为一个单一的边框，会忽略border-spacing和empty-cells属性

Q 如何设置表格标题？

A <caption>标签是表格标题标签，<caption>标签出现在<table>标签之间，作为第一个子元素，它通常在表格之前显示。包含<caption>标签的显示盒子的宽度和表格本身宽度相同。

标题的位置并不是固定的，可以使用caption-side属性将标题放在表格盒子的不同边，只能对<caption>标签设置这个属性，默认值是top。caption-side属性的值如表7-2所示。

表7-2 caption-side属性的值

属 性 值	效 果
bottom	标题出现在表格之后
top	标题出现在表格之前
inherit	使用包含盒子设置的caption-side值

在大多数的浏览器中，<caption>标签的默认样式设计是默认字体，在表格上面居中显示。

实例 056　为单元行应用类CSS样式——实现隔行变色的单元格

对于一些信息量较大的网站，可以为网页中的表格数据使用隔行变色的显示方式，将表格的奇数行和偶数行设置不一样的背景色，使得页面中数据信息的显示效果更加清晰、有条理，从而方便浏览者查看数据信息。

● **源 文 件** | 光盘\源文件\第7章\实例56.html
● **视 频** | 光盘\视频\第7章\实例56.swf
● **知 识 点** | 设置单元行背景色
● **学习时间** | 5分钟

实例分析

本实例通过为表格中的单元行设置背景颜色来实现单元格隔行变色的效果，不仅为单一的表格页面增添了活跃画面的元素，更主要的是能够为浏览者提供更加舒适的浏览效果，页面的最终效果如图7-50所示。

图7-50　最终效果

知识点链接

如果想实现隔行变色的单元格效果，首先需要在CSS样式表中创建设置了背景颜色的类CSS样式；其次，为了产生灰色和白色的交替行效果，将新建的类CSS样式应用于数据表格中每一个偶数行即可。

制作步骤

01 执行"文件→打开"菜单命令，打开页面"光盘\源文件\第7章\实例56.html"，页面效果如图7-51所示。在浏览器中预览该页面，效果如图7-52所示。

图7-51　页面效果

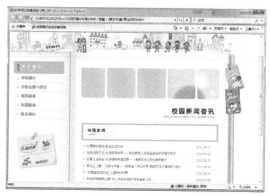

图7-52　页面效果

02 切换到该文件所链接的外部样式表7-56.css文件中，创建名为.odd的CSS规则，如图7-53所示。返回到设计视图中，转换到代码视图，在表格偶数行的单元行标签<tr>中应用刚创建的CSS样式odd，如图7-54所示。

```css
.odd{
    background-color:#F1F1F1;
}
```

图7-53 CSS样式代码

```html
<table cellpadding="0" cellspacing="0">
  <tr>
    <td class="td02">开展学科教研 彰显北城风采</td>
    <td class="td01">2012-09-24</td>
  </tr>
  <tr class="odd">
    <td class="td02">加强校际交流 共谱教育华章——我校教育人员莅临县级中学普导教学</td>
    <td class="td01">2012-09-22</td>
  </tr>
  <tr>
    <td class="td02">互通交流经验 科学调研共谋发展——调研活动在我校顺利举行</td>
    <td class="td01">2012-09-20</td>
  </tr>
  <tr class="odd">
    <td class="td02">屈芝兰之室，久而沐其香——我校高二年纪开展"班级文化环境创设"活动</td>
    <td class="td01">2012-09-19</td>
  </tr>
  <tr>
    <td class="td02">"我能重新定好位"心理活动开展</td>
    <td class="td01">2012-09-16</td>
  </tr>
  <tr class="odd">
    <td class="td02">我校优秀教师出席"我心中的好老师"新书首发仪式</td>
    <td class="td01">2012-09-16</td>
  </tr>
</table>
```

图7-54 应用CSS样式

03 返回页面设计视图，效果如图7-55所示。执行"文件→保存"菜单命令，保存该页面。按F12键即可在浏览器中预览页面的效果，如图7-56所示。

图7-55 页面效果

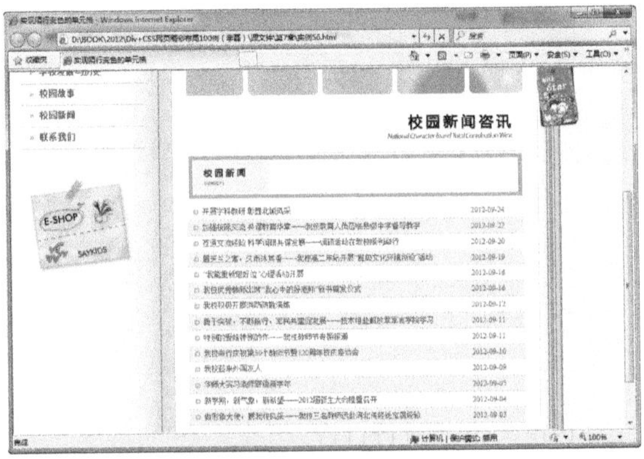

图7-56 在浏览器中预览页面效果

Q 如何控制表格单元格中的水平对齐？

A 在表格单元格格中，默认的水平对齐方式为左对齐。表格单元格内元素的对齐可以通过text-align属性设置。使用text-align属性可以使单元格中的元素向左、向右或者居中排列，使表格更加容易阅读。

Q 如何控制表格单元格中的垂直对齐？

A 默认情况下，表格单元格的垂直对齐方式是垂直居中对齐，可以使用vertical-align属性改变单元格的垂直对齐方式，vertical-align属性相当于HTML文档中的valign属性。

实例 057 应用CSS样式的hover伪类——实现交互的变色表格

通常，浏览者在面对大量的信息时都会感到非常枯燥和疲惫，因此可以通过为表格设置交互变色的效果，使得数据行能够根据鼠标的悬浮位置来改变背景颜色，从而让页面充满动态效果，减少浏览者在阅读信息时产生的乏味感。

● **源 文 件**｜光盘\源文件\第7章\实例57.html

● **视　　频**｜光盘\视频\第7章\实例57.swf

● **知 识 点**｜控制单元行交互变色

● **学习时间**｜5分钟

本实例将页面中存储数据的表格使用交互变色的方式展现出来，为整个页面增添了不少动态效果，也增强了页面的交互性，页面的最终效果如图7-57所示。

图7-57　最终效果

知识点链接

在CSS样式中，变色表格的特殊功能主要是通过hover伪类来实现的。在CSS规则中定义的就是<tbody>标签中的<tr>标签的hover伪类，其中分别定义了背景颜色和光标指针的形状。

制作步骤

01 执行"文件→打开"菜单命令，打开页面"光盘\源文件\第7章\实例57.html"，页面效果如图7-58所示。切换到该文件所链接的外部样式表7-57.css文件中，创建名为tbody tr:hover的CSS规则，如图7-59所示。

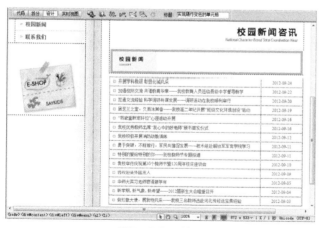

图7-58　页面效果

```css
tbody tr:hover{
    background-color:#e8e5ae;
    cursor:pointer;
}
```

图7-59　CSS样式代码

02 执行"文件→保存"菜单命令，保存页面，并保存外部CSS样式表文件。在浏览器中预览页面，可以看到变色表格的效果，如图7-60所示。

图7-60　在浏览器中预览页面效果

Q 如果需要为表格添加标题，需要怎么添加？

A 为表格添加表格标题有两种方法，分别介绍如下。

1. 在"表格"对话框中设置"标题"，可以直接为数据表格设置标题。

2. 转换到代码视图中，在表格\<table\>标签中加入标题标签\<caption\>设置表格的标题。

Q \<th\>标签与\<td\>标签的区别？

A 行和列的标题应该使用\<th\>标记而不是\<td\>标记，但是如果某些内容既是标题又是数据，那么它仍然应该使用\<td\>标记。表格标题可以设置值为row或col的scope属性，定义它们是行标题还是列标题。它们还可以设置值rowgroup或colgroup，表示它们与多行或多列相关。

实例 058　设置表单元素的背景颜色——制作商品搜索

在制作网页时，刚插入的表单元素默认的背景颜色为白色。但是，在这样丰富多彩的网络世界中，单一的白色明显不能满足网页设计者的设计需求和浏览者的视觉感受，因此可以通过设置CSS属性来控制表单元素的背景颜色，从而提高页面的审美效果。

● **源 文 件** | 光盘\源文件\第7章\实例58.html

● **视　　频** | 光盘\视频\第7章\实例58.swf

● **知 识 点** | 设置表单元素背景颜色

● **学习时间** | 10分钟

┃ 实例分析 ┃

本实例制作的是一个商品搜索页面，该页面中运用了大量的表单元素，为了丰富页面的视觉效果，通过CSS样式为表单元素进行相应的美化，以此来吸引浏览者的目光，页面的最终效果如图7-61所示。

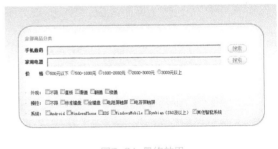

图7-61 最终效果

┃ 知识点链接 ┃

其实，在CSS样式中设置表单元素的背景颜色和设置其他元素的背景颜色一样，都是通过background-color属性进行设置的，但是在此例中该属性需要在类CSS样式中定义，然后再通过为表单元素应用该类CSS样式即可。

┤ 制作步骤 ├

01 执行"文件→打开"菜单命令，打开页面"光盘\源文件\第7章\实例58.html"，页面效果如图7-62所示。切换到该文件所链接的外部样式表7-58.css文件中，创建名为.bg的类CSS样式，如图7-63所示。

图7-62 页面效果　　　　　　　　　　　图7-63 CSS样式代码

02 返回到设计视图，选中页面中的文本字段，在"属性"面板上的"类"下拉列表中选择刚定义的CSS样式bg应用，如图7-64所示。执行"文件→保存"菜单命令，保存页面，并保存外部CSS样式表文件。按F12键即可在浏览器中预览页面，效果如图7-65所示。

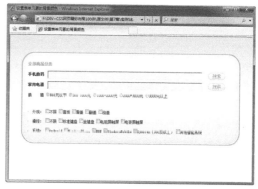

图7-64 "属性"面板　　　　　　　　　　图7-65 预览效果

Q 什么是表单？网页中的表单起到什么作用？

A 表单是Internet用户同服务器进行信息交流的最重要工具。通常，一个表单中会包含多个对象，有时它们也被称为控件，如用于输入文本的文本域、用于发送命令的按钮、用于选择项目的单选按钮和复选框，以及用于显示选项列表的列表框等。

大量的表单元素使得表单的功能更加强大，在网页界面中起到的作用也不容忽视，主要是用来实现用户数据的采集，比如采集浏览者的姓名、邮箱地址、身份信息等数据。

Q 在网页中可以插入的表单元素有哪些？

A 在Dreamweaver CS6的"插入"面板上有一个"表单"选项卡，单击选中"表单"选项卡，可以看到在网页中插入的表单元素按钮，如图7-66所示。

表7-66 "表单"选项卡

- "表单" 🖳：在网页中插入一个表单域。所有表单元素若想要实现作用，就必须存在于表单域中。
- "文本字段" 🖳：在表单域中插入一个可以输入一行文本的文本域。

- "隐藏域"　：在表单中插入一个隐藏域。可以存储用户输入的信息，如姓名、电子邮件地址或常用的查看方式，在用户下次访问该网站的时候使用这些数据。
- "文本区域"　：在表单域中插入一个可输入多行文本的文本域。
- "复选框"　：在表单域中插入一个复选框。复选框允许在一组选项中选择多个选项。用户可以选择任意多个适用的选项。
- "复选框组"　：在表单域中插入一组复选框。复选框组能够一起添加多个复选框，在复选框组对话框中，可以添加也可以删除复选框的数量，在"标签"和"值"列表框中可以输入需要更改的内容。顾名思义，复选框组其实就是直接插入多个（两个或两个以上）复选框。
- "单选按钮"　：在表单域中插入一个单选按钮。单选按钮代表互相排斥的选择。在某一个单选按钮组（由两个或多个共享同一名称的按钮组成）中选择一个按钮，就会取消选择该组中其他所有的按钮。
- "单选按钮组"　：在表单域中插入一组单选按钮。其实就是直接插入多个（两个或两个以上）单选按钮。
- "列表/菜单"　：在表单域中插入一个列表或一个菜单。"列表"选项在一个滚动列表中显示选项值，浏览者可以从该滚动列表中选择多个选项。"菜单"选项则是在一个菜单中显示选项值，浏览者只能从中选择单个选项。
- "跳转菜单"　：在表单中插入一个可以进行跳转的菜单。跳转菜单中可导航的列表或弹出菜单，它使用户可以插入一种菜单，这种菜单中的每个选项都拥有链接的属性，单击即可跳转至其他网页或文件。
- "图像域"　：在表单域中插入一个可放置图像的区域。该图像用于生成图形化的按钮，例如"提交"或"重置"按钮。
- "文件域"　：在表单中插入一个文本字段和一个"浏览"按钮。浏览者可以使用文件域浏览本地计算机上的某个文件并将该文件作为表单数据上传。
- "按钮"　：在表单域中插入一个可以单击的按钮。单击它可以执行某一脚本或程序，例如"提交"或"重置"按钮。并且用户还可以自定义按钮的名称和标签。
- "Spry验证文本域"　：在表单域中插入一个具有验证功能的文本域，该文本域用于在用户输入文本时显示文本的状态（有效或无效）。
- "Spry验证文本区域"　：Spry验证文本区域构件是一个文本区域，该区域在用户输入几个文本句子时显示文本的状态（有效或无效）。
- "Spry验证复选框"　：Spry验证复选框构件是HTML表单中的一个或一组复选框，该复选框在用户选择或没有选择复选框时会显示构件的状态（有效或无效）。
- "Spry验证选择"　：Spry验证选择构件是一个下拉菜单，该菜单在用户进行选择时会显示构件的状态（有效或无效）。
- "Spry验证密码"　：Spry验证密码构件是一个密码文本域，可以用于强制执行密码规则，例如字符的数目和类型。
- "Spry验证确认"　：Spry验证确认构件是一个文本域或密码域，当用户输入的值与同一表单中类似域的值不匹配时，该Spry构件将显示有效或无效状态。
- "Spry验证单选按钮组"　：Spry验证单选按钮组构件是一组单选按钮，可以支持对所选内容进行验证，该Spry构件可以强制从组中选择一个单选按钮。

实例 059　设置表单元素的边框——美化登录框

设置表单元素的边框同样能够对表单元素的外观进行相应的美化和装饰，在Dreamweaver中可以通过border属性的设置对表单元素的边框进行控制，从而达到赏心悦目的画面效果。

● 源　文　件｜光盘\源文件\第7章\实例59.html
● 视　　　频｜光盘\视频\第7章\实例59.swf
● 知　识　点｜border属性
● 学习时间｜5分钟

实例分析

　　本实例主要向大家介绍了如何对表单元素的边框样式进行设置。另外需要注意的是，在设置的同时应考虑到边框的样式与页面整体的色调、大小是否相协调，页面的最终效果如图7-67所示。

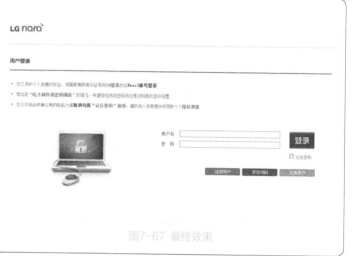

图7-67　最终效果

知识点链接

　　在CSS样式中，border属性包含三个参数，分别为style（定义边框的样式）、color（定义边框的颜色）和width（定义边框的宽度），只要对这三个参数进行相应的设置，即可很好地控制表单元素的显示效果。

制作步骤

01 执行"文件→打开"菜单命令，打开页面"光盘\源文件\第7章\实例59.html"，页面效果如图7-68所示。切换到该文件所链接的外部样式表7-59.css文件中，创建名为.border的类CSS样式，如图7-69所示。

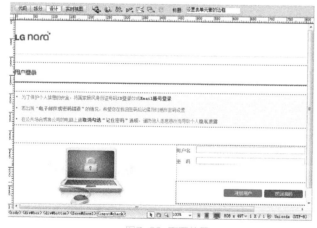

图7-68　页面效果

```
.border{
    border:solid 1px #ad737a;
}
```

图7-69 CSS样式代码

02 返回到设计视图，选中页面中的文本字段，在"属性"面板上的"类"下拉列表中选择刚定义的CSS样式border应用，如图7-70所示。执行"文件→保存"菜单命令，保存页面，并保存外部CSS样式表文件。按F12键即可在浏览器中预览页面，效果如图7-71所示。

图7-70 "属性"面板   图7-71 预览效果

Q 在网页中是不是可以在任意位置插入任何的表单元素？

A 表单域是表单中必不可少的元素之一，所有的表单元素只有在表单域中才会生效，因此制作表单页面的第1步就是插入表单域。如果插入表单域后，在Dreamweaver设计视图中并没有显示红色的虚线框，执行"查看→可视化助理→不可见元素"菜单命令，即可在设计视图中看到红色虚线的表单域。红色虚线的表单域在浏览器中浏览时是看不到的。

如果在表单区域外插入文本域，Dreamweaver会弹出一个提示框，提示用户插入表单域，单击"是"按钮，Dreamweaver会在插入文本域的同时在它周围创建一个表单域。这种情况不仅针对于文本域会出现，其他的表单元素也同样会出现。

Q 如何在网页中插入密码域？

A 其实密码域就是普通的文本字段，在网页中插入文本字段后，在文本字段的"属性"面板中的"类型"选项中选择"密码"单选按钮后，即可将文本域转换为密码域。

实例 060 使用CSS定义圆角文本字段

定义CSS属性可以设置表单元素的背景颜色、边框样式，还可以为文本字段实现圆角的效果，这种方法的使用进一步增强了网页页面的装饰效果，从而给浏览者提供一个更加完美、精彩的网页界面。

● **源 文 件** | 光盘\源文件\第7章\实例60.html

● **视   频** | 光盘\视频\第7章\实例60.swf

● **知 识 点** | 定义圆角文本字段

● **学习时间** | 5分钟

┃ 实例分析 ┃

本实例介绍的是通过设置CSS属性来定义圆角文本字段，该样式从视觉上给人一种亲近感，减少了直角文本字段太过锋利的视觉感受，页面的最终效果如图7-72所示。

图7-72 最终效果

在CSS样式中，圆角文本字段的定义主要是通过设置类CSS样式，然后再为相应的文本字段应用该类CSS样式实现的。在该类CSS样式中，定义了一个圆角文本字段的背景图片，从而使得文本字段实现圆角文本字段的效果。

制作步骤

01 执行"文件→打开"菜单命令，打开页面"光盘\源文件\第7章\实例60.html"，页面效果如图7-73所示。切换到该文件所链接的外部样式表7-60.css文件中，创建名为.name01的类CSS样式，如图7-74所示。

```
.name01{
    border:none;
    background-image:url(../images/6004.jpg);
    background-repeat:no-repeat;
    padding-top:4px;
    padding-left:6px;
}
```

图7-73 页面效果　　　　图7-74 CSS样式代码

02 返回到设计视图，选中页面中的文本字段，在"属性"面板上的"类"下拉列表中选择刚定义的CSS样式name01应用，如图7-75所示。执行"文件→保存"菜单命令，保存页面，并保存外部CSS样式表文件。按F12键即可在浏览器中预览页面，效果如图7-76所示。

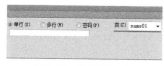

图7-75 "属性"面板

图7-76 预览效果

Q 输入域标签<input>的使用方法？

A 输入域标签<input>是网页中最常用的表单元素之一，其主要用于采集浏览者的相关信息，输入域标签的语法如下所示。

```
<form id="form1" name="form1" method="post" action="">
  <input type="text" name="name" id="name" />
</form>
```

在上述的语法结构中，type代表的是输入域的类型，而参数name则指的是输入域的名称，由于type的属性值有很多种，因此，输入字段也具有多种形式，其中包括文本字段、单选按钮、复选框、掩码后的文本控件等。

Q 义本域标签<textarea>的使用方法？

A 通常，文本域用在填写论坛的内容或者个人信息时需要输入大量的文本内容的网页中，文本域标签<textarea>在网页界面中就是用来生成多行文本域，从而使得浏览者能够在文本域输入多行文本内容，其语法如下。

```
<form id="form1" name="form1" method="post" action="">
  <textarea name="name" id="name" cols="value" rows="value" value="value" warp=" value">
……文本内容
```

</textarea>

</form>

在上述的语法结构中，name参数指的是标签的名称；cols是表示文本域的列数，列数决定了该文本域一行能够容纳几个文本；rows是表示多行文本域的行数，行数决定该文本域容纳内容的多少，如果超出行数则不予以显示；value指的是在没有编辑时，文本域内所显示的内容；warp指的是在文本域内换行的方式，当值为"hard"时表示自动按回车键换行。

实例 061 使用CSS定义下拉列表——制作多彩下拉列表

在Dreamweaver中，通过一个或者多个<option>标签周围包装<select>标签构造选择列表。另外，设置size属性值能够使列表以多行的形式显示，如果没有给出size属性值，则选择列表是下拉列表的样式；如果给出了size值，则选择列表将会是可滚动列表。

- **源 文 件** | 光盘\源文件\第7章\实例61.html
- **视   频** | 光盘\视频\第7章\实例61.swf
- **知 识 点** | 设置下拉列表的外观
- **学习时间** | 5分钟

｜ 实例分析 ｜

本实例将下拉列表中每个选项的背景颜色进行了设置，为枯燥的列表注入了不少活力，使得原本平淡无奇的列表内容能够吸引浏览者的注意力，页面的最终效果如图7-77所示。

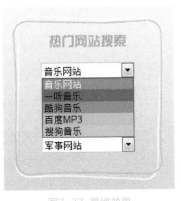

图7-77 最终效果

｜ 知识点链接 ｜

在Dreamweaver中，<label>、<form>、<fieldset>和<legend>标签可以同时使用任何样式，还可以和HTML中的任何元素一起使用，并且Web浏览器对其也支持。

｜ 制作步骤 ｜

01 执行"文件→打开"菜单命令，打开页面"光盘\源文件\第7章\实例61.html"，页面效果如图7-78所示。切换到代码视图，添加相应的标签，如图7-79所示。

```
<select name="select" id="select">
  <option selected="selected">音乐网站</option>
  <option id="color">一听音乐</option>
  <option id="color2">酷狗音乐</option>
  <option id="color3">百度MP3</option>
  <option id="color4">搜狗音乐</option>
</select>
```

图7-78 页面效果   图7-79 代码视图

02 转换到该文件所链接的外部CSS样式表7-61.css文件中，定义名为#color、#color2、#color3和#color4的CSS规则，如图7-80所示。执行"文件→保存"菜单命令，保存页面，并保存外部CSS样式表文件。按F12键即可在浏览器中预览页面，效果如图7-81所示。

```
#color{
    background-color:#06F;
}
#color2{
    background-color:#09F;
}
#color3{
    background-color:#0CF;
}
#color4{
    background-color:#0FF;
}
```

图7-80　CSS样式代码　　　　　　　　　图7-81　在浏览器中预览效果

Q 选择域标签<select>和<option>的使用方法？

A 在Dreamweaver中，通过选择域标签<select>和<option>可以建立一个列表或者菜单。在网页中，菜单可以节省页面的空间，正常状态下只能看到一个选项，单击下拉按钮打开菜单后才可以看到全部的选项；列表可以显示一定数量的选项，如果超出这个数值则会出现滚动条，浏览者可以通过拖曳滚动条来查看各个选项。

选择域标签<select>和<option>语法如下所示。

```
<form id="form1" name="form1" method="post" action="">
  <select name="name" id="name">
   <option>选项一</option>
   <option>选项二</option>
   <option>选项三</option>
  </select>
 </form>
```

在上述的语法结构中，参数name指的是选择域的名称，size表示选择域列表能够容纳的列数，value指的是列表内各项的值。

Q 为什么该表单元素称为"选择（列表/菜单）"呢？

A 因为它有两种可以选择的"类型"，分别为"列表"和"菜单"。"菜单"是浏览者单击时产生展开效果的下拉菜单；而"列表"则显示为一个列有项目的可滚动列表，使浏览者可以从该列表中选择项目。"列表"也是一种菜单，通常被称为"列表菜单"。

实例 062　column-width属性（CSS3.0）——实现网页文本分栏

在一些文字内容较多的网站中，通常会采用多列布局的显示方式。在Dreamweaver中，实现多列布局的效果有两种方法，分别为浮动布局和定位布局，但由于浮动布局的灵活性太强，容易发生错位，因此大多使用CSS3.0中新增的column属性设置来实现网页多列布局的页面结构。

● **源 文 件** | 光盘\源文件\第7章\实例62.html

● **视　　频** | 光盘\视频\第7章\实例62.swf

● **知 识 点** | column-width属性

● **学习时间** | 5分钟

实例分析

　　本实例将页面中的文字内容使用多列布局的排版方式进行显示，从视觉上分散了过多并且集中的文字信息，从而达到了分散浏览者视觉上的压力的效果，页面的最终效果如图7-82所示。

图7-82 最终效果

知识点链接

　　column-width属性可以定义多列布局中每一列的宽度，可单独使用，也可以和其他多列布局属性组合使用。column-width属性的语法格式如下：

column-width: [<length> | auto];

制作步骤

01 执行"文件→打开"菜单命令，打开页面"光盘\源文件\第7章\实例62.html"，页面效果如图7-83所示。在Firefox浏览器中预览该页面的效果，如图7-84所示。

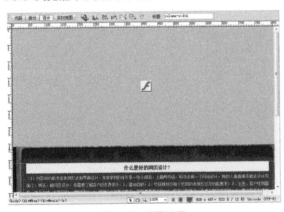

图7-83 页面效果

图7-84 预览效果

02 切换到该文件所链接的外部样式表7-62.css文件中，找到名为#main的CSS规则，如图7-85所示。在该CSS样式中添加多列布局的属性设置，如图7-86所示。

```
#main {
    width: 750px;
    height: 362px;
    background-color: #4F5422;
    padding-left: 11px;
    padding-right: 10px;
    float: left;
}
```

图7-85 CSS样式代码

```
#main {
    width: 750px;
    height: 362px;
    background-color: #4F5422;
    padding-left: 11px;
    padding-right: 10px;
    float: left;
    -moz-column-width: 365px;
}
```

图7-86 CSS样式代码

03 执行"文件→保存"菜单命令，保存该页面，并保存外部CSS样式表文件。在Firefox浏览器中预览页面，可以看到多列布局的效果，如图7-87所示。

图7-87 预览多列布局效果

Q column-width属性的属性值分别表示什么？

A column-width属性值说明如表7-3所示。

表7-3 column-width属性值

属 性 值	说 明
length	由浮点数和单位标识符组成的长度值
auto	根据浏览器自动计算列宽

Q 如何使用CSS3.0中新增的@font-face属性？

A 通过media queries功能可以判断媒介（对象）类型来实现不同的展现。通过此特性可以让CSS可以更精确作用于不同的媒介类型，同一媒介的不同条件（如分辨率、色数等）。

@media属性的语法格式如下：

@media: <sModia> { sRules }

@media属性的属性值介绍如表7-4所示。

表7-4 @media属性值

属 性 值	说 明
<sMedia>	指定设置名称
{sRules}	CSS样式表定义

实例 063 column-count属性（CSS3.0）——控制网页文本分栏数

在对页面中的内容使用多列布局的排版方式时，会根据页面的宽度和文字内容的多少来设置多列布局的列数。在Dreamweaver中，可以使用column-count属性进行控制，而不需要通过列宽度自动调整列数。

- **源 文 件** | 光盘\源文件\第7章\实例63.html
- **视　　频** | 光盘\视频\第7章\实例63.swf
- **知 识 点** | column-count属性
- **学习时间** | 5分钟

实例分析

本实例通过设置多列布局的列数来进一步对页面中的内容进行分散排版，并且在对列宽的控制上更加灵活，不用设置固定的列宽，使得页面能够更加随意地使用不同数量的文字内容，页面的最终效果如图7-88所示。

图7-88 最终效果

―― 知识点链接 ――

使用column-count属性可以设置多列布局的列数，而不需要通过列宽度自动调整列数。

column-count属性的语法格式如下：

column-count: <integer> | auto;

―― 制作步骤 ――

01 执行"文件→打开"菜单命令，打开页面"光盘\源文件\第7章\实例63.html"，页面效果如图7-89所示。切换到该文件所链接的外部样式表7-63.css文件中，找到名为#main的CSS规则，如图7-90所示。

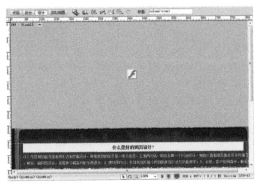

图7-89 页面效果

```
#main {
    width: 750px;
    height: 362px;
    background-color: #4F5422;
    padding-left: 11px;
    padding-right: 10px;
    float: left;
}
```

图7-90 CSS样式代码

02 在该CSS样式中添加多列布局列数的属性设置，如图7-91所示。执行"文件→保存"菜单命令，保存该页面，并保存外部CSS样式表文件。在Firefox浏览器中预览页面，可以看到名为main的Div被分成了3列布局，如图7-92所示。

```
#main {
    width: 750px;
    height: 362px;
    background-color: #4F5422;
    padding-left: 11px;
    padding-right: 10px;
    float: left;
    -moz-column-count: 3;
}
```

图7-91 CSS样式代码

图7-92 预览多列布局效果

Q column-count属性的属性值分别表示什么？

A column-count属性值说明如表7-5所示。

表7-5 column-count属性值

属 性 值	说 明
integer	用于定义栏目的列数，取值为大于0的整数，不可以为负值
auto	根据浏览器自动计算列数

Q 如何使用CSS3.0中新增的@font-face属性？

A 通过@font-face属性可以加载服务器端的字体文件，让客户端显示客户端所没有安装的字体。

@font-face属性的语法格式如下：

@font-face: { 属性: 取值; }

@font-face属性的属性值说明如表7-6所示。

表7-6 @font-face属性值

属 性 值	说 明
font-family	设置文本的字体名称
font-style	设置文本样式

表7-6　@font-face属性值　　　　　　　　　　　　　　　　　　　　　　续表

属 性 值	说　　明
font-variant	设置文本是否大小写
font-weight	设置文本的粗细
font-stretch	设置文本是否横向拉伸变形
font-size	设置文本字体大小
src	设置自定义字体的相对路径或者绝对路径。注意，此属性只能在@font-face规则中使用

实例 064　column-gap属性（CSS3.0）——控制网页文本分栏间距

在为页面设置多列布局时，除了设置列宽和列数，还要根据整个页面的大小考虑到列与列之间的间距，从而能够更好地控制页面中的内容和整体的版式。在Dreamweaver中，可以通过column-gap属性的设置来控制列与列之间的间距。

● **源 文 件** | 光盘\源文件\第7章\实例64.html
● **视　　频** | 光盘\视频\第7章\实例64.swf
● **知 识 点** | column-gap属性
● **学习时间** | 5分钟

实例分析

只有更好地控制列与列之间的距离，才能够给浏览者提供最佳的视觉效果，本实例便是通过控制列与列之间的间距来达到更好的页面效果，页面的最终效果如图7-93所示。

图7-93　最终效果

知识点链接

在多列布局中，可以通过column-gap属性设置列与列之间的间距，从而可以更好地控制多列布局中的内容和版式。

column-gap属性的语法格式如下：

column-gap: <length> | normal;

制作步骤

01 执行"文件→打开"菜单命令，打开页面"光盘\源文件\第7章\实例64.html"，页面效果如图7-94所示。切换到该文件所链接的外部样式表7-64.css文件中，找到名为#main的CSS规则，如图7-95所示。

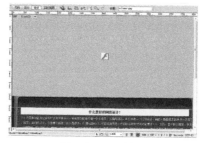

图7-94　页面效果

```
#main {
    width: 750px;
    height: 362px;
    background-color: #4F5422;
    padding-left: 11px;
    padding-right: 10px;
    float: left;
    -moz-column-count: 3;
}
```

图7-95　CSS样式代码

02 在该CSS样式中添加列间距的属性设置，如图7-96所示。执行"文件→保存"菜单命令，保存外部CSS样式表文件。在Firefox浏览器中预览页面，可以看到设置列间距后的页面效果，如图7-97所示。

```
#main {
    width: 750px;
    height: 362px;
    background-color: #4F5422;
    padding-left: 11px;
    padding-right: 10px;
    float: left;
    -moz-column-count: 3;
    -moz-column-gap: 25px;
}
```

图7-96 CSS样式代码

图7-97 预览设置列宽后的效果

Q column-gap属性的属性值分别表示什么？

A column-gap属性值说明如表7-7所示。

表7-7 column-gap属性值

属 性 值	说 明
length	由浮点数和单位标识符组成的长度值，不可以为负值
auto	根据浏览器默认设置进行解析，一般为1em

Q 如何使用CSS 3.0中新增的speech属性？

A 通过CSS3.0中新增的speech属性，可以规定页面中哪一块让机器来阅读。

speech属性的语法格式定义如表7-8所示。

表7-8 speech各属性语法格式

属 性	取 值	默 认 值	说 明
voice-volume	\<number> | \<percentage> | silent | x-soft | soft | medium | loud | x-loud | inherit	medium	设置音量
voice-balance	\<number> | left | center | right | leftwards | rightwards | inherit	center	设置声音平衡
speak	none | normal | spell-out | digits | literal-punctuation | no-punctuation | inherit	normal	设置阅读类型
pause-before, pause-after	\<time> | none | x-weak | weak | medium | strong | x-strong | inherit	implementation dependent	设置暂停时的效果
pause	[\<'pause-before'> || \<'pause-after'>] | inherit	implementation dependent	设置暂停
rest-before, rest-after	\<time> | none | x-weak | weak | medium | strong | x-strong | inherit	implementation dependent	设置停止时的效果
rest	[\<'rest-before'> || \<'rest-after'>] | inherit	implementation dependent	设置停止
cue-before, cue-after	\<uri> [\<number> | \<percentage> | silent | x-soft | soft | medium | loud | x-loud |none | inherit]	none	设置提示时的效果
cue	[\<'cue-before'> || \<'cue-after'>] | inherit	not defined fot shorthand properties	设置提示
mark-before, mark-after	\<string>	none	设置标注时的效果

表7-8 speech各属性语法格式 续表

属　　　性	取　　　值	默　认　值	说　　　明
mark	[<'mark-before'> || <'mark-after'>]	not defined for shorthand properties	设置标注
voice-family	[[<specific-voice>|[<age>]<generic-voice>] [<number>],]* [<specific-voice>|[<age>]<generic-voice>] [number] | inherit	implementation dependent	设置语系
voice-rate	<percentage> | x-slow | slow | medium | fast | x-fast | inherit	implementation dependent	设置比率
voice-pitch	<number> | <percentage> | x-slow | slow | medium | fast | x-fast | inherit	medium	设置音调
voice-pitch-range	<number> | x-low | low | medium | high | x-high | inherit	implementation dependent	设置音调范围
voice-stress	strong | moderate | none | reduced | inherit	moderate	设置重 音
voice-duration	<time>	implementation dependent	设置音乐持续时间
phonemes	<string>	implementation dependent	设置音位

实例 065　column-rule属性（CSS3.0）——为分栏添加分栏线

在Dreamweaver中对页面使用多列布局的方式进行排版时，使用列边框能够更清晰地区分不同的列。若想实现列边框效果，可以通过column-rule属性来定义，该属性设置包括列边框的颜色、样式、宽度等。

● **源　文　件** | 光盘\源文件\第7章\实例65.html
● **视　　　频** | 光盘\视频\第7章\实例65.swf
● **知　识　点** | column-rule属性
● **学习时间** | 5分钟

实例分析

　　本实例在多列布局的页面基础上增添了列边框的设置，不仅能让浏览者更容易区分页面中每个列的内容，还能够在视觉上增强页面的可观赏性，页面的最终效果如图7-98所示。

图7-98 最终效果

┤ 知识点链接 ├

column-rule属性的语法格式如下：

column-rule: <length> | <style> | <color>;

┤ 制作步骤 ├

01 执行"文件→打开"菜单命令，打开页面"光盘\源文件\第7章\实例65.html"，页面效果如图7-99所示。切换到该文件所链接的外部样式表7-65.css文件中，找到名为#main的CSS规则，如图7-100所示。

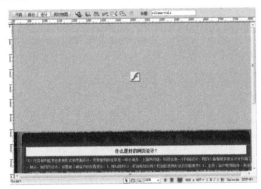

图7-99 页面效果

```
#main {
    width: 750px;
    height: 362px;
    background-color: #4F5422;
    padding-left: 11px;
    padding-right: 10px;
    float: left;
    -moz-column-count: 3;
    -moz-column-gap: 25px;
}
```

图7-100 CSS样式代码

02 在该CSS样式中添加列边框的属性设置，如图7-101所示。执行"文件→保存"菜单命令，保存外部CSS样式表文件。在Firefox浏览器中预览页面，可以看到设置了列边框的页面效果，如图7-102所示。

```
#main {
    width: 750px;
    height: 362px;
    background-color: #4F5422;
    padding-left: 11px;
    padding-right: 10px;
    float: left;
    -moz-column-count: 3;
    -moz-column-gap: 25px;
    -moz-column-rule:dashed 1px #cccc00;
}
```

图7-101 CSS样式代码

图7-102 预览列边框效果

Q column-rule属性的属性值分别表示什么？

A column-rule属性值说明如表7-9所示。

表7-9 column-rule属性值

属 性 值	说 明
length	由浮点数和单位标识符组成的长度值，不可以为负值，用于设置边框的宽度
style	设置边框的样式
color	设置边框的颜色

Q IE8是否支持column相关属性？

A 目前，IE8及其以下浏览器还不支持column相关属性，但Firefox、Chrome和Safari浏览器都已经能够对column相关属性进行支持。

第 08 章

使用CSS样式美化超链接和鼠标指针

超链接是整个互联网的基础,通过超链接能够实现页面的跳转、功能的激活等,超链接可以将网站中每个页面关联在一起。通过CSS样式,可以设置出美观大方、具有不同外观和样式效果的超链接,从而增加页面的样式效果和超链接交互效果。本章将向读者详细介绍如何使用CSS样式对超链接效果进行控制。

超链接是网页中最重要、最根本的元素之一,网站中的每一个网页都是通过超链接的形式关联在一起的。如果页面之间是彼此独立的,那么这样的网站将无法正常运行。

实例 066 定义超链接样式——制作活动公告

对于超链接的修饰，通常可以采用CSS伪类。伪类是一种特殊的选择符，能被浏览器自动识别。其最大的用处是在不同状态下可以对超链接定义不同的样式效果，是CSS本身定义的一种类。下面将通过一个实例为大家讲解如何在网页中制作各种不同的超链接效果。

- **源 文 件** | 光盘\源文件\第8章\实例66.html
- **视 频** | 光盘\视频\第8章\实例66.swf
- **知 识 点** | <a></a>标签、超链接伪类样式
- **学习时间** | 15分钟

实例分析

本实例制作的是一个小活动的内容公告，通过对超链接的4种CSS样式伪类进行设置，实现了文本超链接样式的不同效果，页面的最终效果如图8-1所示。

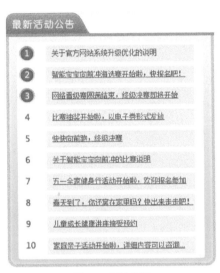

图8-1 最终效果

知识点链接

超链接是由<a></a>标签组成，超链接可以是文字或图像。添加了超链接的文字具有自己默认的样式，从而和其他文字区分开，其中默认的超链接样式为蓝色文字且有下划线。通过CSS样式可以修饰超链接效果，从而达到美化页面整体的效果。

使用HTML中的超链接标签<a>创建的超链接非常普通，除了颜色发生变化和带有下划线之外，其他的和普通文本没有太大的区别，这种传统的超链接样式显然无法满足网页设计制作的需求，这时就可以通过CSS样式对网页中的超链接样式进行控制。

对于超链接伪类的相关介绍如下。

- a:link：定义超链接对象在没有访问前的样式。
- a:hover：定义当鼠标移至超链接对象上时的样式。
- a:active：定义当鼠标单击超链接对象时的样式。
- a:visited：定义超链接对象已经被访问过后的样式。

制作步骤

01 执行"文件→打开"菜单命令，打开页面"光盘\源文件\第8章\实例66.html"，页面效果如图8-2所示。选中页面中的新闻标题文字，分别为各新闻标题设置空链接，如图8-3所示。

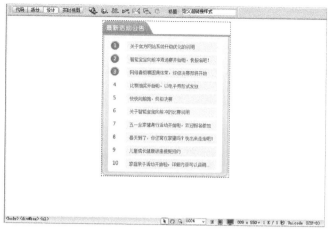

图8-2 打开页面

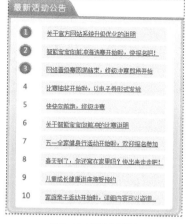

图8-3 设置空链接

02 转换到代码视图中，可以看到所设置的链接代码，如图8-4所示。在浏览器中预览页面，可以看到默认的超链接文字效果，如图8-5所示。

```
<div id="box">
  <ul>
    <li><a href="#">关于官方网站系统升级优化的说明</a></li>
    <li><a href="#">智能宝宝向前冲海选赛开始啦，快报名吧！</a></li>
    <li><a href="#">网络晋级赛圆满结束，终级决赛即将开始</a></li>
    <li><a href="#">比赛抽奖开始啦，以电子券形式发放</a></li>
    <li><a href="#">快快向前跑，终级决赛</a></li>
    <li><a href="#">关于智能宝宝向前冲的比赛说明</a></li>
    <li><a href="#">五一全家健身行活动开始啦，欢迎报名参加</a></li>
    <li><a href="#">春天到了，你还窝在家里吗？快出来走走吧！</a></li>
    <li><a href="#">儿童成长健康讲座接受预约</a></li>
    <li><a href="#">家庭亲子活动开始啦，详细内容可以咨询...</a></li>
  </ul>
</div>
```

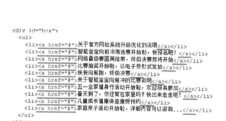

图8-4 超链接代码

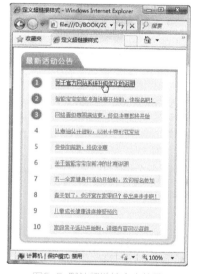

图8-5 默认超链接文本效果

03 转换到该文本所链接的外部CSS样式表文件8-66.css文件中，创建名为.link1的类CSS样式的4种伪类样式，设置如图8-6所示。返回到设计视图中，选中第一条新闻标题，在“类”下拉列表中选择刚定义的CSS样式link1应用，如图8-7所示。

```
.link1:link {
    color: #376d06;
    text-decoration: none;
}
.link1:hover {
    color: #F30;
    text-decoration: underline;
}
.link1: active {
    color: #F00;
    text-decoration: underline;
}
.link1:visited {
    color: #999;
    text-decoration: line-through;
}
```

图8-6 4种伪类的CSS样式

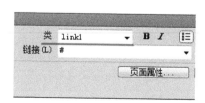

图8-7 应用CSS样式

04 在设计视图中可以看到应用超链接文本的效果，如图8-8所示。转换到代码视图中，可以看到名为link1的类CSS样式是直接应用在<a>标签中的，如图8-9所示。

05 保存页面，并保存外部CSS样式表文件。在浏览器中预览页面，可以看到使用CSS样式实现的文本超链接效果，如图8-10所示。

图8-8 页面效果

图8-9 代码视图

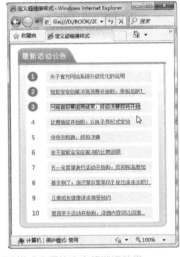

图8-10 在浏览器中预览使用CSS样式实现的文本超链接效果

图8-11 4种伪类的CSS样式代码

06 返回外部CSS样式表文件中，创建名为.link2的类CSS样式的4种伪类样式，设置如图8-11所示。返回设计视图中，选中第二条新闻标题，在"类"下拉列表中选择刚定义的CSS样式link2应用。使用相同的方法，可以为其他新闻标题应用超链接样式，如图8-12所示。

07 保存页面，并保存外部CSS样式表文件。在浏览器中预览页面，可以看到使用CSS样式实现的文本超链接效果，如图8-13所示。

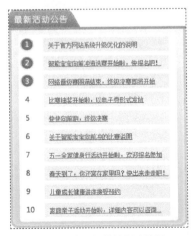

图8-12 应用超链接样式效果

图8-13 在浏览器中预览使用CSS样式实现的文本超链接效果

在本实例中，定义了 CSS 样式的 4 种伪类，再将该类 CSS 样式应用于 <a> 标签，同样可以实现超链接文本样式的设置。如果直接定义 <a> 标签的 4 种伪类，则对页面中的所有 <a> 标签起作用，这样页面中的所有链接文本的样式效果都是一样的。通过定义 CSS 样式的 4 种伪类，就可以在页面中实现多种不同的文本超链接样式效果。

Q 什么是超链接？

A 超链接是指从一个网页指向一个目标的连接关系，这个目标可以是另一个网页，也可以是相同网页上的不同位置，还可以是一个图片、一个电子邮件地址、一个文件，甚至是一个应用程序。而用来超链接的对象，可以是一段文本或者是一个图片。

Q 按照链接路径的不同，超链接可以分为哪几种类型？

A 可以分为以下三种类型。

● 内部链接

内部链接就是链接站点内部的文件，在"链接"文本框中用户需要输入文档的相对路径，一般使用"指向文件"和"浏览文件"的方式来创建，如图8-14所示。

图8-14　"链接"文本框

● 外部链接

外部链接是相对于本地链接而言的，不同的是外部链接的链接目标文件不在站点内，而在远程的服务器上，所以只需在链接栏内输入需链接的网址就可以了，如图8-15所示。

图8-15　"链接"文本框

● 脚本链接

它是通过脚本来控制链接结果的。一般而言，其脚本语言为JavaScript。常用的有javascript:window.close()、javascript:alert("……")等，如图8-16所示。

图8-16　"链接"文本框

实例 067　超链接伪类应用——制作按钮式超链接

超链接是网页上最常使用的元素，除了可以为网页中的文字超链接设置CSS样式，实现各种文字超链接效果外，还可以通过CSS样式对超链接的4种伪类进行设置，从而实现网页中常见的一些特殊效果。下面将通过一个页面为大家详细介绍如何制作按钮式超链接。

● **源 文 件**｜光盘\源文件\第8章\实例67.html

● **视　　频**｜光盘\视频\第8章\实例67.swf

● **知 识 点**｜<li>标签、超链接伪类样式

● **学习时间**｜10分钟

实例分析

　　在网页制作中，通过CSS样式的设置可以制作出各式各样的导航菜单超链接。本实例就是对CSS样式表进行设置，制作出按钮式导航菜单，页面的最终效果如图8-17所示。

图8-17 最终效果

知识点链接

　　在很多网页中，超链接制作成各种按钮的效果，这些效果大多采用图像的方式来实现。通过CSS样式的设置，同样可以制作出类似于按钮效果的导航菜单超链接。

制作步骤

01 执行"文件→打开"菜单命令，打开页面"光盘\源文件\第8章\实例67.html"，如图8-18所示。光标移至名为menu的Div中，将多余文字删除，输入相应的段落文本，并将段落文本创建为项目列表，页面效果如图8-19所示。

图8-18 打开页面

图8-19 创建项目列表

02 转换到外部CSS样式表文件中，定义名为#menu li的CSS样式，如图8-20所示。返回到设计视图中，可以看到所设置的项目列表效果，如图8-21所示。

```
#menu li {
    list-style-type:none;
    float:left;
}
```

图8-20 CSS样式代码

图8-21 页面效果

03 分别为各导航菜单项设置空链接，效果如图8-22所示。转换到代码视图中，可以看到该部分页面代码，如图8-23所示。

图8-22 页面效果

```
<div id="menu">
    <ul>
        <li><a href="#">网站首页 Home</a></li>
        <li><a href="#">相关服务 Service</a></li>
        <li><a href="#">研究体系 Study</a></li>
        <li><a href="#">建筑规划 Architecture</a></li>
        <li><a href="#">景观作品 Landscape</a></li>
        <li><a href="#">联系我们 Contact</a></li>
    </ul>
</div>
```

图8-23 代码视图

04 转换到外部CSS样式表文件中，定义名称为 #menu li a的CSS样式，如图8-24所示。返回设计视图中，可以看到所设置的超链接文字效果，如图8-25所示。

```
#menu li a {
    width: 130px;
    height: 25px;
    line-height: 25px;
    color: #FFF;
    text-align: center;
    margin-left: 4px;
    margin-right: 4px;
    float: left;
}
```

图8-24 CSS代码样式　　　　　图8-25 页面效果

05 转换到外部CSS样式表文件中，定义名称为 #menu li a:link和#menu li a:visited的CSS样式，如图8-26所示。返回设计视图中，可以看到所设置的超链接文字效果，如图8-27所示。

```
#menu li a:link,#menu li a:visited{
    border: solid 1px #0099FF;
    background-color: #FFF;
    color: #4287ca;
    text-decoration: none;
    filter: Alpha(Opacity=90);
}
```

图8-26 CSS代码样式　　　　　图8-27 页面效果

06 转换到外部CSS样式表文件中，定义名称为 #menu li a:hover的CSS样式，如图8-28所示。返回设计视图中，可以看到所设置的超链接文字效果，如图8-29所示。

```
#menu li a:hover {
    border: solid 1px #F90;
    background-color: #39F;
    color:#FFF;
    text-decoration: none;
    filter: Alpha(Opacity=90);
}
```

图8-28 CSS代码样式　　　　　图8-29 页面效果

07 保存页面，并保存外部CSS样式表文件。在浏览器中预览页面，可以看到使用CSS样式实现的按钮式超链接效果，如图8-30所示。

图8-30 预览效果

Q 按照链接对象的不同，可以将超链接分为哪几类？

A 可以将超链接分为6类。

- **文本超链接**

  建立一个文本超链接的方法非常简单，首先选中要建立成超链接的文本，然后在"属性"面板内的"链接"框内输入要跳转到的目标网页的路径及名字即可。

- **图像超链接**

  要创建图像超链接的方法和文本超链接方法基本一致。选中图像，在"属性"面板中输入链接地址即可。较大的图片中如果要实现多个链接可以使用"热点"帮助实现。

- **E-mail链接**

  页面中为E-mail添加链接的方法是利用mailto标签，在"属性"面板上的"链接"框内输入要提交的邮箱即可。

图8-31 "属性"面板

- **锚记链接**

  锚点就是在文档中设置位置标记，并给该位置一个名称，以便引用。通过创建锚点，可以使链接指向当前文档或不同文档中的指定位置。锚点常常被用来跳转到特定的主题或文档的顶部，使访问者能够快速浏览到选定的位置，加快信息检索速度。

● **多媒体文件链接**

这种链接方法分为链接和嵌入两种。使用与外联图像类似的语句可把影视文件链接到HTML文档，差别只是文件扩展名不同。与链接外联影视文件不同，对嵌入有影视文件的HTML文档，浏览器在从网络上下载该文档时就把影视文件一起下载下来，如果影视文件很大，则下载的时间就会很长。

● **空链接**

网页在制作或研发中有时候需要利用空链接来模拟链接，用来响应鼠标事件，可以防止页面出现各种问题，在"属性"面板上的"链接"框内输入"#"符号即可创建空链接。

Q 怎样合理地设置网页中的超链接？

A 在网页中创建超链接时，用户需要综合整个网站中的所有页面进行考虑，合理地安排超链接，这样才会使整个网站中的页面具有一定的条理性，创建超链接的建议如下所述。

● **避免孤立文件的存在**

应该避免存在孤立的文件，这样能使将来在修改和维护链接时有清晰的思路。

● **在网页中避免使用过多的超级链接**

在一个网页中设置过多超链接会导致网页的观赏性不强，文件过大。如果避免不了过多的超链接，可以尝试使用下拉列表框、动态链接等一些链接方式。

● **网页中的超链接不要超过4层**

链接层数过多容易让人产生厌烦的感觉，在力求做到结构化的同时，应注意链接避免超过4层。

● **页面较长时可以使用书签**

在页面较长时，可以定义一个书签，这样能让浏览者方便地找到想要的信息。

● **设置主页或上一层的链接**

有些浏览者可能不是从网站的主页进入网站的。设置主页或上一层的链接，会让浏览者更加方便地浏览全部网页。

实例 068 超链接伪类应用——制作图像式超链接

在浏览网站页面时，当鼠标经过一些添加超链接的页面部分时，页面会出现一些交替变换的绚丽背景，使得整个页面更加美观且具有欣赏性。同样，我们也可以利用CSS制作出图像式超链接。

● **源 文 件** | 光盘\源文件\第8章\实例68.html

● **视   频** | 光盘\视频\第8章\实例68.swf

● **知 识 点** | <li>标签、超链接伪类样式

● **学习时间** | 15分钟

┤ 实例分析 ├

本实例制作的是网站页面的导航菜单，通过设置4种伪类样式代码，为文字的超链接添加了好看的背景，使得网页看起来更具有欣赏性，下面我们将为大家介绍的是如何制作出图像式超链接，页面的最终效果如图8-32所示。

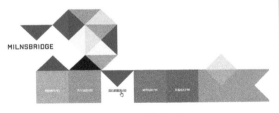

图8-32 最终效果

┤ 知识点链接 ├

在制作网站页面中，通常可以对超链接的伪类样式进行设置，这样不仅仅可以制作出按钮式导航菜单，也可以制作出图像式超链接。

● **a:link**：a:link只对拥有href属性的<a>标签产生影响，也就是拥有实际链接地址的对象，而对直接使用<a>标签嵌套的内容不会产生实际效果。

● **a:hover**：用来设置对象在其鼠标悬停时的样式表属性。该状态是非常实用的状态之一，当鼠标移动到链接对象上时，改变其颜色或是改变下划线状态，这些都可以通过a:hover状态控制实现。对于无href属性的<a>标签，此伪类不产生作用。

● **a:active**：这种超链接伪类用于设置链接对象在被用户激活（在被点击与释放之间发生的事件）时的样式。实际应用中，本状态很少使用。对于无href属性的<a>标签，此伪类不产生作用。

● **a:visited**：这种超链接伪类用于设置超链接对象在其链接地址已被访问过后的样式属性。页面中每一个链接被访问过之后在浏览器内部都会做一个特定的标记，这个标记能够被CSS所识别。a:visited就是能够针对浏览器检测已经被访问过的链接，从而进行样式设置。通过a:visited的样式设置，能够设置访问过的链接呈现为另外一种颜色或删除线的效果。定义网页过期时间或用户清空历史记录将影响该伪类的作用，对于无href属性的<a>标签，该伪类不产生作用。

─┤ **制作步骤** ├─

01 执行"文件→打开"菜单命令，打开页面"光盘\源文件\第8章\实例68.html"，页面效果如图8-33所示。光标移至名为menu的Div中，将多余文字删除，输入相应的段落文本，并将段落文本创建为项目列表，页面效果如图8-34所示。

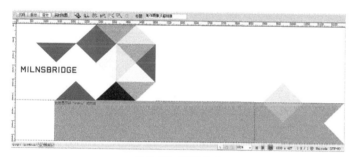

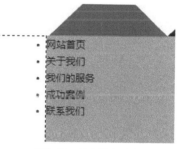

图8-33 打开页面　　　　　　　　　　　　　图8-34 创建项目列表

02 转换到外部CSS样式表文件中，定义名为#menu li的CSS样式，如图8-35所示。返回到设计视图中，可以看到所设置的超链接文字效果，如图8-36所示。

```
#menu li {
    list-style-type: none;
    float: left;
}
```

图8-35 CSS样式代码　　　　图8-36 页面效果

03 分别为各导航菜单项设置空链接，效果如图8-37所示。转换到代码视图中，可以看到该部分页面代码，如图8-38所示。

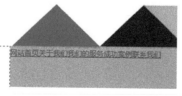

```
<div id="menu">
    <ul>
        <li><a href="#">网站首页</a></li>
        <li><a href="#">关于我们</a></li>
        <li><a href="#">我们的服务</a></li>
        <li><a href="#">成功案例</a></li>
        <li><a href="#">联系我们</a></li>
    </ul>
</div>
```

图8-37 页面效果　　　　图8-38 代码视图

04 转换到外部CSS样式表文件中，定义名称为#menu li a的CSS样式，如图8-39所示。返回设计视图中，可以看到所设置的超链接文字效果，如图8-40所示。

```
#menu li a {
    width: 146px;
    height: 66px;
    padding-top: 80px;
    text-align: center;
    float: left;
}
```

图8-39 CSS代码样式　　　　图8-40 页面效果

05 转换到外部CSS样式表文件中，定义名称为#menu li a.link01:link、#menu li a.link01:hover、#menu li a.link01:active和#menu li a.link01:visited的CSS样式，如图8-41所示。返回设计视图中，选中相应的导航菜单，在“类”下拉列表中选择刚定义的CSS样式link01应用，如图8-42所示。

```
#menu li a.link01:link {
    font-weight: bold;
    color: #FFF;
    background-color: #BBB;
    text-decoration: none;
}
#menu li a.link01:hover {
    font-weight: bold;
    color: #F00;
    background-image: url(../images/6803.jpg);
    background-repeat: no-repeat;
    text-decoration: underline;
}
#menu li a.link01:active {
    font-weight: bold;
    color: #F30;
    background-image: url(../images/6803.jpg);
    background-repeat: no-repeat;
    text-decoration: none;
}
#menu li a.link01:visited {
    font-weight: bold;
    color: #FFF;
    background-color: #BBB;
    text-decoration: none;
}
```

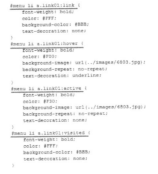

图8-41 CSS代码样式

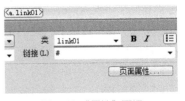

图8-42 “属性”面板

06 在设计视图中可以看到应用超链接文本的效果，如图8-43所示。转换到代码视图中，可以看到名为link01的类CSS样式是直接应用在<a>标签中的，如图8-44所示。

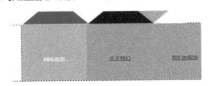

图8-43 页面效果

```
<div id="menu">
  <ul>
    <li><a href="#" class="link01">网站首页</a></li>
    <li><a href="3">关于我们</a></li>
    <li><a href="#">我们的服务</a></li>
    <li><a href="#">成功案例</a></li>
    <li><a href="#">联系我们</a></li>
  </ul>
</div>
```

图8-44 代码视图

07 使用相同的方法，分别为link02、link03 、link04 、link05定义类CSS样式，并分别为其他的导航菜单应用相应的CSS样式。在设计视图中，可以看到应用超链接文本的效果，如图8-45所示。转换到代码视图，可以看到应用CSS样式后的页面代码，如图8-46所示。

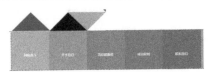

图8-45 页面效果

```
<div id="menu">
  <ul>
    <li><a href="#" class="link01">网站首页/01</a></li>
    <li><a href="#" class="link02">关于我们/02</a></li>
    <li><a href="#" class="link03">我们的服务/03</a></li>
    <li><a href="#" class="link04">成功案例/04</a></li>
    <li><a href="#" class="link05">联系我们/05</a></li>
  </ul>
</div>
```

图8-46 代码视图

08 执行“文件→保存”菜单命令，保存页面，并保存外部CSS样式表文件。在浏览器中预览页面，可以看到使用CSS样式实现的图像式超链接效果，如图8-47所示。

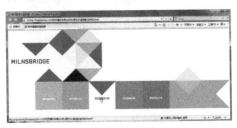

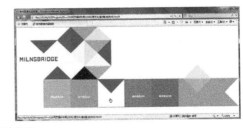

图8-47 预览效果

Q 链接与路径的关系是什么?

A 使用Dreamweaver创建链接即简单又方便，只要选中要设置成链接的文字或图像，然后在“属性”面板上的“链接”文本框中添加相应的URL地址即可，也可以拖动指向文件的指针图标指向链接的文件，同时可以使用“浏览”按钮在本地和局域网上选择链接的文件。

每一个文件都有自己的存放位置和路径，理解一个文件到要链接的另一个文件之间的路径关系是创建链接的根本。在Dreamweaver CS6中，可以很容易地选择文件链接的类型并设置路径。

Q 链接路径可以分为几种形式?

A 链接路径主要可以分为相对路径、绝对路径和根路径三种形式。

- **相对路径**：相对路径最适合网站的内部链接。只要是属于同一网站之下的，即使不在同一个目录下，相对路径也非常适合。

● 如果链接到同一目录下，则只需输入要链接文档的名称。要链接到下一级目录中的文件，只需先输入目录名，然后加"/"，再输入文件名。如果要链接到上一级目录中的文件，则先输入"../"，再输入目录名、文件名。

● 绝对路径：绝对路径为文件提供完整的路径，包括使用的协议（如http、ftp、rtsp等）。一般常见的绝对路径如http://www.sina.com.cn、ftp://202.116.234.1/等。

● 根路径：根路径同样适用于创建内部链接，但大多数情况下，不建议使用此种路径形式。通常它只在以下两种情况下使用，一种是当站点的规模非常大，放置于几个服务器上时；另一种情况是当一个服务器上同时放置几个站点时。根路径以"\"开始，然后是根目录下的目录名。

实例 069　使用CSS定义鼠标指针样式——改变默认的鼠标指针

通常在浏览网页时，看到的鼠标指针的形状有箭头、手形和I字形，而在Windows环境下实际看到的鼠标指针种类要比这个广泛得多。CSS弥补了HTML语言在这方面的不足，通过cursor属性可以设置各式各样的鼠标指针样式，该属性可在任何标记里使用。

● 源 文 件｜光盘\源文件\第8章\实例69.html
● 视 　 频｜光盘\视频\第8章\实例69.swf
● 知 识 点｜cursor属性
● 学习时间｜10分钟

实例分析

CSS样式不仅能够准确地控制及美化页面，而且还能定义鼠标指针样式。当鼠标移至到不同的HTML元素对象上时，鼠标会以不同形状显示。该实例页面最终效果如图8-48所示。

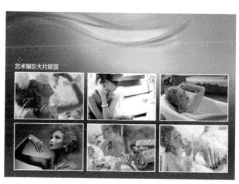

图8-48　最终效果

知识点链接

cursor属性用于设置光标在网页中的视觉效果，通过样式改变鼠标形状，当鼠标放在被此选项设置、修饰过的区域上时，形状会发生改变。具体的形状包括： crosshair（交叉十字）、text（文本选择符号）、wait（Windows等待形状）、pointer（手形）、default（默认的鼠标形状）、help（带问号的鼠标）、e-resize（向东的箭头）、ne-resize（指向东北的箭头）、n-resize（向北的箭头）、nw-resize（指向西北的箭头）、w-resize（向西的箭头）、sw-resize（向西南的箭头）、s-resize（向南的箭头）、se-resize（向东南的箭头）、auto（正常鼠标）。

制作步骤

01 执行"文件→打开"菜单命令，打开页面"光盘\源文件\第8章\实例69.html"，页面效果如图8-49所示。转换到外部CSS样式表文件8-69.css中，在名为body标签的CSS样式代码中，添加相应的代码，如图8-50所示。

02 保存页面，并保存外部CSS样式表文件。在浏览器中预览页面，可以看到使用CSS定义鼠标指针样式的效果，如图8-51所示。

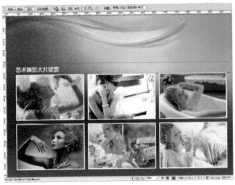

```
body {
    font-family: 微软雅黑;
    font-size: 12px;
    color: #FFF;
    background-image: url(../images/6901.png);
    background-repeat: repeat;
    background-position: left -580px;
    cursor:move;
}
```

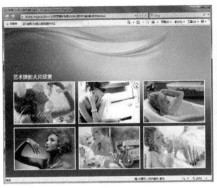

图8-49 打开页面 　　　　图8-50 代码视图 　　　　图8-51 预览效果

Q 为什么有时候光标指针的差异较小？

A 很多时候，浏览器调用的鼠标是操作系统的鼠标效果，因此同一浏览器之间的差别很小，但不同操作系统的用户之间还是存在差异的。

Q 可以在一个页面中为不同的区域或元素应用多种光标指针效果吗？

A 可以，可以在多个类CSS样式中定义不同的cursor属性，将光标指针定义为多种不同的效果，在页面中分别为相应的区域或元素应用相应的类CSS样式即可。但通常情况下，光标指针效果在网页中使用较少，通常都是采用系统默认的光标指针效果，在网页中应用光标指针效果最多不超过两种，否则会影响网页的便利性。

实例 070 使用CSS定义鼠标变换效果——实现网页中的鼠标变换效果

了解了如何设置鼠标样式，就可以轻松地制作出鼠标指针变化的超链接效果了，即鼠标移至某个超链接对象上时，可以实现超链接颜色变化、背景图像发生变化，并且鼠标指针也可以发生变化。

- **源 文 件** | 光盘\源文件\第8章\实例70.html
- **视　　频** | 光盘\视频\第8章\实例70.swf
- **知 识 点** | cursor属性
- **学习时间** | 5分钟

实例分析

本实例制作的是一个艺术网站的小页面，通过定义相应的类CSS样式，从而实现了改变鼠标变换样式的效果，页面的最终效果如图8-52所示。

图8-52 最终效果

知识点链接

在制作网站页面中，定义名为.after的类CSS样式，并设置成适合的一种鼠标样式，即可为页面中的元素对象应用相应的鼠标指针样式，从而使页面内容变得更丰富多彩。

—┤ 制作步骤 ├—

01 执行"文件→打开"菜单命令，打开页面"光盘\源文件\第8章\实例70.html"，页面效果如图8-53所示。转换到外部CSS样式表文件8-70.css中，创建名为.after的类CSS样式，如图8-54所示。

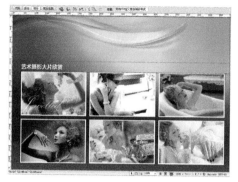

图8-53 打开页面

```
.after {
    cursor: pointer;
}
```

图8-54 CSS样式代码

02 返回到页面设计视图中，选中相应的内容，在"属性"面板中的"类"下拉列表中选择刚定义的CSS样式应用，如图8-55所示。保存页面，并保存外部CSS样式表文件。在浏览器中预览页面，可以看到使用CSS定义的鼠标指针样式效果，如图8-56所示。

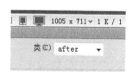

图8-55 "属性"面板

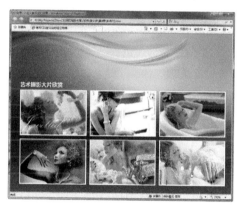

图8-56 预览效果

Q cursor属性值所对应的光标指针效果分别是什么样的？

A cursor属性的相关属性值如表8-1所示。

表8-1 cursor属性值

属 性 值	指 针 效 果	属 性 值	指 针 效 果
auto	浏览器默认设置	nw-resize	⬉
crosshair	＋	pointer	👆
default	▷	se-resize	⬊
e-resize	⬌	s-resize	⬍
help	▷?	sw-resize	⬋
inherit	继承	text	Ⅰ
move	✛	wait	○
ne-resize	⬈	w-resize	⬌
n-resize	⬍		

Q 在Dreamweaver CS6中可以通过"CSS规则定义"对话框来创建光标指针的样式吗？

A 可以，在"CSS规则定义"对话框左侧选择"扩展"选项，在右侧选项区中可以看到这些扩展功能，主要包括三种效果：分页、鼠标视觉效果和滤镜视觉效果，如图8-57所示。

图8-57 "CSS规则定义"对话框

box-shadow属性（CSS3.0）——为网页元素添加阴影

在CSS3.0中新增加了4种有关网页用户界面控制的属性，分别是box-shadow、overflow、resize和outline，下面将通过一个实例向大家详细介绍新增CSS属性的使用方法。

● **源 文 件** | 光盘\源文件\第8章\实例71.html

● **视 频** | 光盘\视频\第8章\实例71.swf

● **知 识 点** | box-shadow属性

● **学习时间** | 10分钟

┤ **实例分析** ├

在CSS中新增了为元素添加阴影的新属性box-shadow，通过该属性可以轻松地实现网页中元素的阴影效果。本实例制作的网站的页面就是通过该属性实现的阴影效果，页面最终效果如图8-58所示。

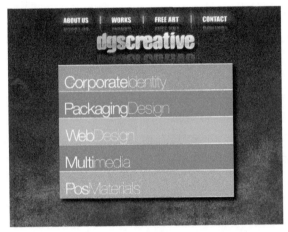

图8-58 最终效果

┤ **知识点链接** ├

box-shadow属性的语法格式如下：

box-shadow: <length> <length> <length> || <color>;

其中第1个length值表示阴影水平偏移值，可以取正、负值；第2个length值表示阴影垂直偏移值，可以取正、负值；第3个length值表示阴影模糊值。Color属性值用于设置阴影的颜色。

┤ **制作步骤** ├

01 执行"文件→打开"菜单命令，打开页面"光盘\源文件\第8章\实例71.html"，页面效果如图8-59所示。转换到外部CSS样式表文件8-71.css中，可以看到该页面中创建的CSS样式，如图8-60所示。

图8-59 打开页面

```
body {
    font-size: 12px;
    color: #FFF;
    line-height: 20px;
    background-image: url(../images/7101.jpg);
    background-repeat: repeat;
}
#box {
    width: 600px;
    height: 650px;
    margin: 0px auto;
}
#top {
    width: 600px;
    height: 168px;
}
#main {
    width: 518px;
    height: 393px;
    background-color: #FFF;
    padding-top: 2px;
    margin: 0px auto;
}
```

图8-60 CSS样式代码

02 找到名为#main的 CSS样式中，添加相应的代码，如图8-61所示。执行"文件→保存"菜单命令，保存页面，并保存外部CSS样式表文件。在Firefox浏览器中预览页面，效果如图8-62所示。

```
#main {
    width: 518px;
    height: 393px;
    background-color: #FFF;
    padding-top: 2px;
    margin: 0px auto;
    -moz-box-shadow: 8px 8px 10px #000;
}
```

图8-61 CSS样式代码

图8-62 在Firefox浏览器中预览页面效果

Q 针对不同引擎类型的浏览器，box-shadow属性有哪些写法？

A 针对不同引擎类型的浏览器，box-shadow属性需要写为不同的形式，如表8-2所示。

表8-2 使用不同引擎类型的浏览器，box-shadow属性的不同形式

引 擎 类 型	Gecko	Webkit	Presto
box-shadow	-moz-box-shadow	-webkit-box-shadow	

Q 如果不通过CSS3.0新增的box-shadow属性，如何实现网页元素的阴影效果？

A 目前CSS3.0还没有正式发布，各浏览器对CSS3.0的支持也不相同。如果不使用CSS3.0新增的box-shadow属性，要实现网页元素的阴影效果，可以通过CSS中的shadow或Dropshadow滤镜来实现，关于shadow滤镜和Dropshadow滤镜将在第9章中进行详细介绍。

实例 072 overflow属性（CSS3.0）——网页元素内容溢出处理

当对象的内容超过其制定的高度及宽度时，应该如何进行处理？在CSS3.0中新增了overflow属性，通过该属性可以设置当内容溢出时的处理方法。下面将通过一个实例向大家介绍如何通过overflow属性处理内容溢出。

● **源 文 件** | 光盘\源文件\第8章\实例72.html

● **视　　频** | 光盘\视频\第8章\实例72.swf

● **知 识 点** | overflow属性

● **学习时间** | 10分钟

┤ 实例分析 ├

本实例制作的是一个卡通插画页面，通过对overflow属性的设置，很好地处理了内容溢出的问题，使得页面变得更加整洁、美观且具有实用性，页面最终效果如图8-63所示。

图8-63 最终效果

┫ 知识点链接 ┣

overflow属性的语法格式如下：

overflow: visible | auto | hidden | scroll;

overflow属性的各属性值说明如表8-3所示。

表8-3 overflow属性值

属 性 值	说 明
visible	不剪切内容也不添加滚动条。如果显示声明该默认值，对象将被剪切为包含对象的window或frame的大小，并且clip属性设置将失效
auto	该属性值为body对象和textarea的默认值，在需要时剪切内容并添加滚动条
hidden	不显示超过对象尺寸的内容
scroll	总是显示滚动条

┫ 制作步骤 ┣

01 执行"文件→打开"菜单命令，打开页面"光盘\源文件\第8章\实例72.html"，页面效果如图8-64所示。在Firefox浏览器中预览页面，可以看到页面的效果如图8-65所示。

图8-64 打开页面

图8-65 在Firefox浏览器中浏览页面

02 转换到该文件所链接的外部CSS样式表文件8-72.css中，在名为#text的CSS样式中添加overflow的属性设置，如图8-66所示。保存外部样式表文件，在Firefox浏览器中预览页面，可以看到页面的效果，如图8-67所示。

```
#text {
    width: 450px;
    height: 300px;
    float: left;
    overflow: scroll;
}
```

图8-66 CSS样式代码

图8-67 在Firefox浏览器预览页面

03 转换到外部CSS样式表文件中，将名为#text的CSS样式中的overflow属性修改为overflow-y，如图8-68所示。保存外部样式表文件，在Firefox浏览器中预览页面，可以看到页面效果，如图8-69所示。

```
#text {
    width: 450px;
    height: 300px;
    float: left;
    overflow-y: scroll;
}
```

图8-68 CSS样式代码

图8-69 在Firefox浏览器中预览效果

Q 能不能当内容溢出时，控制其只显示垂直或水平方向上的滚动条？

A 可以，overflow属性还有两个相关属性overflow-x和overflow-y，分别用于设置水平方向溢出处理方式和垂直方向上的溢出处理方式，其属性值和设置方法与overflow属性完全相同。

Q overflow属性与AP Div的溢出设置是否相同？

A 基本相同。AP Div拥有"溢出"选项设置，而网页中的普通容器则需要通过在CSS样式中的overflow属性设置其溢出。目前，几乎所有浏览器都支持overflow属性。

073 resize属性（CSS3.0）——在网页中实现区域缩放调节

在CSS中还新增了区域缩放调节的功能设置，通过新增的resize属性，就可以实现页面中元素的区域缩放操作，调节元素的尺寸大小。下面的一个小实例就说明了该功能的具体使用方法。

● **源 文 件** | 光盘\源文件\第8章\实例73.html
● **视　　频** | 光盘\视频\第8章\实例73.swf
● **知 识 点** | resize属性
● **学习时间** | 10分钟

┤ **实例分析** ┝

本实例通过添加相应的代码部分，使该页面中的部分区域对象有了缩放调节的功能，页面的最终效果如图8-70所示。

图8-70 最终效果

┤ **知识点链接** ┝

resize属性的语法格式如下：

resize: none | both | horizontal | vertical | inherit;

┃ 制作步骤 ┃

01 执行"文件→打开"菜单命令，打开页面"光盘\源文件\第8章\实例73.html"，页面效果如图8-71所示。转换
到该文件所链接的外部CSS样式表文件8-73.css中，在名为#text的CSS样式中添加resize属性设置，如图8-72
所示。

图8-71 打开页面

图8-72 添加样式代码

> **提示**
>
> 在名为 #text 的 CSS 样式中，应用 RGBA 的颜色定义方法设置元素的背景颜色，从而使背景色显示为半透明的效果，
> 该半透明效果在 Dreamweaver 的设计视图中是无法看出来的，必须在浏览器中预览才能看出效果。

02 保存外部样式表文件。在Firefox浏览器中预览页面，即可实现使用鼠标拖动text框，调整text框的大小的功
能，页面效果如图8-73所示。

图8-73 在Firefox浏览器中预览页面效果

Q resize属性的各属性值分别表示什么？

A resize属性的各属性值说明如表8-4所示。

表8-4 resize属性值

属 性 值	说 明
none	不提供元素尺寸调整机制，用户不能操纵调节元素的尺寸
both	提供元素尺寸的双向调整机制，让用户可以调节元素的宽度和高度
horizontal	提供元素尺寸的单向水平方向调整机制，让用户可以调节元素的宽度
vertical	提供元素尺寸的单向垂直方向调整机制，让用户可以调节元素的高度
inherit	默认继承

Q resize属性是不是在所有浏览器中都能够实现效果？

A 不是，resize属性是CSS 3.0新增的属性，目前各种不同引擎核心的浏览器对CSS3.0的支持并不统一，IE8及其以下浏览器都不支持该属性，Firefox和Chrome浏览器支持该属性。在使用该属性时，一定要慎重。

实例 074　outline属性（CSS3.0）——为网页元素添加轮廓边框

　　outline属性用于为元素周围绘制轮廓边框，通过设置一个数值使边框边缘的外围偏移，可以起到突出元素的作用。下面将通过一个简单页面向大家介绍如何使用outline属性。

- **源 文 件**｜光盘\源文件\第8章\实例74.html
- **视　　频**｜光盘\视频\第8章\实例74.swf
- **知 识 点**｜outline属性
- **学习时间**｜10分钟

实例分析

　　本实例通过添加outline属性并对其进行相关设置，从而实现了给页面中对象元素周围绘制轮廓外边框的效果，页面最终效果如图8-74所示

图8-74　最终效果

知识点链接

outline属性的语法格式如下：

outline: [outline-color] || [outline-style] || [outline-width] || [outline-offset] | inherit;

　　outline属性有四个相关属性outline-style、outline-width、outline-color和outline-offset，用于对外边框的相关属性分别进行设置。

制作步骤

01 执行"文件→打开"菜单命令，打开页面"光盘\源文件\第8章\实例74.html"，页面效果如图8-75所示。在Firefox浏览器中预览页面，可以看到页面的效果如图8-76所示。

图8-75　打开页面

图8-76　在Firefox浏览器中预览页面效果

02 转换到该文件所链接的外部CSS样式表文件8-74.css中，找到名为#pic的CSS样式，如图8-77所示。在该CSS样式代码中添加outline的属性设置，如图8-78所示。

```
#pic {
    width: 844px;
    height: 314px;
    margin: 0px auto;
    margin-top: 15px;
}
```
图8-77 CSS样式代码

```
#pic {
    width: 844px;
    height: 314px;
    margin: 0px auto;
    margin-top: 15px;
    outline-color: #036;
    outline-style: groove;
    outline-width: 8px;
    outline-offset: 5px;
}
```
图8-78 添加代码

03 保存外部样式表文件。在Firefox浏览器中预览页面，可以看到为图像所添加的外轮廓边框效果，如图8-79所示。

图8-79 在Firefox浏览器中预览页面效果

Q outline属性的各属性值分别表示什么？

A outline属性的各属性值说明如表8-5所示。

表8-5 outline属性值

属 性 值	说 明
outline-color	该属性值用于指定轮廓边框的颜色
outline-style	该属性值用于指定轮廓边框的样式
outline-width	该属性值用于指定轮廓边框的宽度
outline-offset	该属性值用于指定轮廓边框偏移位置的数值
inherit	默认继承

Q CSS 3.0中新增的nav-index属性有什么作用？

A nav-index属性是HTML 4.0中tabindex属性的替代品，在HTML 4.0中引入并做了一些很小的修改。该属性为当前元素指定了其在当前文档中导航的序列号。导航的序列号指定了页面中元素通过键盘操作获得焦点的顺序。该属性可以存在于嵌套的页面元素当中，其定义语法如下：

nav-index: auto | <number> | inherit

第 **09** 章

使用CSS滤镜

随着网络技术的不断发展，网页的内容和形式也越来越丰富，如何在众多的网站页面中脱颖而出成了大家关注的问题。如果想要吸引人的眼球，就要做出丰富多彩、具有独特的创意性、实用性好的网页。CSS滤镜具有美化网页的强大功能，如模糊、光晕、阴影等，可以为网页增添不少创意色彩，本章将向读者介绍CSS滤镜的相关知识。

在浏览网页时，那些新颖独特的页面经常会吸引我们的眼球，而那些仅使用HTML标签设计的网页已经无法满足大众的审美及需求，因此在设计网站页面时合理地为页面应用滤镜，可以起到不同凡响的视觉效果。CSS滤镜分为基本滤镜和高级滤镜两种基本类型，基本滤镜又称"视觉滤镜"，只要将其应用于对象上，便可以立即产生视觉特效，但其效果远不及高级滤镜。CSS滤镜的标识符是filter，在创建滤镜时首先要对filten进行定义，其使用方法与其他的CSS语句是相同的。

实例 075 Alpha滤镜——实现网页中半透明效果

当我们对CSS滤镜有了概念性的了解后，就需要进一步深入了解才能在实际操作中做到灵活运用。CSS滤镜包括很多类，不同的种类能够营造出不同的页面效果，下面我们将通过一个实例详细了解Alpha滤镜的应用方法。

● **源 文 件**｜光盘\源文件\第9章\实例75.html

● **视   频**｜光盘\视频\第9章\实例75.swf

● **知 识 点**｜Alpha滤镜

● **学习时间**｜10分钟

实例分析

在设计网站页面时，为了能够使页面达到一种融合统一的效果，可以通过使用CSS滤镜中的Alpha滤镜对网页中的图像、文字设置透明效果。本实例的页面就是通过定义了名为.alpha的类CSS样式，而改变页面的透明度效果，页面最终效果如图9-1所示。

图9-1 最终效果

知识点链接

Alpha滤镜的语法如下：

```
.alpha{
filter: alpha (Opacity=?, FinishOpacity=?, Style=?, StartX=?, StartY=?, FinishX=?, FinishY=?);}
```

Alpha滤镜的相关属性说明如表9-1所示。

表9-1 Alpha滤镜属性

属　　性	说　　明
Opacity	设置透明度值，有效值范围在0～100之间。0代表完全透明，100代表完全不透明
FinishOpacity	可选参数，如果设置渐变的透明效果时，用来指定结束时的透明度，取值范围也是0～100
Style	设置透明区域的样式。0代表无渐变，1代表线性渐变，2代表放射状渐变，3代表菱形渐变。当style为2或者3的时候，startX、startY、FinishX和FinishY参数没有意义，都是以对象中心为起始，四周为结束
StartX	设置透明渐变效果开始的水平坐标（即X轴坐标）
StartY	设置透明渐变效果开始的垂直坐标（即Y轴坐标）
FinishX	设置透明渐变效果结束的水平坐标（即X轴坐标）
FinishY	设置透明渐变效果结束的垂直坐标（即Y轴坐标）

| 制作步骤 |

01 执行"文件→打开"菜单命令，打开页面"光盘\源文件\第9章\实例75.html"，如图9-2所示。转换到外部CSS样式表9-75.css文件中，定义一个名为.alpha的类CSS样式，如图9-3所示。

图9-2 页面效果

```
.alpha {
    filter: alpha(opacity=50);
}
```

图9-3 CSS样式代码

02 返回设计页面，选中页面中插入的图像，在"类"下拉列表中选择刚定义CSS样式alpha应用，如图9-4所示。保存页面，在浏览器中预览该页面应用Alpha滤镜之后的效果如图9-5所示。

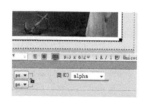

图9-4 应用CSS样式代码

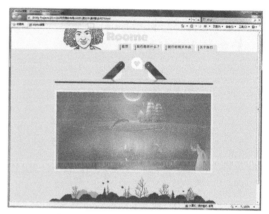

图9-5 应用Alpha滤镜后预览效果

> **提示**
>
> 应用的 CSS 滤镜效果大多数不会直接反映在 Dreamweaver 的设计视图中，用户需要保存 CSS 样式表文件和网页，在浏览器中预览页面才能查看到所应用的 CSS 滤镜效果。

03 返回到外部CSS样式表9-75.css文件中，修改名为.alpha的类CSS样式代码，如图9-6所示。保存外部样式表文件，在浏览器中预览页面，页面效果如图9-7所示。

```
.alpha {
    filter: alpha(opacity=10,
                  finishopacity=100,
                  style=1,
                  startx=0,
                  starty=0,
                  finishx=0,
                  finishy=100);
}
```

图9-6 CSS样式代码

图9-7 应用Alpha滤镜后预览效果

04 返回到外部CSS样式表9-75.css文件中，修改名为.alpha的类CSS样式代码，如图9-8所示。保存外部样式表文件，在浏览器中预览页面，页面效果如图9-9所示。

```
.alpha {
    filter: alpha(opacity=0,
                  finishopacity=80,
                  style=2);
}
```
图9-8 CSS样式代码

图9-9 应用Alpha滤镜后预览效果

05 返回到外部CSS样式表9-75.css文件中，修改名为.alpha的类CSS样式代码，如图9-10所示。保存外部样式表文件，在浏览器中预览页面，页面效果如图9-11所示。

```
.alpha {
    filter: alpha(opacity=0,
                  finishopacity=100,
                  style=3);
}
```
图9-10 CSS样式代码

图9-11 应用Alpha滤镜后预览效果

Q 在使用Alpha滤镜时需要注意什么？

A 在使用Alpha滤镜时，需要注意以下两点。

1. 由于Alpha滤镜使当前元素部分透明，该元素下层内容的颜色对整个效果起着重要的作用，因此颜色的合理搭配非常重要。

2. 透明度的大小要根据具体情况仔细调整，取一个最佳值。

Q 如何使用Chroma属性？

A Chroma滤镜可以设置HTML对象中指定的颜色为透明色。Chroma滤镜的语法如下：

.chroma{
    filter: chroma (Color=?);}

Color属性值用于设置需要变为透明的颜色值。

实例 076　BlendTrans滤镜——制作图像切换效果

高级滤镜能产生更多丰富、变幻无穷的视觉效果，如百叶窗、开关门效果等，因而又有"转换滤镜"之称。然而，实现这种特殊的效果则需要配合JavaScript等脚本语言。下面将通过一个实例向大家介绍BlendTrans滤镜的使用方法。

● **源 文 件** | 光盘\源文件\第9章\实例76.html

● **视　　频** | 光盘\视频\第9章\实例76.swf

● **知 识 点** | BlendTrans滤镜

● **学习时间** | 15分钟

实例分析

BlendTrans滤镜是一种高级CSS滤镜，该滤镜与JavaScript脚本相结合，可以实现HTML元素的渐隐渐现效果。本实例实现的就是页面中图像渐隐渐现的效果，页面的最终效果如图9-12所示。

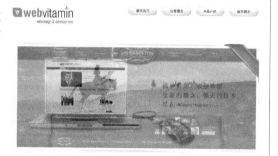

图9-12 最终效果

知识点链接

BlendTrans滤镜的语法格式如下：

```
.blendtrans{
filter: BlendTrans(Duration=?);}
```

Duration属性用于设置整个转换过程所需要的时间，单位为秒。

制作步骤

01 执行“文件→打开”菜单命令，打开页面“光盘\源文件\第9章\实例76.html”，页面效果如图9-13所示。选中页面中需要转换的图像，在“属性”面板上设置其ID为imgpic，如图9-14所示。

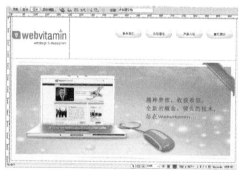

图9-13 页面效果

图9-14 设置ID值

02 转换到代码视图，在相应的位置添加JavaScript脚本代码，如图9-15所示。转换到外部CSS样式表9-76.css文件中定义名为.blendtrans的类CSS样式，如图9-16所示。

```
<div id="bottom">
<img src="images/7606.jpg" name="imgpic" width="980" height="430"
class="blendtrans" id="imgpic" /></div>
<script language="javascript">
<!--
ImgNum = new ImgArray(2);
ImgNum[0] = "images/7606.jpg";
ImgNum[0] = "images/7607.jpg";
function ImgArray(len)
{
    this.length = len;
    }
var i = 1;
function playImg() {
    if(i=1) {
        i=0;
        }
    else {
        i++;
        }
    imgpic.filters[0].apply();
    imgpic.src = ImgNum[i];
    imgpic.filters[0].play();
    timeout = setTimeout('playImg()',4000);
    }
-->
</script>
```

图9-15 添加JavaScript脚本

```
.blendtrans {
    filter: BlendTrans(Duration=3);
}
```

图9-16 CSS样式代码

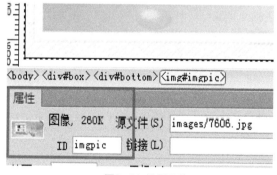

03 返回到设计视图，选中页面中插入的图像，在"类"下拉列表中选择刚定义的CSS样式blendtrans应用，如图9-17所示。转换到代码视图中，在<body>标签中添加相应的代码，如图9-18所示。

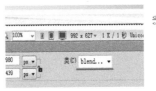

图9-17 应用CSS样式　　　　图9-18 CSS添加代码

04 执行"文件→保存"菜单命令，保存页面。在浏览器中预览页面，可以看到使用BlendTrans滤镜与JavaScript相结合所实现的效果，如图9-19所示。

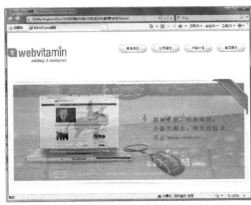

图9-19 在浏览器中预览页面效果

Q 如何使用Light滤镜？

A Light滤镜是一个高级CSS滤镜，使用该滤镜与JavaScript相结合，可以产生类似于聚光灯的效果，并且可以调节亮度以及颜色。

Light滤镜的语法如下：

.light{filter: light;}

对于已定义的Light滤镜属性，可以调用它的方法（Method）来设置或改变属性，这些方法如表9-2所示。

表9-2 Light滤镜使用方法

方　　法	说　　明
AddAmbIE9.0nt	用于加入包围的光源
AddCone	用于加入锥形光源
AddPoint	用于加入点光源
Changcolor	用于改变光的颜色
Changstrength	用于改变光源的强度
Clear	用于清除所有光源
MoveLight	用于移动光源

Q 如何使用RevealTrans滤镜？

A RevealTrans滤镜可以实现网页中图像之间的切换效果。在图像切换时，共有24种动态切换效果，例如水平展幕、百叶窗、溶解等，而且还可以随机选取其中一种效果进行切换。

RevealTrans滤镜的语法如下：

.revealtrans{RevealTrans(Duration=?, Transition=?); }

Duration属性用于设置切换停留时间，Transition属性用于设置切换的方式，取值范围为0～23，这些切换方法的说明如表9-3所示。

表9-3 切换方法说明

参 数 值	说 明	参 数 值	说 明
0	矩形从大至小	1	矩形从小至大
2	圆形从大到小	3	圆形从小到大
4	向上推开	5	向下推开
6	向右推开	7	向左推开
8	垂直形百叶窗	9	水平形百叶窗
10	水平棋盘	11	垂直棋盘
12	随机溶解	13	从上下向中间展开
14	从中间向上下展开	15	从两边向中间展开
16	从中间向两边展开	17	从右上向左下展开
18	从右下向左上展开	19	从左上向右下展开
20	从左下向右上展开	21	随机水平细纹
22	随机垂直细纹	23	随机选取一种效果

RevealTrans滤镜同样是一个高级CSS滤镜，必须与JavaScript脚本相结合才能够产生图像切换的动态效果，单纯地添加RevealTrans滤镜是不会有效果的。

实例 077 Blur滤镜——实现网页中的模糊效果

Blur滤镜可以为页面中的元素添加模糊的效果，可以根据网站页面设计的需要对参数进行合理的设置，从而达到更加丰富多彩的页面效果。接下来我们将通过一个小页面的制作为大家详细介绍Blur滤镜的使用方法。

- **源 文 件** | 光盘\源文件\第9章\实例77.html
- **视 频** | 光盘\视频\第9章\实例77.swf
- **知 识 点** | Blur滤镜
- **学习时间** | 10分钟

实例分析

本实例通过定义一个名为.blur的类CSS样式，并且分别对其Direction和Strength的属性进行设置，从而实现页面中图像不同的模糊效果，页面的最终效果如图9-20所示。

图9-20 最终效果

知识点链接

Blur滤镜的语法如下：

.blur{

filter: blur (Add=?, Direction=?, Strength=?);}

Blur滤镜的相关属性说明如表9-4所示。

表9-4　Blur滤镜属性

属　　性	说　　明
Add	这是个布尔参数，用来指定图片是否设置为模糊效果。有效值为Ture或False，Ture为默认值，表示为图片应用模糊效果，False表示不应用
Direction	用来设置图片的模糊方向。取值范围为0°～360°，按顺时针的方向起作用，其中45°为一个间隔，因此有8个方向值：0表示向上，45表示右上，90表示向右，135表示右下，180表示向下，225表示左下，270表示向左，315表示向上
Strength	指定模糊半径的大小，即模糊效果的延伸范围，其取值范围为任意自然数，默认值为5，单位是像素

制作步骤

01 执行"文件→打开"菜单命令，打开页面"光盘\源文件\第9章\实例77.html"，页面效果如图9-21所示。转换到代码视图中，可以看到该页面的代码，如图9-22所示。

图9-21　页面效果　　　　　　　　　　　　　图9-22　页面代码

02 转换到外部CSS样式表9-77.css文件中，定义一个名为.blur的类CSS样式，如图9-23所示。返回到设计页面中，选中页面中插入的图像，在"类"下拉列表中选择刚定义的CSS样式blur应用，如图9-24所示。

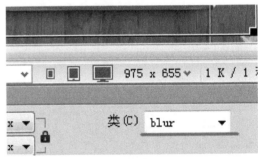

```
.blur{
    filter: blur(add=true,
                direction=180,
                strength=20);
}
```

图9-23　CSS样式代码　　　　　　　　　　　图9-24　应用CSS样式

03 保存页面。在浏览器中预览该页面，应用Blur滤镜之前的效果如图9-25所示，应用Blur滤镜之后的效果如图9-26所示。

图9-25　应用Blur滤镜之前　　　　　　　　　图9-26　应用Blur滤镜之后

04 返回到外部CSS样式表9-77.css文件中，修改名为.blur的类CSS样式代码，如图9-27所示。保存外部样式表文件，在浏览器中预览页面，页面效果如图9-28所示。

```
.blur{
    filter: blur(add=true,
                 direction=270,
                 strength=50);
}
```

图9-27 应用Blur滤镜之前

图9-28 应用Blur滤镜之后

Q 如何使用Glow滤镜？

A CSS滤镜中的Glow滤镜可以为对象的边缘添加一种柔和的边框或光晕，为图像或文字添加发光效果来增加元素的醒目性，从而吸引浏览者的注意力。

Glow滤镜的语法如下：

```
.glow{
    filter: glow (Color=?, Strength=?);}
```

Glow滤镜的相关属性说明如表9-5所示。

表9-5 Glow滤镜属性

属　　　　性	说　　明
Color	设置指定对象边缘光晕的颜色
Strength	设置晕圈范围，其值为整数型，取值范围是1～255。如果数值越大，则效果越强

Glow滤镜作用于文字与图片上时，所产生的光晕效果是不同的。当Glow滤镜作用于文字上时，每个文字边缘都会出现光晕，并且效果也较为明显；然而，对于图片而言，Glow滤镜则只会在其边缘上添加光晕。还需注意的是，应用Glow滤镜的对象的边缘与边界相邻的部分不会显示任何效果，若为边界添加padding（填充），四周就会全部显示光晕效果。

Q 如何使用Gray滤镜？

A 在进行网页设计时，为了成功地构建怀旧风格的页面，常会采用黑白图片作为主要视觉元素，而Gray滤镜可以为彩色的图片进行去色，从而打造出黑白图片的效果。该滤镜没有参数，应用该滤镜时，可以添加相应的CSS样式代码应用即可。

实例 078 **FlipH和FlipV滤镜——实现网页内容水平和垂直翻转**

在CSS滤镜中，FlipH滤镜和FlipV滤镜可以实现HTML对象的翻转效果，它们有很大的相似之处，就是都没有相关的参数设置，只要添加相应的CSS样式代码即可为对象应用翻转变换滤镜。

● **源 文 件** | 光盘\源文件\第9章\实例78.html

● **视　　频** | 光盘\视频\第9章\实例78.swf

● **知 识 点** | FlipH滤镜和FlipV滤镜

● **学习时间** | 10分钟

实例分析

需要说明的是，FlipH滤镜是实现对象的水平翻转效果，即将元素对象按水平方向进行180°翻转，而FlipV滤镜实现的是对象的垂直翻转效果。本实例就是为页面中的图像分别添加FlipH和FlipV滤镜，页面的最终效果如图9-29所示。

图9-29 最终效果

知识点链接

实例中只要添加相应的CSS样式代码即可为对象应用翻转变换滤镜，其代码如下：

filter:FlipH; 实现的是对象的水平翻转

filter:FlipV; 实现的是对象的垂直翻转

制作步骤

01 执行"文件→打开"菜单命令，打开页面"光盘\源文件\第9章\实例78.html"，如图9-30所示。转换到代码视图中，可以看到该页面的代码，如图9-31所示。

图9-30 页面效果

```
<body>
<div id="box">
<div id="top">
   <div id="logo"><img src="images/7802.png"
width="107" height="60" /></div>
   <div id="menu"><img src="images/7803.jpg"
width="626" height="76" /></div>
  </div>
  <div id="main">
   <div id="pic"><img src="images/7804.jpg"
width="450" height="260" /></div>
  </div>
 </div>
</body>
```

图9-31 页面代码

02 转换到外部CSS样式表9-78.css文件中，可以看到名为#pic的CSS样式，如图9-32所示。在该样式中添加相应的滤镜代码，如图9-33所示。

```
#pic {
    width: 450px;
    height: 260px;
}
```

图9-32 CSS样式代码

```
#pic {
    width: 450px;
    height: 260px;
    filter: FlipH;
}
```

图9-33 CSS样式代码

03 执行"文件→保存"菜单命令，保存页面。在浏览器中预览该页面，应用FlipH滤镜前的效果如图9-34所示，应用FlipH滤镜后的效果如图9-35所示。

图9-34 应用FlipH滤镜前

图9-35 应用FlipH滤镜后

04 转换到外部CSS样式表9-78.css文件中，找到名为#pic的CSS样式，并修改代码，如图9-36所示。保存页面，在浏览器中预览该页面，可以看到应用FlipV滤镜后的页面效果，如图9-37所示。

```
#pic {
    width: 450px;
    height: 260px;
    filter:FlipV;
}
```

图9-36 CSS样式代码

图9-37 应用FlipV滤镜后

Q 如何使用Invert滤镜？

A Invert滤镜可以把HTML对象中的可视化属性全部翻转，包括图片的色彩、饱和度以及亮度值，可以产生一种十分形象的"底片"或负片效果。该滤镜也没有参数值，直接设置相应的CSS样式应用即可。

Q 如何使用Mask滤镜？

A 使用Mask滤镜，可以为网页中的元素添加一个矩形遮罩。遮罩就是使用一个颜色块将包含文字或图像等对象的区域遮盖，但是文字或图像部分却以背景色显示出来。

Mask滤镜语法格式如下：

.mask { filter: mask(color=?);}

color属性用来设置Mask滤镜作用的颜色。

实例 079
DropShadow滤镜——为网页元素添加阴影

在设计网站页面时，合理地为页面中的视觉元素创建阴影可以实现立体效果，DropShadow滤镜就可以为页面中的图片或文字添加阴影效果。下面将通过一个小页面的制作为大家详细讲解该滤镜的相关知识。

● **源 文 件** | 光盘\源文件\第9章\实例79.html
● **视　　频** | 光盘\视频\第9章\实例79.swf
● **知 识 点** | DropShadow滤镜
● **学习时间** | 10分钟

实例分析

　　添加阴影效果，能够有效地使元素内容在页面中产生投影，其工作原理也是比较简单的，即为元素创建偏移量，并定义阴影的颜色。本实例就是为页面中的元素添加了阴影效果，页面的最终效果如图9-38所示。

图9-38 最终效果

知识点链接

DropShadow滤镜的语法如下：

.dropshadow{

filter: dropshadow (Color=?, Offx=?, Offy=?,Positive=?);}

DropShadow滤镜的相关属性说明如表9-6所示。

表9-6 DropShadow滤镜属性

属　　性	说　　明
Color	设置阴影产生的颜色
Offx	设置阴影水平方向偏移量，默认值为5，单位是像素
Offy	设置阴影垂直方向偏移量，默认值为5，单位是像素
Positive	该值为布尔值，是用来指定阴影的透明程度。True（1）表示为任何的非透明像素建立可见的阴影；False（0）表示为透明的像素部分建立透明效果

制作步骤

01 执行"文件→打开"菜单命令，打开页面"光盘\源文件\第9章\实例79.html"，如图9-39所示。转换到代码视图中，可以看到该页面的代码，如图9-40所示。

图9-39 页面效果

```
<body>
<div id="top">
  <div id="top-main">
    <div id="logo"><img src="images/7903.png"
width="134" height="46" /></div>
    <div id="menu">我们的作品<span>|</span>我们的服务
<span>|</span>我们是谁？<span>|</span>新闻公告<span>|</span>
</span>联系我们<span>|</span>与好友分享</div>
  </div>
</div>
<div id="pic"><img src="images/7904.png" width=
"990" height="435" /></div>
</body>
```

图9-40 页面代码

02 转换到外部CSS样式表9-79.css文件中，可以看到名为#pic的CSS样式，如图9-41所示。在该样式中添加相应的滤镜代码，如图9-42所示。

```
#pic {
    width: 100%;
    height: 500px;
    margin-top: 10px;
    text-align: center;
}
```

图9-41 CSS样式代码

```
#pic {
    width: 100%;
    height: 500px;
    margin-top: 10px;
    text-align: center;
    filter: dropshadow(color=#F4F4F4,
                       offx=10,
                       offy=10,
                       positive=1);
}
```

图9-42 添加CSS代码

03 保存页面。在浏览器中预览该页面，应用DropShadow滤镜之前的效果如图9-43所示，应用DropShadow滤镜之后的效果如图9-44所示。

图9-43 应用DropShadow滤镜前

图9-44 应用DropShadow滤镜后

04 返回外部CSS样式表9-79.css文件中，修改名为#pic的CSS样式代码，如图9-45所示。保存外部样式表文件，在浏览器中预览页面，页面效果如图9-46所示。

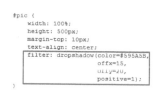
图9-45 CSS样式代码

图9-46 应用DropShadow滤镜后

> **提示**
>
> 如果为 DropShadow 滤镜设置的颜色是简写的十六进制颜色格式（如 #CCC），则滤镜的颜色不会发生变化，而且为对象添加的其他滤镜也不会产生相应的效果。

Q 如何使用Shadow滤镜？

A Shadow滤镜可以为指定对象添加阴影效果，其工作原理是建立一个偏移量，并为其加上颜色。

Shadow滤镜的语法如下：

.shadow{

　　filter: shdow (Color=?,Direction=?);}

Shadow滤镜的相关属性说明如表9-7所示。

表9-7 Shadow滤镜属性

属　　　性	说　　明
Color	设置投影的颜色
Direction	设定投影的方向，有8种数值代表8种方向，取值范围为0°~360°。当取值为0代表向上，45为右上，90为右，135为右下，180为下方，225为左下方，270为左方，315为左上方

Q 如何使用Wave滤镜？

A Wave滤镜可以为对象添加垂直向上的波浪效果，同时也可以把对象按照垂直方向的波浪效果打乱，从而达到一种特殊的效果。

Wave滤镜的语法如下：

.wave{

   filter: wave (Add=?, Frep=?, LightStrength=?, Phase=?, Strength=?);}

Wave滤镜的相关属性说明如表9-8所示：

表9-8　Wave滤镜属性

属　　性	说　　明
Add	该值为布尔值，表示是否在指定对象上显示效果。Ture表示显示，False表示不显示
Freq	设置生成波纹的频率，指定在对象上一共产生了多少个完整的波纹条数
LightStrength	设置所生成波纹效果的光照强度，其值为整数型，取值范围为0～100
Phase	用于设置正弦波开始的偏移量，取百分比值为0～100，默认值为0。若取值为25，就代表正弦波的偏移量为90；取值为50，就代表正弦波的偏移量为180
Strength	代表波纹振幅的大小

第 **10** 章

CSS与其他语言
综合运用

CSS样式不仅可以对HTML页面进行美化和控制，同样可以对其他语言
编写的页面内容进行控制，从而清楚地认识到CSS样式的强大功能。本
章就带领读者学习CSS样式分别与XML和JavaScript的综合运用。

XML（Extensible Markup Language，可扩展标记语言）是一种可以
用来创建自定义标签的语言。XML结合了SGML和HTML的优点并消除
了其缺点，从实现功能上来看，XML主要用于数据的存储，而HTML主
要用于数据的显示。

JavaScript和CSS样式一样，都是可以在客户端浏览器上解析并执行的
脚本语言，不同的是JavaScript是类似C++和Java等基于对象的语言。
通过JavaScript与CSS相配合，可以实现很多动态的页面效果。

实例 080 XML与CSS——制作学生信息管理页面

XML关心的是数据的结构，并能很好地描述数据，但它不提供数据的显示功能。因此，浏览器不能直接显示XML文件中标记的文本内容。如果想让浏览器显示XML文件中标记的文本内容，那么必须以某种方式告诉浏览器该如何显示。W3C为XML数据显示发布了两个建议规范：CSS和XSL（可扩展样式语言）。本章主要介绍CSS样式与XML文档的结合应用。

- **源 文 件** | 光盘\源文件\第10章\实例80.xml
- **视　　频** | 光盘\视频\第10章\实例80.swf
- **知 识 点** | 编写XML文档、XML链接CSS
- **学习时间** | 20分钟

实例分析

本实例制作一个学生信息管理页面，首先使用XML编写学生信息，通过CSS样式对XML中的标签样式进行设置，再将外部的CSS样式表文件链接到XML文件中，为XML文件应用CSS样式，从而使XML文件在网页中显示的效果更加美观，页面的最终效果如图10-1所示。

图10-1 最终效果

知识点链接

在XML文件中链接外部CSS样式有两种方法：一种是使用xml:stylesheet指令，另一种是使用@import指令。

1. 使用xml:stylesheet指令

使用xml:stylesheet指令链接外部的CSS样式文件的代码如下：

`<?xml:stylesheet type="text/css" href="url"?>`

其中，"`<?xml:stylesheet?>`"是处理指令，用于告诉解析器XML文档显示时应用了CSS样式表。"`<?xml:stylesheet?>`"中的冒号（:）可以替换为短划线（-），即"`<?xml-stylesheet?>`"；type用于批定样式表文件的格式，CSS样式表使用"text/css"，XSL样式使用"text/xsl"；href用于指定使用的样式表的URL，该URL可以是本地路径或是基于Web服务器的相对路径或绝对路径。注意：应用样式表的处理指令只能放在XML文档的声明之后。

2. 使用@import指令

@import指令用于在CSS文档中引用保存于其他独立文档中的样式表，使用格式如下：

`@import url(URL);`

其中，URL是被引用的CSS样式表的地址，可以是本地或网络上的文件的绝对或相对路径。@import指令在使用时必须注意以下几点。

- @import指令必须放置在CSS文件的开头，即@import url指令的前面不允许出现其他的规则。
- 如果被引用的样式表中的样式与引用者的样式冲突，则引用者中的样式优先。

● @import指令末尾的分号（；）不能缺少。

┤ 制作步骤 ├

01 执行"文件→新建"菜单命令，弹出"新建文档"对话框，选择XML选项，如图10-2所示，单击"创建"按钮，就可以创建一个XML文档。执行"文件→保存"菜单命令，将文件保存为"光盘\源文件\第10章\实例80.xml"，图10-3所示为新建的空白XML文档。

图10-2 "新建文档"对话框　　　　　　图10-3 新建空白XML文档

02 在该XML文档中编写学生信息内容，所编写的XML代码如下。

```
<?xml version="1.0" encoding="utf-8"?>
<xueshengxinxi>
 <xuesheng>
  <banji-title>电子商务</banji-title>
  <xuesheng-list>王雪 |1992-12-16 |总分590|安徽宣城 </xuesheng-list>
  <xuesheng-list>程宁 |1992-08-24 |总分560|江苏南京 </xuesheng-list>
  <xuesheng-list>王叶 |1991-11-23 |总分555|北京 </xuesheng-list>
 </xuesheng>
 <xuesheng >
  <banji-title>平面设计</banji-title>
  <xuesheng-list>张月 |1991-05-13 |总分600|上海 </xuesheng-list>
  <xuesheng-list>陈琳 |1990-06-08 |总分596|浙江杭州 </xuesheng-list>
  <xuesheng-list>刘启 |1990-12-25 |总分568|北京 </xuesheng-list>
 </xuesheng>
 <xuesheng>
  <banji-title>网页设计</banji-title>
  <xuesheng-list>杜峰 |1991-03-24 |总分621|北京 </xuesheng-list>
  <xuesheng-list>王烁 |1990-05-16 |总分596|安徽宣城</xuesheng-list>
  <xuesheng-list>刘启 |1991-12-25 |总分588|北京 </xuesheng-list>
 </xuesheng>
</xueshengxinxi>
```

03 直接在浏览器中预览该XML页面，该XML页面的显示效果如图10-4所示。执行"文件→新建"菜单命令，弹出"新建文档"对话框，新建一个CSS样式表文件，如图10-5所示，并将该文件保存为"光盘\源文件\第10章\style\10-80.css"。

图10-4 在浏览器中预览XML文档效果　　　　图10-5 新建CSS样式表文件

04 返回XML页面中，添加链接外部CSS样式表的代码，如图10-6所示。在浏览器中预览该XML文件，发现页面内容已经发生了变化，如图10-7所示。

图10-6 链接外部CSS样式表文件1　　　　图10-7 预览XML文件效果

> **提示**
>
> 通过以上可以发现，当 XML 文档没有链接 CSS 样式文件时，在浏览器中预览 XML 文件时将显示该 XML 文档源代码，当为该 XML 文件创建 CSS 样式并将该 CSS 样式链接到 XML 文档后，不管该 CSS 样式文件中是否有内容，都将只显示该 XML 文档中的内容部分，而不显示 XML 源代码。

05 在CSS样式表文件中对XML中的标签设置相应的CSS样式，总体的设置方法与在HTML中的方法完全一样，只不过这里不再是HTML标签，而是用户在XML中自定义的标签。在10-80.css文件中设置的CSS样式代码如下。

```
/*学生信息文本显示的字体名称，字体大小，背景图像*/
xueshengxinxi {
        width: 384px;
        height: 356px;
        background-image: url(../images/8001.gif);
        background-repeat: no-repeat;
        padding: 10px;
        font-family: 宋体;
        font-size: 12px;
        color: #645C54;
        line-height: 25px;
}
/*班级名称单独一行*/
banji-title {
        display: block;
```

```
        width: 364px;
        height: 37px;
        background-image: url(../images/8002.gif);
        background-repeat: no-repeat;
        color: #5F3C00;
        font-weight: bold;
        line-height: 37px;
        padding-left: 14px;
}
/*学生信息列表显示，为每条课程信息前添加小图标*/
xuesheng-list {
        display: block;
        background-image: url(../images/8003.gif);
        background-repeat: no-repeat;
        background-position: 15 center;
        padding-left: 30px;
        line-height: 25px;
}
```

06 完成CSS样式的设置，在浏览器中预览XML文档，可以看到该文档的显示效果，如图10-8所示。

图10-8 预览XML文件效果

Q XML与HTML的区别是什么？

A XML可以很好地描述数据的结构，有效地分离数据的结构和表示，可以作为数据交换的标准格式。而HTML是用来编写Web页面的语言，HTML把数据和数据的显示外观捆绑在一起，如果只想使用数据而不需要显示外观，可以想象，将数据和外观分离是多么的困难。HTML不允许用户自定义标记，目前的HTML大约有100多个标记。HTML不能体现数据的结构，只能描述数据的显示格式。

从某种意义上说，XML能比HTML提供更大的灵活性，但是它却不可能代替HTML语言。实际上，XML和HTML能够很好地在一起工作。XML与HTML的主要区别就在于XML是用来存储数据的，在设计XML时它就被用来描述数据，其重点在于什么是数据，如何存储数据。而HTML是被设计用来显示数据的，其重点在于如何显示数据。

Q 什么是XML文档声明？

A XML中规定，每个文档都必须以XML声明开头。其中包括声明XML的版本及所使用的字符集等信息。

XML声明是处理指令的一种，处理指令比较复杂，XML声明相对简单一些，形象地说，它的作用就是告诉XML处理程序："下面这个文档是按照XML文档的标准对数据进行置换。"

一个XML文档的声明格式如下：

`<?xml version="1.0" encoding="utf-8" standalone="yes"?>`

注意，在XML文档的前面不允许再有任何其他的字符，甚至是空格，也就是说XML声明必须是XML文档中的第一个内容。

实例 081 使用CSS实现XML中特殊效果——隔行变色的信息列表

通过CSS样式可以对HTML中的<table>等相关的表格元素进行控制，从而实现各种各样的表格效果。对于使用XML表示的数据，同样可以采用类似的方法，使数据表格看上去更友好、更实用。

- **源 文 件** | 光盘\源文件\第10章\实例81.htmll
- **视   频** | 光盘\视频\第10章\实例81.swf
- **知 识 点** | 使用CSS样式控制XML页面
- **学习时间** | 20分钟

▌ 实例分析 ▐

本实例制作一个音乐信息列表，首先使用XML编写出音乐信息列中的数据，接着创建外部的CSS样式表文件，在该文本中编写CSS样式对XML文档中的标签进行控制，最终完成该音乐信息列表的制作，页面的最终效果如图10-9所示。 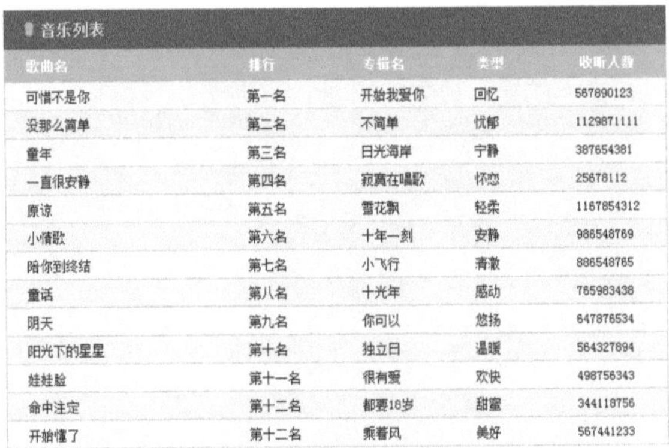

音乐列表				
歌曲名	排行	专辑名	类型	收听人数
可惜不是你	第一名	开始我爱你	回忆	567890123
没那么简单	第二名	不简单	忧郁	1129871111
童年	第三名	日光海岸	宁静	387654381
一直很安静	第四名	箱萬在唱歌	怀恋	25878112
原谅	第五名	雪花飘	轻柔	1167854312
小情歌	第六名	十年一刻	安静	986548769
哈你到缠结	第七名	小飞行	青敷	886548785
童话	第八名	十光年	感动	765983438
明天	第九名	你可以	悠扬	647876534
阳光下的星星	第十名	独立日	温暖	56432T894
娃娃脸	第十一名	很有爱	欢快	498756343
命中注定	第十二名	都要18岁	甜蜜	344118756
开始懂了	第十二名	乘着风	美好	567441233

图10-9 最终效果

▌ 知识点链接 ▐

处理指令是用来给处理XML文档的应用程序提供信息的。也就是说，XML分析器可能对它并不感兴趣，而把这些信息原封不动地传递给应用程序，然后由这个应用程序来解释这个指令，遵照它所提供的信息进行处理，或者再把它原封不动地传给下一个应用程序。而XML声明是一个处理指令的特例。

XML中处理指令的格式如下：

`<?处理指令名 处理指令信息?>`

由于XML声明的处理指令名是xml，因此其他处理指令名不能再用xml。

▌ 制作步骤 ▐

01 执行"文件→新建"菜单命令，弹出"新建文档"对话框，选择XML选项，如图10-10所示，单击"创建"按钮，创建一个XML文档。执行"文件→保存"菜单命令，将该文件保存为"光盘\源文件\第10章\实例81.xml"，如图10-11所示。

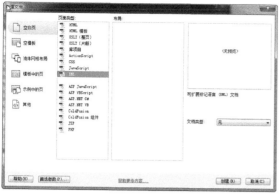

图10-10 "新建文档"对话框

图10-11 "另存为"对话框

02 在XML文档中编写数据列表内容，XML文档代码如下。

```xml
<?xml version="1.0" encoding="utf-8"?>
<list>
 <caption>音乐列表</caption>
 <title>
  <lname>歌曲名</lname>
        <level>排行</level>
        <zjname>专辑名</zjname>
        <lx>类型</lx>
        <number>收听人数</number>
</title>
<music>
  ……
</music>
  ……
<music>
        <lname>小情歌</lname>
        <level>第六名</level>
        <zjnamc>十年一刻</zjname>
        <lx>安静</lx>
        <number>986548769</number>
</music>
<music class="altrow">
 <lname>陪你到终结</lname>
        <level>第七名</level>
        <zjname>小飞行</zjname>
        <lx>清澈</lx>
        <number>886548765</number>
</music>
<music>
 ……
</music>
 ……
```

</list>

03 在浏览器中预览该XML页面，可以看到该XML页面的效果，如图10-12所示。执行“文件→新建”菜单命令，弹出“新建文档”对话框，新建一个外部CSS样式表文件，如图10-13所示，将该文本保存为“光盘\源文件\第10章style\10-81.css”。

图10-12 在浏览器中预览XML文档

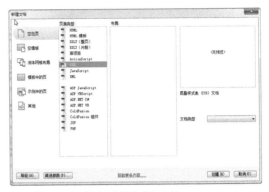

图10-13 新建CSS样式表文件

04 在10-81.css文件中创建list的CSS样式，对整个<list>数据列表进行整体的绝对定位，并适当地调整位置、文字大小和字体等，CSS样式代码如图10-14所示。返回实例81.xml页面中，添加链接外部CSS样式表的代码，如图10-15所示。

```
@charset "utf-8";
/* CSS Document */
list {
    font-family: 宋体;
    font-size: 12px;
    position: absolute;
    top: 0px;
    left: 0px;
    padding: 4px;
}
```

图10-14 CSS样式代码

图10-15 添加链接外部CSS样式代码

05 在浏览器中预览该XML页面，可以看到该XML页面的效果，如图10-16所示。转换到10-81.css文件中，创建相应的CSS样式，将各个行都设置为块，代码如图10-17所示。

图10-16 在浏览器中预览XML页面

```
caption {
    display: block;/*块元素*/
}
title {
    display: block;/*块元素*/
}
music {
    display: block;/*块元素*/
}
```

图10-17 CSS样式代码

提示

在预览页面中可以看到数据紧密地堆砌在一起，原因在于 XML 的数据默认都不是块元素，而是行内元素。通过 CSS 样式的设置，可以将行内元素转换为块元素。

06 在浏览器中预览该XML页面，可以看到该XML页面的效果，如图10-18所示。转换到10-81.css文件中，创建相应的CSS样式，为各条数据加入相应的颜色和空隙等属性，代码如图10-19所示。

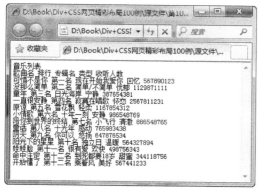

图10-18　在浏览器中预览XML页面

```
caption {
    display: block;/*块元素*/
    background-color: #069;
    background-image:url(../images/8004.gif);
    background-repeat: no-repeat;
    background-position: 20px center;
    font-size: 14px;
    font-weight: bold;
    color: #9FF;
    line-height: 36px;
    padding-left: 35px;
}
title {
    display: block;/*块元素*/
    background-color:#0DD;   /*背景颜色*/
    border: 1px solid #0CF;  /*边框*/
    margin-bottom: -1px;     /*解决边框重叠的问题*/
    font-weight: bold;
    color: #FFF;
    line-height: 29px;
}
music {
    display: block;/*块元素*/
    background-color:#ECFFFF;  /*背景颜色*/
    border: 1px solid #9CF;    /*边框*/
    margin-bottom: -1px;       /*解决边框重叠的问题*/
    color: #3F3F3F;
    line-height: 25px;
}
```

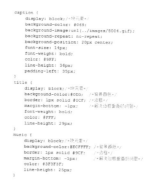

图10-19　CSS样式代码

07 在浏览器中预览该XML页面，可以看到XML页面的效果，如图10-20所示。转换到10-81.css文件中，需要通过CSS样式实现隔行变色的效果，创建CSS样式，如图10-21所示。

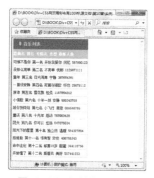

图10-20　在浏览器中预览XML页面

```
music.altrow {
    background-color: #DFFFFF;
}
```

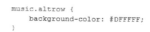

图10-21　CSS样式代码

08 在浏览器中预览该XML页面，可以看到页面中数据行的背景颜色隔行变色的效果，如图10-22所示。转换到10-81.css文件中，添加相应的CSS样式设置，对各个元素分别进行控制，如图10-23所示。

09 完成CSS样式的设置，返回XML文档中，在浏览器中预览该XML文档，可以看到该XML页面的效果，如图10-24所示。

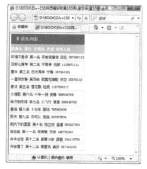

图10-22　在浏览器中预览XML页面

```
lname,level,zjname,lx,number {
    padding: 0px 20px 0px 20px;
}
lname {width: 200px;}
level {width: 100px;}
zjname {width: 100px;}
lx {width: 90px;}
number {width: 100px;}
```

图10-23　CSS样式代码

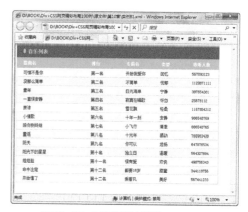

图10-24　在浏览器中预览XML页面

提示

Firefox 等一些浏览器并不支持 XML 文件中行内元素的 width 属性，也不支持 CSS 常用的属性覆盖方式，即“music.altrow”的样式风格不能覆盖 music 的样式风格，因此在这些浏览器中显示的效果并不理想。

Q 在XML中自定义的标记名称应该符合哪些规则?

A 在XML中自定义的标记名称应该符合以下规则。

1. 必须以英文名称或中文名称或者下划线"_"开头。

2. 在使用默认编码集的情况下，名称可以由英文字母、数字、下划线"_"、连字符"-"和点号"."构成。在指定了编码集的情况下，则名称中除了上述字符外，还可以出现该字符集中的合法字符。

3. 名称中不能含有空格。

4. 名称中含有英文字母时，对大小写是敏感的。

Q 怎样才是一个有效的XML文档?

A 如果一个XML文档与一个文档类型定义（DTD）相关联，而该XML文档要符合DTD的各种规则，那么称这个XML文档是有效的。注意：DTD对于XML文档来说并不是必须的，但XML文档要由DTD来保证其有效性。所以要保证XML文档的有效性就必须在XML文档中引入DTD，而且有DTD的XML文档会使XML文档让人读起来容易些，也让人容易找出文档中的错误。

实例 082 在HTML页面中调用XML数据——制作摄影图片网页

HTML很难进一步发展，是因为它的格式、超文本和图形用户界面语义混合，要同时发展这些混合在一起的功能是很困难的。而XML提供了一种结构化的数据表示方式，使得用户界面分离于结构化数据。所以，Web用户所追求的许多先进功能在XML环境下更容易实现。

● **源 文 件** | 光盘\源文件\第10章\实例82.html

● **视　频** | 光盘\视频\第10章\实例82.swf

● **知 识 点** | XML标签、调用XML文件数据

● **学习时间** | 30分钟

实例分析

本实例制作一个摄影图片网站页面，在该网站页面的制作过程中，通过HTML页面调用XML文件中的数据实现数据与显示的相互分离。首先使用Div+CSS布局方式制作出HTML页面，接着编写XML文档，最后在HTML页面中添加相应的代码读取XML文件中的数据，最终完成HTML页面的制作和数据的显示，页面的最终效果如图10-25所示。

图10-25 最终效果

知识点链接

元素是XML文档内容的基本单元。元素相当于放置XML文档内容的容器。在XML文档中，所有的"内容"都必须被各种各样、大大小小的容器封装起来，然后在容器上贴上对所放置内容进行说明的标记。这些容器连同容器上的标签和容器中所放置的具体内容表示出文档的意义和逻辑结构。当然，这种对于意义和逻辑结构的表示是否准确、清晰，分解得正确与否、标签标示的贴切与否有直接的关系。从语法上说，一个元素包含一个起始标签、一个结束标签及标签之间的数据内容，其形式如下：

<标签>数据内容</标签>

标签是编写XML文档必须用到的，在HTML中所使用的标签都是已经定义好的，有各自固定的格式。而在XML中，没有一个固定的标签，可以按自己的需要来定义和使用标签，标签把XML文件与纯文本内容分开。

─┤ 制作步骤 ├─

01 执行"文件→打开"菜单命令，打开页面"光盘\源文件\第10章\实例82.html"，页面效果如图10-26所示。光标移至名为menu的Div中，将多余文字删除并输入相应的文字，效果如图10-27所示。

图10-26 打开页面

图10-27 输入文字

02 转换到代码视图中，为刚刚输入的菜单项文字添加相应的项目列表标签，如图10-28所示。返回设计视图中，为各菜单项设置空链接，效果如图10-29所示。

```
<div id="menu">
  <ul>
    <li>菜单1</li>
    <li>菜单2</li>
    <li>菜单3</li>
    <li>菜单4</li>
    <li>菜单5</li>
  </ul>
</div>
```

图10-28 添加项目列表标签

图10-29 为各菜单项设置空链接

提示

此处的菜单项文字内容需要从 XML 文件中读取，所以此处可以先用其他的文字代替，最后再用相应的字段代替 XML 文件中读取出来的内容，以实现数据与显示的分离。

03 转换到该文件所链接的外部CSS样式表文件中，创建名为#menu li的CSS规则，如图10-30所示，返回页面设计视图中，效果如图10-31所示。

```
#menu li {
    list-style-type: none;
    width: 225px;
    height: 38px;
    line-height: 38px;
    margin-bottom: 10px;
}
```

图10-30 CSS样式代码

图10-31 页面效果

04 转换到外部CSS样式表文件中，创建相应的CSS
样式，如图10-32所示，返回页面设计视图中，效果
如图10-33所示。

```
#menu li a {
    display: block;
    width: 185px;
    height: 30px;
    font-weight: bold;
    padding-left: 40px;
}
#menu li a:link,#menu li a:visited {
    color: #999;
    text-decoration: none;
}
#menu li a:hover,#menu li a:active {
    color: #F60;
    text-decoration: none;
    background-image: url(../images/8203.png);
    background-repeat: no-repeat;
}
```

图10-32 CSS样式代码

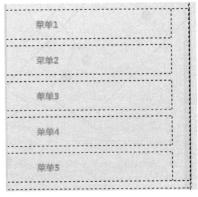

图10-33 页面效果

05 转换到外部CSS样式表文件中，创建名为.link01的
类CSS样式，如图10-34所示。返回页面设计视图
中，选中"菜单1"文字，为其应用刚创建的link01样
式，效果如图10-35所示。

```
.link01 {
    background-image: url(../images/8203.png);
    background-repeat: no-repeat;
}
```

图10-34 CSS样式代码

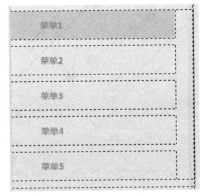

图10-35 页面效果

06 保存页面，单击文档工具栏上的"实时视图"按钮，可以在实时视图中看到菜单部分的效果，如图10-36所
示。返回设计视图中，光标移至名为main的Div中，将多余文字删除，在该Div中插入名为pic1的Div，如图
10-37所示。

图10-36 预览导航菜单效果

图10-37 页面效果

07 转换到外部CSS样式表文件中，创建名为#pic1的
CSS样式，如图10-38所示，返回页面设计视图中，
页面效果如图10-39所示。

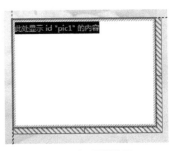

```
#pic1 {
    width: 230px;
    height: 170px;
    padding: 5px;
    background-color: #FFF;
    margin-right: 10px;
    margin-bottom: 10px;
    float: left;
}
```

图10-38 CSS样式代码

图10-39 页面效果

08 切换到代码视图中，将名为pic1的Div中多余文本内容删除，并添加一个图像标签代码，如图10-40所示。同样，此处的图像地址也需要从XML文件中读取。返回到页面设计视图中，可以看到该部分的效果，如图10-41所示。

```
<div id="main">
  <div id="pic1"><img src="" width="230" height="170" /></div>
</div>
```

图10-40 添加图像标签代码　　　　　　　　　　图10-41 页面效果

09 使用相同的方法，可以在名为pic1的Div之后插入名为pic2至名为pic9的Div，并分别定义各Div的CSS样式，页面效果如图10-42所示。转换到代码视图中，在各Div中添加图像标签代码，返回设计视图中，页面效果如图10-43所示。

10 完成该HTML页面的制作，执行"文件→保存"菜单命令，保存页面，并保存外部CSS样式表文件。在浏览器中预览该页面，效果如图10-44所示。

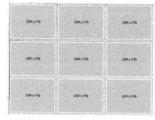

图10-42 页面效果　　　　　　图10-43 页面效果　　　　图10-44 在浏览器中预览页面效果

11 执行"文件→新建"菜单命令，弹出"新建文档"对话框，选择XML选项，如图10-45所示。单击"创建"按钮，新建一个XML文件，将该文件保存为"光盘\源文件\第10章\实例82.xml"，效果如图10-46所示。

图10-45 "新建文档"对话框　　　　　　图10-46 创建XML页面

12 编写该XML文件，在XML文件中设置各部分数据的信息，代码如下。

```
<?xml version="1.0" encoding="utf-8"?>
<info>
<menu1>网站首页</menu1>
<menu2>关于我们</menu2>
<menu3>摄影作品</menu3>
<menu4>经验分享</menu4>
<menu5>联系我们</menu5>
<item item_url="images/photo1.jpg" />
<item item_url="images/photo2.jpg" />
<item item_url="images/photo3.jpg" />
<item item_url="images/photo4.jpg" />
```

```
    <item item_url="images/photo5.jpg" />
    <item item_url="images/photo6.jpg" />
    <item item_url="images/photo7.jpg" />
    <item item_url="images/photo8.jpg" />
    <item item_url="images/photo9.jpg" />
</info>
```

13 完成该XML文件的编写，保存文件，在浏览器中预览
该XML文件，效果如图10-47所示。

图10-47 预览XML文件效果

14 返回HTML页面中，转换到代码视图，在<head>与</head>标签之间添加如下的JavaScript代码。

```
<script language="javascript">
  function window_onload(){
    var xmlDoc = new ActiveXObject("Microsoft.XMLDOM");
    xmlDoc.async = false;
    xmlDoc.load("实例82.xml");      //调用XML文件
    var nodes = xmlDoc.documentElement.childNodes;
    menu1.innerText = nodes.item[0].text;
    menu2.innerText = nodes.item[1].text;
    menu3.innerText = nodes.item[2].text;
    menu4.innerText = nodes.item[3].text;
    menu5.innerText = nodes.item[4].text;
    var nodes = xmlDoc.selectNodes("info//item");
    $("photo1").src = nodes[0].attributes[0].value;
    $("photo2").src = nodes[1].attributes[0].value;
    $("photo3").src = nodes[2].attributes[0].value;
    $("photo4").src = nodes[3].attributes[0].value;
    $("photo5").src = nodes[4].attributes[0].value;
    $("photo6").src = nodes[5].attributes[0].value;
    $("photo7").src = nodes[6].attributes[0].value;
    $("photo8").src = nodes[7].attributes[0].value;
    $("photo9").src = nodes[8].attributes[0].value;
  }
  function $(id){
    return document.getElementById(id);
  }
</script>
```

15 在HTML页面中的<body>标签中添加如下代码。

<body onload="window_onload()">

16 在HTML页面中显示菜单项的相应位置，将文字替换为相应的代码，如图10-48所示。在页面中需要读取图片的位置，添加相应的代码，如图10-49所示。

17 完成从XML文件读取数据，保存HTML页面，在浏览器中预览该页面，效果如图10-50所示。

```
<div id="menu">
  <ul>
    <li><a href="#" class="link01"><span id="menu1"></span></a></li>
    <li><a href="#"><span id="menu2"></span></a></li>
    <li><a href="#"><span id="menu3"></span></a></li>
    <li><a href="#"><span id="menu4"></span></a></li>
    <li><a href="#"><span id="menu5"></span></a></li>
  </ul>
</div>
```

图10-48 添加相应的代码

```
<div id="main">
  <div id="pic1"><img src="" width="230" height="170" id="photo1" /></div>
  <div id="pic2"><img src="" width="230" height="170" id="photo2" /></div>
  <div id="pic3"><img src="" width="230" height="170" id="photo3" /></div>
  <div id="pic4"><img src="" width="230" height="170" id="photo4" /></div>
  <div id="pic5"><img src="" width="230" height="170" id="photo5" /></div>
  <div id="pic6"><img src="" width="230" height="170" id="photo6" /></div>
  <div id="pic7"><img src="" width="230" height="170" id="photo7" /></div>
  <div id="pic8"><img src="" width="230" height="170" id="photo8" /></div>
  <div id="pic9"><img src="" width="230" height="170" id="photo9" /></div>
</div>
```

图10-49 添加相应的代码

图10-50 预览页面效果

Q XML标签与HTML标签有什么不同？

A XML与HTML不同，HTML中有些标记并不需要关闭（即不一定有结束标记），有些语法上要求有半闭标记的即使漏了半闭标记，浏览器也能照常处理。而在XML中，每个标记必须保证严格的关闭。关闭标记的名称与打开标记的名称必须相同，其名称前加上"/"。由于XML对大小写敏感，在关闭标记时注意不要使用错误的标记。

Q XML标签中可以设置属性吗？如何设置？

A HTML中用属性来精确地控制网页的显示方式，与标签一样，这些属性都是预先定义好的。在XML中使用属性就自由多了，用户可以自定义所需要的标签属性。在开始标签与空标签中可以有选择地包含属性，属性会代表引入标签的数据。可以使用一个属性以存储关于该元素的多个数据。

属性是元素的可选组成部分，其作用是对元素及其内容的附加信息进行描述，由"="分割开的属性名和属性值构成。在XML中，所有的属性必须用引号括起来，这一点与HTML有所区别。其形式如下所示：

<标签名 属性名="属性值", 属性名="属性值",… …>内容</标记名>

例如：

<价格 货币类型="RMB">4000</价格>

对丁空元素，其使用形式如下：

<标签名 属性名="属性值", 属性名="属性值",…/>

例如：

<矩形 Width="400" Height="200"/>

一般来说，具有描述性特征，不需要显示出来的都可以通过属性来表示，属性的命名规则与标签名称的命名规则相似。

实例 083 使用JavaScript实现可选择字体大小——制作新闻页面

可选择字体大小的效果一般在一些新闻类网页的正文页面中经常用到，通过单击页面中"大"、"中"、"小"链接即可实现页面中正文文字大小的切换，该效果我们可以通过JavaScript轻轻松松的去实现。

● **源 文 件** | 光盘\源文件\第10章\实例83.html

● **视　　频** | 光盘\视频\第10章\实例83.swf

● **知 识 点** | 在HTML中嵌入JavaScript脚本

● **学习时间** | 15分钟

实例分析

　　本实例制作一个新闻页面，通常新闻显示页面中都有大段的新闻文字内容，目前很多新闻网站中都会采用可选择字体大小的功能，通过单击相应的链接即可实现调整正文内容的字体大小的效果，以满足不同用户的需求，页面的最终效果如图10-51所示。

图10-51 最终效果

知识点链接

　　在HTML文档中使用JavaScript有两种方法，一种是使用<Script>标签将JavaScript程序代码嵌入到HTML文档中，另一种方法是将JavaScript文件单独保存为一个.js文件，在HTML文档中链接外部的js文件。

　　1. 嵌入JavaScript代码

　　如果在HTML文件中嵌入JavaScript代码，需要在<head>与<head>标签之间嵌入一个<Script>标签，嵌入JavaScript代码的格式如下：

```
<script language="javascript">
 Javascript脚本代码部分
</script>
```

　　该代码表示在HTML文档中嵌入一段脚本程序，脚本程序语言为JavaScript，在<script>与</script>标签之间的为脚本程序代码。

　　2. 链接外部JavaScript文件

　　如果要链接外部的JavaScript文件，需要将JavaScript脚本程序保存为外部的一个独立文件，然后在HTML页面中使用<script>标签将外部JavaScript文件链接到HTML页面中。链接外部JavaScript文件的格式如下：

```
<script src="****.js"></script>
```

制作步骤

01 执行"文件→打开"菜单命令，打开页面"光盘\源文件\第10章\实例83.html"，页面效果如图10-52所示。

图10-52 打开页面

02 转换到代码视图，在<head>与</head>标签之间加入如下的JavaScript代码。

```
<script type="text/javascript">
```

```
function docontent(size) {
    var content = document.all ? document.all['text'] : document.getElementById('text');
    content.style.fontSize = size + 'px';
}
</script>
```

03 在代码视图中，为设置字体大小链接的超链接设置脚本链接，代码如图10-53所示。

```
<div id="list">请选择字体大小: <a href="javascript:docontent(12)">小</a> |
    <a href="javascript:docontent(14)">中</a> | <a href=
"javascript:docontent(16)">大</a></div>
```

图10-53　设置脚本链接代码

> **提示**
>
> 该段 JavaScript 代码是用来定义一个函数接收传递来的字体大小参数，能够将指定 id 名称的元素中的文字大小修改为接收到的参数的大小。例如，在该页面中添加的 JavaScript 代码中是将页面中 ID 名为 text 的 Div 中的字体大小属性进行重新设置。

04 转换到该文件所链接的外部CSS样式表文件中，创建名为.link01的类CSS样式的4种伪类，如图10-54所示。返回设计视图中，分别选择刚设置了链接的文字，并分别应用类CSS样式link01，效果如图10-55所示。

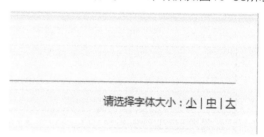

```
.link01:link,.link01:visited {
    color: #393346;
    text-decoration: underline;
}
.link01:hover,.link01:active {
    color: #FFAC0B;
    text-decoration: none;
}
```

图10-54　CSS样式代码

请选择字体大小：小 | 中 | 大

图10-55　页面效果

05 执行"文件→保存"菜单命令，保存页面，并且保存外部CSS样式表文件。在浏览器中预览页面，单击不同的文字大小链接，即可改变页面中正文的字体大小，如图10-56所示。

 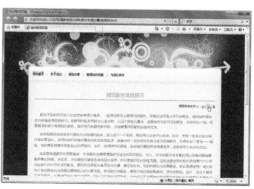

图10-56　在浏览器中预览并测试JavaScript效果

Q 什么是JavaScript?

A JavaScript最早是由Nelscape公司开发出来的一种跨平台的、面向对象的脚本语言。最初这种脚本语言只能在Netscape浏览器中使用，目前几乎所有的浏览器都支持JavaScript。

JavaScript是对ECMA262语言规范的一种实现，是一种基于对象和事件驱动并具有安全性能的脚本语言。它与HTML超文本标记语言、Java脚本语言一起实现在一个Web页面中链接多个对象，与Web客户端进行交互，从而可以开发客户端的应用程序。它是通过嵌入到标准的HTML语言中实现的，弥补了HTML语言的缺陷。

Q JavaScript具有哪些特点?

A JavaScript作为可以直接在客户端浏览器上运行的脚本程序，有着自身独特的功能和特点，具体归纳如下。

- 简单性

  avaScript是一种脚本编写语言，它采用小程序段的方式实现编程，像其他脚本语言一样，JavaScript同样是一种解释性语言，它提供了一个简易的开发过程。

- 动态性

  相对于HTML语言和CSS语言的静态而言，JavaScript是动态的，它可以直接对用 户或客户输入做出响应，无须经过Web服务程序。

- 跨平台性

  JavaScript是依赖于浏览器本身，与操作环境无关的脚本语言。只要能运行浏览器，且浏览器支持JavaScript的计算机就可以正确执行它。

- 安全性

  JavaScript被设计为通过浏览器来处理并显示信息，但它不能修改其他文件中的内容。

实例 084 使用JavaScript实现图像滑动切换——制作图像页面

如果一个网页界面能够展示图像的空间很有限，那么我们便可以通过使用滑动切换的方式将较多的图像全部展示在浏览者面前，并且还能够为网页界面增加动态的视觉效果，本实例就通过使用JavaScript脚本实现网页中图像滑动切换的效果。

- **源 文 件** | 光盘\源文件\第10章\实例84.html
- **视　　 频** | 光盘\视频\第10章\实例84.swf
- **知 识 点** | CSS样式与JavaScript
- **学习时间** | 15分钟

实例分析

在网站中常常可以看到图像的动态切换效果，使用HTML语言是无法在网页中直接实现动态效果的，这就需要通过HTML与JavaScript相结合。本实例制作一个在网页中常见的图像滑动切换的效果，页面的最终效果如图10-57所示。

图10-57 最终效果

知识点链接

JavaScript与CSS样式都是可以直接在客户端浏览器解析并执行的脚本语言，CSS用于设置网页上的样式和布局，从而使网页更加美观；而JavaScript是一种脚本语言，可以直接在网页上被浏览器解释运行，可以实现许多特殊的网页效果。

通过JavaScript与CSS样式相结合可以制作出许多奇妙而实用的效果，这在本章后面的内容中将详细的进行介绍，读者也可以将JavaScript实现的各种精美效果应用到自己的页面中。

──┤ 制作步骤 ├──

01 执行"文件→打开"菜单命令，打开页面"光盘\源文件\第10章\实例84.html"，页面效果如图10-58所示。

图10-58 打开页面

02 转换到代码视图中，可以看到\<body>标签之间的页面主体内容代码，如下所示。

```
<body>
<div id="logo"><img src="images/8404.png" width="163" height="71" /></div>
<div id="swap_pic">
 <div id="prev">prev</div>

 <div id="box">
  <ul style="left: 0px;" id="pics" class="pics">
   <li>
     <p><a href="#"><img alt="" src="images/pic1.jpg" width="290" height="135"><span>精致图标</span></a></p>
     <p><a href="#"><img alt="" src="images/pic2.jpg" width="290" height="135"><span>炫彩手绘汽车</span></a></p>
     <p><a href="#"><img alt="" src="images/pic3.jpg" width="290" height="135"><span>逼真机器人</span></a></p>
   </li>
   <li>
     <p><a href="#"><img alt="" src="images/pic4.jpg" width="290" height="135"><span>图标及页面展示</span></a></p>
     <p><a href="#"><img alt="" src="images/pic5.jpg" width="290" height="135"><span>精美卡通人物图标</span></a></p>
     <p><a href="#"><img alt="" src="images/pic6.jpg" width="290" height="135"><span>变形金刚CG插画</span></a></p>
   </li>
  </ul>
 </div>
 <div id="next">next</div>
</div>
</body>
```

03 将实现图像滑动切换的JavaScript代码添加到\<body>与\</body>之间，JavaScript代码如下所示。

```
<script type="text/javascript">
function(){
        var vari={
```

```
width:960,
pics:document.getElementById（"pics"），
prev:document.getElementById（"prev"），
next:document.getElementById（"next"），
len:document.getElementById（"pics"）.getElementsByTagName（"li"）.length,
intro:document.getElementById（"pics"）.getElementsByTagName（"p"），
now:1,
step:5,
dir:null,
span:null,
span2:null,
begin:null,
begin2:null,
end2:null,
move:function(){
        if(parseInt(vari.pics.style.left,10)>vari.dir*vari.now*vari.width&&vari.dir==-1){
                vari.step=(vari.step<2)?1:(parseInt(vari.pics.style.left,10)-vari.
dir*vari.now*vari.width)/5;
                vari.pics.style.left=parseInt(vari.pics.style.left,10)+vari.dir*vari.
step+"px"；
        }
        else if(parseInt(vari.pics.style.left,10)<-vari.dir*(vari.now-2)*vari.
width&&vari.dir==1){
                vari.step=(vari.step<2)?1:(-vari.dir*(vari.now-2)*vari.width-
parseInt(vari.pics.style.left,10))/5;
                vari.pics.style.left=parseInt(vari.pics.style.left,10)+vari.dir*vari
step+"px"；
        }
        else{
                vari.now=vari.now-vari.dir;
                clearInterval(vari.begin);
                vari.begin=null;
                vari.step=5;
                vari.width=960;
        }
},
scr:function(){
        if(parseInt(vari.span.style.top,10)>-31){
                vari.span.style.top=parseInt(vari.span.style.top,10)-5+"px"；
        }
        else{
                clearInterval(vari.begin2);
                vari.begin2=null;
        }
```

```
        },
        stp:function(){
                if(parseInt(vari.span2.style.top,10)<0){
                        vari.span2.style.top=parseInt(vari.span2.style.top,10)+10+"px";
                }
            else{
                        clearInterval(vari.end2);
                        vari.end2=null;
                }
        }
};
vari.prev.onclick=function(){
        if(!vari.begin&&vari.now!=1){
                vari.dir=1;
                vari.begin=setInterval(vari.move,20);
        }
        else if(!vari.begin&&vari.now==1){
                vari.dir=-1
                vari.width*=vari.len-1;
                vari.begin=setInterval(vari.move,20);
        };
};
vari.next.onclick=function(){
        if(!vari.begin&&vari.now!=vari.len){
                vari.dir=-1;
                vari.begin=setInterval(vari.move,20);
        }
        else if(!vari.begin&&vari.now==vari.len){
                vari.dir=1
                vari.width*=vari.len-1;
                vari.begin=setInterval(vari.move,20);
        };
};
for(var i=0;i<vari.intro.length;i++){
        vari.intro[i].onmouseover=function(){
                vari.span=this.getElementsByTagName("span")[0];
                vari.span.style.top=0+"px";
                if(vari.begin2){clearInterval(vari.begin2);}
                vari.begin2=setInterval(vari.scr,20);
        };
        vari.intro[i].onmouseout=function(){
                vari.span2=this.getElementsByTagName("span")[0];
                if(vari.begin2){clearInterval(vari.begin2);}
                if(vari.end2){clearInterval(vari.end2);}
```

```
                    vari.end2=setInterval(vari.stp,5);
            };
        }
})();
</script>
```

> **提示**
>
> JavaScript 语句的写法是区分大小写的，比如函数 newCreate() 和 NewCreate() 是不一样的。在 JavaScript 程序中的 WHILE 语句应改为小写的 while，如果写为 WHILE 是错误的。

04 执行"文件→保存"菜单命令，保存页面。在浏览器中预览该页面，可以看到通过JavaScript实现的图像滑动效果，如图10-59所示。

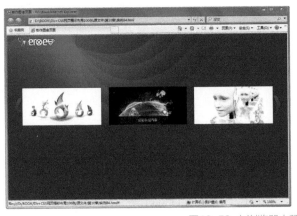 

图10-59 在浏览器中预览并测试JavaScript效果

Q 在编写JavaScript脚本的过程中需要注意什么？

A 在编写JavaScript脚本的过程中，一定要耐心、细致，要注意字符是否输入正确，大小写是否正确。双引号、单引号和逗号都要注意英文和中文的区别，以及有没有空格等，养成良好的代码编写习惯。

Q 在JavaScript中定义标识符时是不是可以使用任意的名称？

A 标识符是指JavaScript中定义的符号，用来命名变量名、函数名、数组名等。JavaScript的命名规则和Java及其他许多语言的命名规则相同，标识符可以由任意顺序的大小写字母、数字、下划线"_"和美元符号组成，但标识符不能以数字开头。

JavaScript有许多保留关键字，它们在程序中是不能被用作标识符的。

实例 085 使用JavaScript实现特效——制作动态网站相册

经常在网页中看到许多非常绚丽的图像特效，例如动态的图像相册等，在Dreamweaver中可以通过JavaScript代码加以实现。在网页中添加相应的JavaScript脚本代码，可以实现许多动态的网页特效。

- **源 文 件** | 光盘\源文件\第10章\实例85.html
- **视　　频** | 光盘\视频\第10章\实例85.swf
- **知 识 点** | JavaScript中的数据类型
- **学习时间** | 20分钟

网站相册是在网页中经常见到的一种图像展示效果，通常是通过与鼠标的交互操作产生动态的图像切换效果。本实例就通过JavaScript实现一种动态网站相册的效果，页面的最终效果如图10-60所示。

图10-60　最终效果

知识点链接

JavaScript提供了6种数据类型，其中4种基本的数据类型用来处理数字和文字，而变量提供存放信息的地方，表达式则可以完成较复杂的信息处理。

1. string字符串类型

字符串是和单引号或双引号来说明的（可以使用单引号来输入包含双号的字符串，反之亦然），如"student"、"学生"等。

2. 数值数据类型

JavaScript支持整数和浮点数，整数可以为正数、0或者负数；浮点数可以包含小数点，也可以包含一个"e"（大小写均可，在科学记数法中表示"10的幂"），或者同时包含这两项。

3. boolean类型

可能的boolean值有true和false。这两个特殊值，不能用作1和0。

4. undefined数据类型

一个为undefined的值就是指在变量被创建后，但未给该变量赋值时具有的值。

5. null数据类型

null值指没有任何值，什么也不表示。

6. object类型

除了上面提到的各种常用类型外，对象也是JavaScript中的重要组成部分。例如Window、Document、Date等，这些都是JavaScript中的对象。

制作步骤

01 执行"文件→打开"菜单命令，打开页面"光盘\源文件\第10章\实例85.html"，页面效果如图10-61所示。

图10-61　打开页面

02 转换到代码视图中，可以看到<body>标签之间的页面主体内容代码，代码如下。

```
<body>
```

```
<div id="box">
<div id="center">
 <div id="slider">
   <div class="slide"><img src="images/p1.jpg" width="500" height="344" class="diapo" alt="" />
        <div class="text">纯美浪漫意境婚纱系列</div>
   </div>
   <div class="slide"><img src="images/p2.jpg" width="500" height="344" class="diapo" alt="" />
        <div class="text">纯美浪漫意境婚纱系列</div>
   </div>
   <div class="slide"><img src="images/p3.jpg" width="500" height="344" class="diapo" alt="" />
        <div class="text">朦胧浪漫写真系列</div>
   </div>
   <div class="slide"><img src="images/p4.jpg" width="500" height="344" class="diapo" alt="" />
        <div class="text">纯美浪漫意境婚纱系列</div>
   </div>
   <div class="slide"><img src="images/p5.jpg" width="500" height="344" class="diapo" alt="" />
        <div class="text">机械科技系列</div>
   </div>
   <div class="slide"><img src="images/p6.jpg" width="500" height="344" class="diapo" alt="" />
        <div class="text">诱惑写真系列</div>
   </div>
   <div class="slide"><img src="images/p7.jpg" width="500" height="344" class="diapo" alt="" />
        <div class="text">复古婚纱大片</div>
   </div>
   <div class="slide"><img src="images/p8.jpg" width="500" height="344" class="diapo" alt="" />
        <div class="text">复古婚纱大片</div>
   </div>
   <div class="slide"><img src="images/p9.jpg" width="500" height="344" class="diapo" alt="" />
        <div class="text">自然写真系列</div>
   </div>
   <div class="slide"><img src="images/P10.jpg" width="500" height="344" class="diapo" alt="" />
        <div class="text">时光记忆系列</div>
   </div>
 </div>
</div>
</div>
</body>
```

03 动态效果是通过JavaScript代码来实现的，这部分的JavaScript代码是用<script>和</script>包含起来的，将该部分JavaScript代码加入到页面<head>与</head>标签之间，JavaScript代码如下。

```
<script type="text/javascript">
var slider = function() {
        function getElementsByClass(object, tag, className) {
                var o = object.getElementsByTagName(tag);
                for ( var i = 0, n = o.length, ret = []; i < n; i++) {
                        if (o[i].className == className) ret.push(o[i]);
```

```
        }
        if (ret.length == 1) ret = ret[0];
        return ret;
    }
}
function setOpacity (obj,o) {
        if (obj.filters) obj.filters.alpha.opacity = Math.round(o);
        else obj.style.opacity = o / 100;
}
function Slider(oCont, speed, iW, iH, oP) {
        this.slides = [];
        this.over   = false;
        this.S      = this.S0 = speed;
        this.iW     = iW;
        this.iH     = iH;
        this.oP     = oP;
        this.oc     = document.getElementById(oCont);
        this.frm    = getElementsByClass(this.oc, 'div' , 'slide' );
        this.NF     = this.frm.length;
        this.resize();
        for (var i = 0; i < this.NF; i++) {
                this.slides[i] = new Slide(this, i);
        }
        this.oc.parent = this;
        this.view      = this.slides[0];
        this.Z         = this.mx;
        this.oc.onmouseout = function () {
                this.parent.mouseout();
                return false;
        }
    }
}
Slider.prototype = {
        run : function () {
                this.Z += this.over ? (this.mn - this.Z) * .5 : (this.mx - this.Z) * .5;
                this.view.calc();
                var i = this.NF;
                while (i--) this.slides[i].move();
        },
        resize : function () {
                this.wh = this.oc.clientWidth;
                this.ht = this.oc.clientHeight;
                this.wr = this.wh * this.iW;
                this.r  = this.ht / this.wr;
                this.mx = this.wh / this.NF;
                this.mn = (this.wh * (1 - this.iW)) / (this.NF - 1);
        },
        mouseout : function () {
                this.over    = false;
```

```
                    setOpacity(this.view.img, this.oP);
              }
        }
      Slide = function (parent, N) {
              this.parent = parent;
              this.N      = N;
              this.x0     = this.x1 = N * parent.mx;
              this.v      = 0;
              this.loaded = false;
              this.cpt    = 0;
              this.start  = new Date();
              this.obj    = parent.frm[N];
              this.txt    = getElementsByClass(this.obj, 'div', 'text');
              this.img    = getElementsByClass(this.obj, 'img', 'diapo');
              this.bkg    = document.createElement('div');
              this.bkg.className = 'backgroundText';
              this.obj.insertBefore(this.bkg, this.txt);
              if (N == 0) this.obj.style.borderLeft = 'none';
              this.obj.style.left = Math.floor(this.x0) + 'px';
              setOpacity(this.img, parent.oP);
              /* ==== mouse events ==== */
              this.obj.parent = this;
              this.obj.onmouseover = function() {
                      this.parent.over();
                      return false;
              }
        }
      Slide.prototype = {
              calc : function() {
                      var that = this.parent;
                      for (var i = 0; i <= this.N; i++) {
                              that.slides[i].x1 = i * that.Z;
                      }
                      for (var i = this.N + 1; i < that.NF; i++) {
                              that.slides[i].x1 = that.wh - (that.NF - i) * that.Z;
                      }
              },
              move : function() {
                      var that = this.parent;
                      var s = (this.x1 - this.x0) / that.S;
                      if (this.N && Math.abs(s) > .5) {
                      this.obj.style.left = Math.floor(this.x0 += s) + 'px';
                      }
                      var v = (this.N < that.NF - 1) ? that.slides[this.N + 1].x0 - this.x0 : that.wh
```

```
this.x0;
                                if (Math.abs(v – this.v) > .5) {
                                        this.bkg.style.top = this.txt.style.top = Math.floor(2 + that.ht – (v –
that.Z) * that.iH * that.r) + 'px' ;
                                        this.v = v;
                                        this.cpt++;
                                } else {
                                        if (!this.pro) {
                                                this.pro = true;
                                                var tps = new Date() – this.start;
                                                if(this.cpt > 1) {
                                                        that.S = Math.max(2, (28 / (tps / this.cpt)) * that.S0);
                                                }
                                        }
                                }
                                if (!this.loaded) {
                                        if (this.img.complete) {
                                                this.img.style.visibility = 'visible' ;
                                                this.loaded = true;
                                        }
                                }
                        },
                        over : function () {
                                this.parent.resize();
                                this.parent.over = true;
                                setOpacity(this.parent.view.img, this.parent.oP);
                                this.parent.view = this;
                                this.start = new Date();
                                this.cpt = 0;
                                this.pro = false;
                                this.calc();
                                setOpacity(this.img, 100);
                        }
                }
        return {
                init : function() {
                        this.s1 = new Slider( "slider" , 12, 1.84/3, 1/3.2, 70);
                        setInterval( "slider.s1.run();" , 16);
                }
        }
}();
</script>
```

04 在页面中id名称为center的Div的结束标签之后，添加如下的JavaScript代码。

```
<script type="text/javascript">
slider.init();
</script>
```

05 执行"文件→保存"菜单命令，保存页面。在浏览器中预览页面，可以看到通过JavaScript实现的动态网站相册的效果，如图10-62所示。

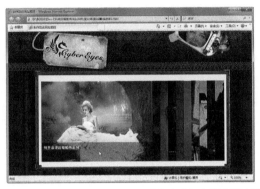 

图10-62 在浏览器中预览并测试JavaScript效果

Q JavaScript能做什么？

A JavaScript脚本语言具有效率高、功能强大等特点，可以完成许多工作。例如，表单数据合法性验证、网页特效、交互式菜单、动态页面、数值计算，以及在增加网站的交互功能、提高用户体验等方面获得了广泛的应用，可见JavaScript脚本编程能力不一般。发展到今天，JavaScript的应用范围已经大大超出了一般人的想象。现在，在大部分人眼里，JavaScript表现最出色的领域依然是用户的浏览器，即我们所说的Web应用客户端。我们需要判断哪些交互是适合用JavaScript来实现的。JavaScript能够实现的功能主要表现在以下几个方面。

1. 控制文档的外观和内容（动态页面）。
2. 用cookie读写客户状态。
3. 网页特效。
4. 对浏览器的控制。
5. 与HTML表单交互（表单数据合法性验证）。
6. 与用户交互。
7. 数值计算。

Q JavaScript不能做什么？

A 客户端JavaScript给人留下深刻的印象，但这些功能只限于与浏览器相关的任务或与文档相关的任务。由于客户端的JavaScript只能用于有限的环境中，所以它没有语言所必需的特性。这里所说的是客户端JavaScript受到浏览器的制约，并不意味着JavaScript本身不具备独立特性。由于客户端JavaScript受制于浏览器，而浏览器的安全环境和制约因素并不是绝对的，操作系统、用户权限、应用场合都会对其产生影响，具体有以下几点。

1. 除了能够动态生成浏览器要显示的HTML文档（包括图像、表格、框架、表单和字体等）之外，JavaScript不具有任何图形处理能力。
2. 出于安全性方面的原因，客户端的JavaScript不允许对文件进行读写操作。
3. 除了能够引发浏览器下载任意URL所指的文档及把HTML表单的内容发送给服务器端脚本或电子邮件地址之外，JavaScript不支持任何形式的联网技术。

第 **11** 章

制作网站常见效果

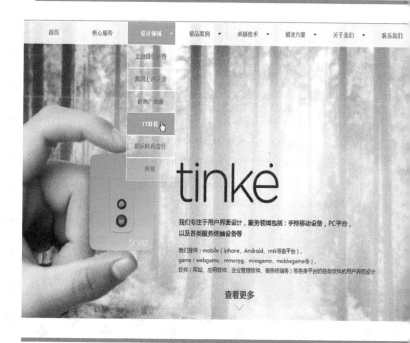

在前面的章节中介绍了有关Div+CSS布局制作网站页面的相关知识，并且也介绍了如何在网页中添加JavaScript实现一些常见的网页特效，本章将向读者介绍的是通过Dreamweaver制作一些常见的网页效果。

在很多网站中常常可以看到下拉菜单、选项卡式面板、可折叠的面板等效果，这些效果在网站页面中的运用非常普遍，而这些效果大多数都是通过JavaScript脚本来实现的，在Dreamweaver中内置了Spry构件的功能，通过在网页中插入相应的Spry构件，再对CSS样式进行相应的设置，即可轻松地在网页中实现各种常见的网页效果，而不需要用户编写JavaScript，非常方便、实用。

插入Spry菜单栏——制作导航下拉菜单

使用Spry菜单栏可以在紧凑的空间中显示大量的导航信息，并且使浏览者能够清楚网站中的站点目录结构。当用户将鼠标移至某个菜单按钮上时，将显示相应的子菜单。

- 源 文 件┃光盘\源文件\第11章\实例86.html
- 视 频┃光盘\视频\第11章\实例86.swf
- 知 识 点┃Spry菜单栏
- 学习时间┃20分钟

┨ 实例分析 ┠

　　本实例通过使用Spry菜单栏功能制作网页导航下拉菜单效果，首先在网页中插入Spry菜单栏，接着对Spry菜单栏的相关CSS样式进行修改，从而改变Spry菜单栏的外观，使Spry菜单栏的效果与网站页面更加贴切、融合，页面的最终效果如图11-1所示。

图11-1 最终效果

┨ 知识点链接 ┠

　　Spry是一个Dreamweaver CS6中内置的JavaScript库，网页设计人员可以使用它构建页面效果更加丰富的网站。有了Spry，就可以使用HTML、CSS和JavaScript将XML数据合并到HTML文档中，创建例如菜单栏、可折叠面板等构件，向各种网页中添加不同类型的效果。

　　Spry构件就是网页中的一个页面元素，通过使用Spry构件可以轻松地实现更加丰富的网页交互效果，Spry构件主要由以下几个部分组成。

　　1. 构件结构，用来定义Spry构件结构组成的HTML代码块。
　　2. 构件行为，用来控制Spry构件如何响应用户启动事件的JavaScript脚本。
　　3. 构件样式，用来指定Spry构件外观的CSS样式。

┨ 制作步骤 ┠

01 执行"文件→新建"菜单命令，弹出"新建文档"对话框，设置如图11-2所示。单击"创建"按钮，新建一个空白文档，将该页面保存为"光盘\源文件\第11章\实例86.html"。使用相同的方法，新建一个CSS样式表文件（如图11-3所示），将其保存为"光盘\源文件\第11章\style\11-86.css"。

图11-2 "新建文档"对话框

图11-3 "新建文档"对话框

02 单击"CSS样式"面板上的"附加样式表"按钮，弹出"链接外部样式表"对话框，设置如图11-4所示，单击"确定"按钮。切换到11-86.css文件中，创建名为"*"的通配符CSS规则和名为body的标签CSS规则，如图11-5所示。

图11-4 "链接外部样式表"对话框

图11-5 CSS样式代码

03 返回到设计视图，可以看到页面的效果，如图11-6所示。将光标放置在页面中，插入名为bg的Div。切换到11-86.css文件中，创建名为#bg的CSS规则，如图11-7所示。

图11-6 页面效果

图11-7 CSS样式代码

04 返回到设计视图，可以看到页面的效果，如图11-8所示。将光标移至名为bg的Div中，将多余文字删除，插入名为menu的Div。切换到11-86.css文件中，创建名为#menu的CSS规则，如图11-9所示。

图11-8 页面效果

图11-9 CSS样式代码

05 返回到设计视图，可以看到页面的效果，如图11-10所示。将光标移至名为menu的Div中，将多余文字删除，单击"插入"面板上"Spry"选项卡中的"Spry菜单栏"选项，如图11-11所示。

图11-10 页面效果

图11-11 "插入"面板

> **提示**
>
> 当在页面中插入 Spry 构件时，Dreamweaver 会自动在该页面所属站点的根目录下创建一个名为 SpryAssets 的目录，并将相应的 CSS 样式表文件和 JavaScript 脚本文件保存在该文件夹中。另外，在命名上与 Spry 构件相关联的 CSS 样式表和 JavaScript 脚本文件应与该 Spry 构件的命名相一致，从而有利于区别哪些文件应用于哪些构件。

06 弹出"Spry菜单栏"对话框，设置如图11-12所示。单击"确定"按钮，即可在页面中插入Spry菜单栏，效果如图11-13所示。

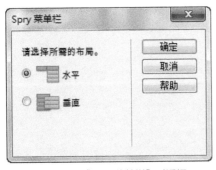

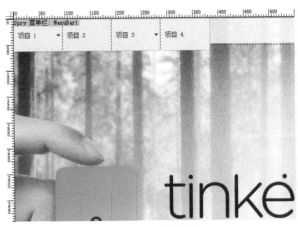

图11-12 "Spry菜单栏"对话框　　　　　　　　　　图11-13 页面效果

> **提示**
>
> 在页面中插入 Spry 构件之前，需要将该页面进行保存，否则将会弹出提示对话框，提示用户必须先存储页面。在页面中插入 Spry 菜单栏的另一种方法是通过执行"插入→ Spry → Spry 菜单栏"菜单命令。

07 选中刚插入的Spry菜单栏，在"属性"面板上的"主菜单项列表"框中选中"项目1"选项，可以在"子菜单项列表"框中看到该菜单项下的子菜单项，如图11-14所示。在"子菜单项列表"框中选中需要删除的项目，单击其上方的"删除菜单项"按钮━，删除选中的子菜单项，如图11-15所示。

图11-14 "属性"面板　　　　　　　　　　　　　图11-15 删除菜单项

08 在"主菜单项列表"框中选中"项目1"选项，在"文本"文本框中修改该菜单项的名称，如图11-16所示。使用相同的制作方法，修改其他各主菜单项的名称，如图11-17所示。

图11-16 修改菜单项名称　　　　　　　　　　　图11-17 修改菜单项名称

09 单击"主菜单项列表"框上的"添加菜单项"按钮➕，添加主菜单项并修改其名称，如图11-18所示。在"主菜单项列表"框中选中第三个主菜单项，在"子菜单列表"框中可以添加相应的子菜单项，如图11-19所示。使用相同的制作方法，完成Spry菜单栏中各菜单项的设置。

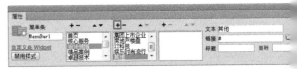

图11-18 添加主菜单项　　　　　　　　　　　图11-19 添加子菜单项

10 切换到Spry菜单栏的外部CSS样式表文件SpryMenuBarHorizontal.css文件中，找到ul.MenuBarHorizontal li样式表，如图11-20所示。对样式进行相应的修改，修改后如图11-21所示。

```
ul.MenuBarHorizontal li
{
    margin: 0;
    padding: 0;
    list-style-type: none;
    font-size: 100%;
    position: relative;
    text-align: left;
    cursor: pointer;
    width: 8em;
    float: left;
}
```
图11-20 CSS样式代码

```
ul.MenuBarHorizontal li
{
    margin: 0;
    padding: 0;
    list-style-type: none;
    font-size: 100%;
    position: relative;
    text-align: center;
    cursor: pointer;
    float: left;
    width:120px;
    height:48px;
    background-color: #FFF;
    filter: Alpha(Opacity=20);
}
```
图11-21 CSS样式代码

11 返回到设计视图，可以看到下拉菜单的效果，如图11-22所示。找到ul.MenuBarHorizontal ul样式表，将其删除，如图11-23所示。

图11-22 下拉菜单的效果

```
ul.MenuBarHorizontal ul
{
    border: 1px solid #CCC;
}
```
图11-23 CSS样式代码

12 再找到ul.MenuBarHorizontal a样式表，如图11-24所示。对样式进行相应的修改，修改后如图11-25所示。

```
ul.MenuBarHorizontal a
{
    display: block;
    cursor: pointer;
    background-color: #EEE;
    padding: 0.5em 0.75em;
    color: #333;
    text-decoration: none;
}
```
图11-24 CSS样式代码

```
ul.MenuBarHorizontal a
{
    display: block;
    cursor: pointer;
    text-decoration: none;
    color: #7e7e7e;
    font-weight:bold;
    text-align: center;
    border: solid 1px #FFF;
    margin-right: 1px;
}
```
图11-25 CSS样式代码

13 返回到设计视图，可以看到下拉菜单的效果，如图11-26所示。再找到ul.MenuBarHorizontal ul样式表，如图11-27所示。

图11-26 下拉菜单的效果

```
ul.MenuBarHorizontal ul
{
    margin: 0;
    padding: 0;
    list-style-type: none;
    font-size: 100%;
    z-index: 1020;
    cursor: default;
    width: 8.2em;
    position: absolute;
    left: -1000em;
}
```
图11-27 CSS样式代码

14 对样式进行相应的修改，修改后如图11-28所示。再找到ul.MenuBarHorizontal ul li样式表，如图11-29所示。

```
ul.MenuBarHorizontal ul
{
    margin: 0;
    padding: 0;
    list-style-type: none;
    font-size: 100%;
    z-index: 1020;
    cursor: default;
    width: 120px;
    position: absolute;
    left: -1000em;
}
```
图11-28 CSS样式代码

```
ul.MenuBarHorizontal ul li
{
    width: 8.2em;
}
```
图11-29 CSS样式代码

15 对样式进行相应的修改，修改后如图11-30所示。使用相同的方法，再找到相应的样式表，如图11-31所示。

```
ul.MenuBarHorizontal ul li
{
    width: 120px;
}
```
图11-30 CSS样式代码

```
ul.MenuBarHorizontal a.MenuBarItemHover,
ul.MenuBarHorizontal a.MenuBarItemSubmenuHover,
ul.MenuBarHorizontal a.MenuBarSubmenuVisible
{
    background-color: #33C;
    color: #FFF;
}
```
图11-31 CSS样式代码

16 对样式进行相应的修改，修改后如图11-32所示。返回到设计视图中，执行"文件→保存"菜单命令，弹出"复制相关文件"对话框，如图11-33所示。

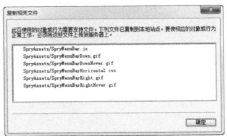

```
ul.MenuBarHorizontal a.MenuBarItemHover,
ul.MenuBarHorizontal a.MenuBarItemSubmenuHover,
ul.MenuBarHorizontal a.MenuBarSubmenuVisible
{
    background-color: #00aad2;
    color: #FFF;
}
```

图11-32 CSS样式代码　　　　图11-33 "复制相关文件"对话框

17 单击"确定"按钮，按F12键即可在浏览器中预览页面，可以看到所制作的网页导航下拉菜单的效果，如图11-34所示。

图11-34 预览效果

Q 如何修改菜单栏中的文本样式？

A 为<a>标签应用的CSS样式中包含了Spry菜单项文本的相关样式，要更改Spry菜单项的文本样式，可以通过表11-1来查找相应的CSS样式规则，然后更改其默认值。

表11-1 Spry菜单项的文本样式对应的CSS样式规则

要更改的CSS样式	垂直或水平Spry菜单栏的CSS规则	相关属性和默认值
默认文本	ul.MenuBarVertical a、 ul.MenuBarHorizontal a	color: #333; text-decoration: none;
当鼠标移过文本上方时，文本的颜色	ul.MenuBarVertical a:hover、 ul.MenuBarHorizontal a:hover	color: #FFF;
具有焦点的文本的颜色	ul.MenuBarVertical a:focus、 ul.MenuBarHorizontal a:focus	color: #FFF;
当鼠标指针移过菜单栏项上方时，菜单栏项的文本颜色	ul.MenuBarVertical a.MenuBarItemHover、 ul.MenuBarHorizontal a.MenuBarItemHover	color: #FFF;
当鼠标指针移过子菜单项上方时，子菜单项的文本颜色	ul.MenuBarVertical a.MenuBarItemSubmenuHover、 ul.MenuBarHorizontal a.MenuBarItemSubmenuHover	color: #FFF;

Q 如何修改菜单栏的背景样式？

A 为<a>标签应用的CSS样式中包含了Spry菜单项背景颜色的相关样式，要更改Spry菜单项的背景颜色，可以通过表11-2来查找相应的CSS样式规则，然后更改其默认值。

表11-2 Spry菜单项的背景颜色对应的CSS样式规则

要更改的背景	垂直或水平Spry菜单栏的CSS规则	相关属性和默认值
默认背景	ul.MenuBarVertical a、 ul.MenuBarHorizontal a	background-color: #EEE;
当鼠标移过菜单项上方时，背景的颜色	ul.MenuBarVertical a:hover、 ul.MenuBarHorizontal a:hover	background-color: #33C;

表11-2　Spry菜单项的背景颜色对应的CSS样式规则

续表

要更改的背景	垂直或水平Spry菜单栏的CSS规则	相关属性和默认值
具有焦点的菜单项背景的颜色	ul.MenuBarVertical a:focus、 ul.MenuBarHorizontal a:focus	background-color: #33C;
当鼠标指针移过菜单栏项上方时，菜单栏项的背景颜色	ul.MenuBarVertical a.MenuBarItemHover、 ul.MenuBarHorizontal a.MenuBarItemHover	background-color: #33C;
当鼠标指针移过子菜单项上方时，子菜单项的背景颜色	ul.MenuBarVertical a.MenuBarItemSubmenuHover、 ul.MenuBarHorizontal a.MenuBarItemSubmenuHover	background-color: #33C;

实例 087　插入Spry选项卡式面板——制作选项卡式新闻列表

　　Spry选项卡式面板构件是一组面板，用来将较多内容放置在紧凑的空间中，当浏览者单击不同的选项卡时，即可打开构件相应的面板。浏览者可以通过单击面板选项卡来隐藏或显示放置在选项卡式面板中的内容。

- **源 文 件** | 光盘\源文件\第11章\实例87.html
- **视　　频** | 光盘\视频\第11章\实例87.swf
- **知 识 点** | 插入Spry选项卡式面板
- **学习时间** | 25分钟

实例分析

　　本实例制作的是选项卡式新闻列表，首先在网页中插入Spry选项卡式面板，接着通过对CSS规则进行相应的修改，从而改变面板的外观样式，使其能够与页面整体相融合，页面的最终效果如图11-35所示。

图11-35　最终效果

知识点链接

　　虽然使用"属性"面板可以非常便捷地对Spry选项卡式面板构件进行编辑，但"属性"面板并不支持自定义的样式设置任务，因此用户如果要更改Spry选项卡式面板的外观样式，可以通过修改选项卡式面板构件的 CSS 规则来实现。

　　在与选项卡式面板相链接的CSS样式表中，主要的CSS规则包括.TabbedPanels（设置整个构件中的文本）、.TabbedPanelsTabGroup或.TabbedPanelsTab（仅用来设置面板选项卡中的文本）、.TabbedPanelsContentGroup或.TabbedPanelsContent（仅用来设置内容面板中的文本）。

┤ 制作步骤 ├

01 执行"文件→新建"菜单命令，弹出"新建文档"对话框，设置如图11-36所示。单击"创建"按钮，新建一个空白文档，将该页面保存为"光盘\源文件\第11章\实例87.html"。使用相同的方法，新建一个CSS样式表文件，将其保存为"光盘\源文件\第11章\style\11-87.css"，如图11-37所示。

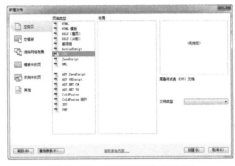

图11-36 "新建文档"对话框　　图11-37 "新建文档"对话框

02 单击"CSS样式"面板上的"附加样式表"按钮，弹出"链接外部样式表"对话框，设置如图11-38所示，单击"确定"按钮。切换到11-87.css文件中，创建名为"*"的通配符CSS规则和名为body的标签CSS规则，如图11-39所示。

图11-38 "链接外部样式表"对话框

图11-39 CSS样式代码

03 返回到设计视图，可以看到页面的效果，如图11-40所示。将光标放置在页面中，插入名为box的Div。切换到11-87.css文件中，创建名为#box的CSS规则，如图11-41所示。

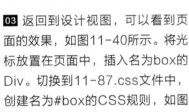

图11-40 页面效果

图11-41 CSS样式代码

04 返回到设计视图，可以看到页面的效果，如图11-42所示。将光标移至名为box的Div中，将多余文字删除，插入名为main的Div。切换到11-87.css文件中，创建名为#main的CSS规则，如图11-43所示。

图11-42 页面效果

图11-43 CSS样式代码

05 返回到设计视图，可以看到页面的效果，如图11-44所示。将光标移至名为main的Div中，将多余文字删除，单击"插入"面板上"Spry"选项卡中的"Spry选项卡式面板"选项，插入Spry选项卡式面板，如图11-45所示。

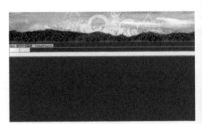

图11-44 页面效果　　图11-45 插入选项卡式面板

06 单击选中刚插入的Spry选项卡式面板，在"属性"面板中为其添加标签，如图11-46所示。页面效果如图11-47所示。

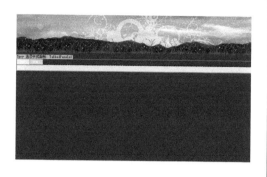

图11-46 "属性"面板

图11-47 页面效果

07 切换到Spry选项卡式面板的外部CSS样式表文件SpryTabbedPanels.css中，找到.TabbedPanelsTab样式表，如图11-48所示。对样式进行相应的修改，修改后如图11-49所示。

```
.TabbedPanelsTab {
    position: relative;
    top: 1px;
    float: left;
    padding: 4px 10px;
    margin: 0px 1px 0px 0px;
    font: bold 0.7em sans-serif;
    background-color: #DDD;
    list-style: none;
    border-left: solid 1px #CCC;
    border-bottom: solid 1px #999;
    border-top: solid 1px #999;
    border-right: solid 1px #999;
    -moz-user-select: none;
    -khtml-user-select: none;
    cursor: pointer;
}
```

图11-48 CSS样式代码

```
.TabbedPanelsTab {
    width:84px;
    height:26px;
    font-weight:bold;
    line-height:26px;
    text-align:center;
    position: relative;
    float: left;
    margin: 0px 5px 0px 0px;
    list-style: none;
    -moz-user-select: none;
    -khtml-user-select: none;
    cursor: pointer;
    background-image:url(images/9004.png);
    background-repeat:no-repeat;
}
```

图11-49 CSS样式代码

提示

.TabbedPanelsTab 样式表主要定义了选项卡式面板标签的默认状态；.TabbedPanelsTabSelected 样式表主要定义了选项卡面板中当前选中标签的状态；.TabbedPanelsContentGroup 样式表主要定义了选项卡式面板内容部分的外观。

---

08 返回到设计视图，修改各标签中的文字内容，如图11-50所示。再找到.TabbedPanelsTabHover样式表，如图11-51所示，将其删除。

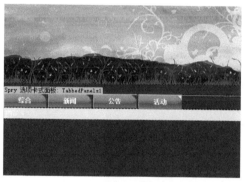

图11-50 面板效果

```
.TabbedPanelsTabHover {
    background-color: #CCC;
}
```

图11-51 CSS样式代码

09 再找到.TabbedPanelsTabSelected样式表，如图11-52所示。对样式进行相应的修改，修改后如图11-53所示。

```
.TabbedPanelsTabSelected {
    background-color: #EEE;
    border-bottom: 1px solid #EEE;
}
```

图11-52 CSS样式代码

```
.TabbedPanelsTabSelected {
    background-image:url(images/9005.png);
    background-repeat:no-repeat;
}
```

图11-53 CSS样式代码

10 返回到设计视图，可以看到Spry选项卡式面板的效果，如图11-54所示。找到.TabbedPanelsContentGroup样式表，如图11-55所示。

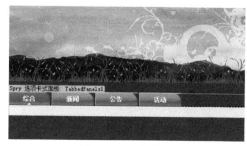

图11-54 面板效果

```
.TabbedPanelsContentGroup {
    clear: both;
    border-left: solid 1px #CCC;
    border-bottom: solid 1px #CCC;
    border-top: solid 1px #999;
    border-right: solid 1px #999;
    background-color: #EEE;
}
```

图11-55 CSS样式代码

11 对样式进行相应的修改，修改后如图11-56所示。返回到设计视图中，可以看到页面的效果，如图11-57所示。

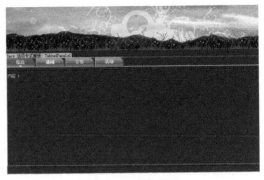

```
.TabbedPanelsContentGroup {
    clear: both;
    width:888px;
    height:286px;
    line-height:25px;
    padding-top:8px;
    border-top:#FFF solid 2px;
}
```

图11-56 CSS样式代码　　　　　　　　　　　　图11-57 面板效果

12 将光标移至第1个标签的内容中，将"内容1"文字删除，插入名为title的Div。切换到11-87.css文件中，创建名为#title的CSS规则，如图11-58所示。返回到设计视图，页面效果如图11-59所示。

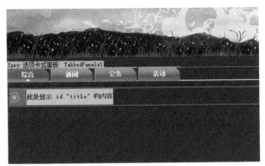

```
#title{
    width:853px;
    height:35px;
    color:#99abc1;
    line-height:35px;
    border-bottom:#99abc1 dashed 1px;
    font-weight:bold;
    background-image:url(../images/9006.gif);
    background-repeat:no-repeat;
    background-position:left center;
    padding-left:35px;
}
```

图11-58 CSS样式代码　　　　　　　　　　　　图11-59 页面效果

13 将光标移至名为title的Div中，将多余文字删除，输入相应的文字，如图11-60所示。在名为title的Div后，插入名为text的Div。切换到11-87.css文件中，创建名为#text的CSS规则，如图11-61所示。

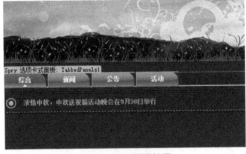

```
#text{
    width:603px;
    height:240px;
    margin-top:6px;
    line-height:30px;
    padding-left:35px;
    background-image:url(../images/9007.jpg);
    background-repeat:no-repeat;
    background-position:600px center;
    padding-right:250px;
}
```

图11-60 页面效果　　　　　　　　　　　　图11-61 CSS样式代码

14 返回到设计视图，页面效果如图11-62所示。将光标移至名为text的Div中，将多余文字删除，输入相应的文字，如图11-63所示。

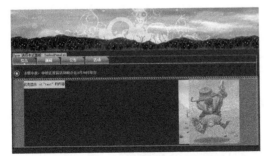

图11-62 页面效果　　　　　　　　　　　　图11-63 输入文字

15 转换到代码视图，为文字添加列表标签，如图11-64所示。切换到11-87.css文件中，创建名为#main dt和
#main dd的CSS规则，如图11-65所示。

```
<div id="text">
  <dl>
    <dt>[公告]今晚9点,9周年庆隆重开幕,经验秒翻双倍享!</dt><dd>09/28</dd>
    <dt>[公告]紧急寻找令——寻找夜店魔人  嬴取双人豪华旅游大奖</dt><dd>07/06</dd>
    <dt>[新闻]夜店之王回馈商城用户,礼包、特权惊喜不断</dt><dd>07/01</dd>
    <dt>[新闻]玩夜店之王,免费带你游丽江</dt><dd>06/23</dd>
    <dt>[活动]潮人选秀最终三甲独家专访大曝料</dt><dd>05/14</dd>
    <dt>[活动]红钻贵族礼包登场,带你品味夜店诱惑</dt><dd>03/28</dd>
    <dt>[活动]新手必备：好友不够多?迷你基胺庭佣兵!</dt><dd>03/02</dd>
    <dt>[活动]情人节新款装扮上线,看看谁是你的最佳情人...</dt><dd>02/14</dd>
  </dl>
</div>
```
图11-64 添加列表标签

```
#main dt{
    float:left;
    width:400px;
    height:30px;
    background-image:url(../images/9008.png);
    background-repeat:no-repeat;
    background-position:left center;
    padding-left:20px;
}
#main dd{
    float:left;
    width:150px;
    height:30px;
}
```
图11-65 CSS样式代码

16 返回到设计视图，页面效果如图11-66所示。使用相同的方法，完成其他两个标签中内容的制作。在名为
main的Div后，插入名为bottom的Div。切换到11-87.css文件中，创建名为#buttom的CSS规则，如图11-67
所示。

图11-66 页面效果

```
#bottom{
    width:100%;
    height:100px;
    background-image:url(../images/9012.gif);
    background-repeat:no-repeat;
    background-position:center top;
}
```
图11-67 CSS样式代码

17 返回到设计视图，页面效果如图11-68所示。将光标移至名为bottom的Div中，将多余文字删除，执行"文
件→保存"菜单命令，保存该页面。在浏览器中测试Spry选项卡式面板的效果，如图11-69所示。

图11-68 页面效果　　　　　　　　　　　　　　图11-69 预览效果

> **提示**
>
> 在设计视图中选中 Spry 选项卡式面板，在"属性"面板上的"面板"列表中选择需要制作的标签，即可对该标签中的内容
> 进行编辑和修改。

Q 如何在插入的Spry选项卡式面板中添加选项卡?

A 选中插入到页面中的Spry选项卡式面板，在其"属性"面板上的"面板"选项中可以对Spry选项卡式面板中的
选项卡进行添加和删除，如图11-70所示。

在"面板"列表中显示了该Spry选项卡式面板的各选项卡，单击
其上方的"添加面板"按钮 ，即可添加选项卡；在列表中选中某
个选项卡，单击列表上方的"删除面板"按钮 ，即可删除该选项
卡。另外，还可以调整选项卡的前后顺序。

图11-70 "属性"面板

Q 如何对Spry选项卡式面板中的文本样式进行修改?

A 要更改选项卡式面板构件的文本样式，可以在表11-3中查找相应的 CSS 规则，然后添加自己的文本样式属
性和值即可。

表11-3 选项卡式面板构件的文本样式对应的CSS规则

要更改的文本	相关的CSS规则	相关属性和默认值
整个构件中的文本	.TabbedPanels	font: Arial; font-size: medium;
仅限面板选项卡中的文本	.TabbedPanelsTabGroup或.TabbedPanelsTab	font: Arial; font-size: medium;
仅限内容面板中的文本	.TabbedPanelsContentGroup或.TabbedPanelsContent	font: Arial; font-size: medium;

实例 088 插入Spry折叠式面板——制作个人网站页面

Spry折叠式面板是一系列可以在收缩的空间内存储内容的面板，在网页中Spry折叠式面板的运用可以为页面减少占用空间，并且折叠式面板的动画效果能够加强页面的互动性，使得浏览者对网页的操作更加灵活。

● **源 文 件** | 光盘\源文件\第11章\实例88.html

● **视　　频** | 光盘\视频\第11章\实例88.swf

● **知 识 点** | 插入Spry折叠式面板

● **学习时间** | 20分钟

实例分析

本实例制作的个人网站页面将页面中的内容全部放在了Spry折叠式面板中，不但节省了页面空间，并且给页面增添了一些新鲜感，使得浏览者在浏览页面时不再觉得枯燥乏味，页面的最终效果如图11-71所示。

图11-71 最终效果

知识点链接

在Dreamweaver中，可以通过更改整个折叠的属性或各组件的属性值来控制Spry折叠式面板的外观样式。

在与折叠式面板相链接的CSS样式表中，主要的CSS规则包括.AccordionPanelTab（设置折叠式面板选项卡的背景颜色）、.AccordionPanelContent（设置折叠式内容面板的背景颜色）、.AccordionPanel Open .AccordionPanelTab（设置已打开的折叠式面板的背景颜色）、.AccordionPanelTabHover（鼠标悬停在未打开的面板选项卡时，面板选项卡的背景颜色）和.AccordionPanelOpen.AccordionPanelTabHover（鼠标悬停在已打开的面板选项卡上方时，面板选项卡的背景颜色）。

制作步骤

01 执行"文件→新建"菜单命令，弹出"新建文档"对话框，设置如图11-72所示。单击"创建"按钮，新建一个空白文档，将该页面保存为"光盘\源文件\第11章\实例88.html"。使用相同的方法，新建一个CSS样式表文件，将其保存为"光盘\源文件\第11章\style\11-88.css"，如图11-73所示。

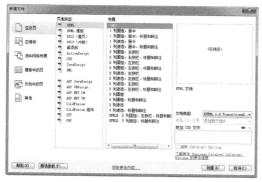
图11-72 "新建文档"对话框

图11-73 "新建文档"对话框

02 单击"CSS样式"面板上的"附加样式表"按钮，弹出"链接外部样式表"对话框，设置如图11-74所示，单击"确定"按钮。切换到11-88.css文件中，创建名为"*"的通配符CSS规则和名为body的标签CSS规则，如图11-75所示。

图11-74 "链接外部样式表"对话框

```
*{
    margin:0px;
    padding:0px;
    border:0px;
}
body{
    font-family:"宋体";
    font-size:12px;
    color:#858484;
    line-height:25px;
    background-image:url(../images/9101.jpg);
    background-repeat:repeat-x;
}
```
图11-75 CSS样式代码

03 返回到设计视图，可以看到页面的效果，如图11-76所示。将光标放置在页面中，插入名为box的Div。切换到11-88.css文件中，创建名为#box的CSS规则，如图11-77所示。

图11-76 页面效果

```
#box{
    width:100%;
    height:100%;
    overflow:hidden;
    margin:0px auto;
}
```
图11-77 CSS样式代码

04 返回到设计视图，可以看到页面的效果，如图11-78所示。将光标移至名为box的Div中，将多余文字删除，插入名为top的Div。切换到11-88.css文件中，创建名为#top的CSS规则，如图11-79所示。

图11-78 页面效果

```
#top{
    width:100%;
    height:211px;
    background-image:url(../images/9102.jpg);
    background-repeat:no-repeat;
    background-position:center top;
}
```
图11-79 CSS样式代码

05 返回到设计视图，可以看到页面的效果，如图11-80所示。将光标移至名为top的Div中，将多余文字删除。在名为top的Div后，插入名为main的Div。切换到11-88.css文件中，创建名为#main的CSS规则，如图11-81所示。

图11-80 页面效果

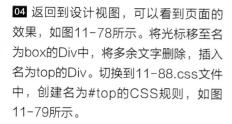

```
#main{
    width:700px;
    height:100%;
    overflow:hidden;
    margin:0px auto;
}
```
图11-81 CSS样式代码

06 返回到设计视图，可以看到页面的效果，如图11-82所示。将光标移至名为main的Div中，将多余文字删除，单击"插入"面板上"Spry"选项卡中的"Spry折叠式面板"选项，插入Spry折叠式面板，如图11-83所示。

07 单击选中刚插入的Spry折叠式面板，在"属性"面板中为其添加标签，如图11-84所示。可以看到Spry折叠的效果，如图11-85所示。

图11-82 页面效果

图11-83 插入Spry折叠式

图11-84 "属性"面板

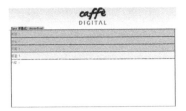

图11-85 页面效果

08 切换到Spry折叠式的外部CSS样式表文件SpryAccordion.css中，找到.Accordion样式表，如图11-86所示。对样式进行相应的修改，修改后如图11-87所示。

```
.Accordion {
    border-left: solid 1px gray;
    border-right: solid 1px black;
    border-bottom: solid 1px gray;
    overflow: hidden;
}
```

图11-86 CSS样式代码

```
.Accordion {
    overflow: hidden;
}
```

图11-87 CSS样式代码

09 再找到.AccordionPanelTab样式表，如图11-88所示。对样式进行相应的修改，修改后如图11-89所示。

```
.AccordionPanelTab {
    background-color: #CCCCCC;
    border-top: solid 1px black;
    border-bottom: solid 1px gray;
    margin: 0px;
    padding: 2px;
    cursor: pointer;
    -moz-user-select: none;
    -khtml-user-select: none;
}
```

图11-88 CSS样式代码

```
.AccordionPanelTab {
    height:40px;
    font-weight:bold;
    line-height:40px;
    background-color: #d4d4d4;
    background-image:url(images/9103.png);
    background-repeat:no-repeat;
    background-position:5px center;
    padding-left:30px;
    border-top: solid 1px #FFF;
    margin: 0px;
    cursor: pointer;
    -moz-user-select: none;
    -khtml-user-select: none;
}
```

图11-89 CSS样式代码

10 返回到设计视图，可以看到Spry折叠式面板的效果，如图11-90所示。切换到Spry折叠式面板的外部CSS样式表文件Spry Accordion.css中，找到.AccordionPanelContent样式表，如图11-91所示。

图11-90 页面效果

```
.AccordionPanelContent {
    overflow: auto;
    margin: 0px;
    padding: 0px;
    height: 200px;
}
```

图11-91 CSS样式代码

11 对样式进行相应的修改，修改后如图11-92所示。再找到.AccordionPanelTabHover和.AccordionPanelOpen.AccordionPanelTabHover样式表，如图11-93所示。

```
.AccordionPanelContent {
    width:680px;
    padding: 10px;
    border-top: solid 1px #CCC;
    background-image:url(images/9104.jpg);
    background-repeat:repeat-x;
}
```

图11-92 CSS样式代码

```
.AccordionPanelTabHover {
    color: #555555;
}
.AccordionPanelOpen
.AccordionPanelTabHover {
    color: #555555;
}
```

图11-93 CSS样式代码

12 对样式进行相应的修改，修改后如图11-94所示。再将相应的样式表删除，如图11-95所示。

```
.AccordionPanelTabHover {
    color: #FFF;
}
.AccordionPanelOpen
.AccordionPanelTabHover {
    color: #FFF;
}
```

图11-94 CSS样式代码

```
.AccordionPanelOpen .AccordionPanelTab {
    background-color: #EEEEEE;
}
.AccordionFocused .AccordionPanelTab {
    background-color: #3399FF;
}
.AccordionFocused .AccordionPanelOpen
.AccordionPanelTab {
    background-color: #33CCFF;
}
```

图11-95 CSS样式代码

第2篇
第3篇
第4篇

13 返回到设计视图，修改各个标签的文字内容，可以看到Spry折叠式面板的效果，如图11-96所示。将光标移至第1个标签的内容中，将"内容1"文字删除，插入图像并输入文字，如图11-97所示。

图11-96 修改标签文字

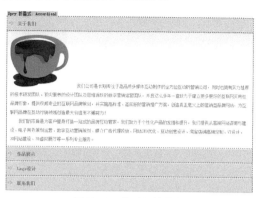

图11-97 修改标签内容

14 切换到11-88.css文件中，创建名为.img的类CSS样式，如图11-98所示。返回到设计视图，为相应图片应用该类CSS样式，页面效果如图11-99所示。

```
.img{
    float:left;
    margin:40px 30px 35px 30px;
}
```

图11-98 CSS样式代码

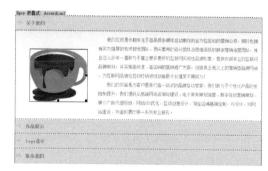

图11-99 页面效果

15 将光标移至第2个标签的内容中，将"内容2"文字删除，插入名为pic的Div。切换到11-88.css文件中，创建名为#pic的CSS规则，如图11-100所示。返回到设计视图，页面效果如图11-101所示。

```
#pic{
    width:680px;
    height:100%;
    overflow:hidden;
    text-align:center;
}
```

图11-100 CSS样式代码

图11-101 插入Div

16 将光标移至名为pic的Div中，将多余文字删除，依次插入相应的图像，如图11-102所示。切换到11-88.css文件中，创建名为#pic img的CSS规则，如图11-103所示。

图11-102 插入图像

```
#pic img{
    margin:5px 15px;
}
```

图11-103 CSS样式代码

16 返回到设计视图，页面效果如图11-104所示。使用相同的方法，完成其他两个标签中内容的制作。执行"文件→保存"菜单命令，保存该页面。在浏览器中测试Spry折叠式面板的效果，如图11-105所示。

图11-104 页面效果

图11-105 预览效果

Q 如何修改Spry折叠式面板中文本的样式？

A 可以在表11-4中查找相应的 CSS 规则，然后添加或更改文本样式的属性和值即可。

表11-4 Spry折叠式面板中文本的样式对应的CSS规则

要更改的文本	相关的CSS规则	相关属性和默认值
整个折叠构件（包括选项卡和内容面板）中的文本	.Accordion或.AccordionPanel	font：Arial； font-size：medium；
仅限折叠式面板选项卡中的文本	.AccordionPanelTab	font：Arial； font-size：medium；
仅限折叠式内容面板中的文本	.AccordionPanelContent	font：Arial； font-size：medium；

Q 如何修改Spry折叠式面板中的背景样式？

A 可以在表11-5中查找相应的 CSS 规则，然后添加或更改背景颜色的属性和值即可。

表11-5 Spry折叠式面板中背景样式对应的CSS规则

要更改的背景颜色	相关的CSS规则	相关属性和默认值
折叠式面板选项卡的背景颜色	.AccordionPanelTab	background-color：#CCCCCC；
折叠式内容面板的背景颜色	.AccordionPanelContent	background-color：#CCCCCC；
已打开的折叠式面板的背景颜色	.AccordionPanelOpen .AccordionPanelTab	background-color：#EEEEEE；
鼠标悬停在未打开的面板选项卡上方时，面板选项卡的背景颜色	.AccordionPanelTabHover	color：#555555；
鼠标悬停在已打开的面板选项卡上方时，面板选项卡的背景颜色	.AccordionPanelOpen .AccordionPanelTabHover	color：#555555；

实例 089　**插入Spry可折叠面板——制作可折叠栏目**

在对页面进行预览时，可以发现Spry可折叠面板和Spry折叠式面板所展现的效果以及功能都差不多，但是在外观和交互上却各有千秋。

在Dreamweaver中，单击选中页面中插入的Spry可折叠面板，即可通过CSS样式表来设置整个可折叠面板的属性或分别设置各个组件的属性，从而达到控制可折叠面板的文本样式的效果。

● **源 文 件**｜光盘\源文件\第11章\实例89.html

● **视　　频**｜光盘\视频\第11章\实例89.swf

● **知 识 点**｜插入Spry可折叠面板

● **学习时间**｜20分钟

可折叠面板的制作方法和其所展现出来的效果与折叠式面板相似，并且运用在网页中也具有相似的效果，不同的是Spry折叠式面板拥有多个标签，而Spry可折叠面板只有一个标签，页面的最终效果如图11-106所示。

图11-106 最终效果

知识点链接

在与Spry可折叠面板相链接的CSS样式表中，主要的CSS规则包括.CollapsiblePanel（定义整个可折叠面板中的文本）、.CollapsiblePanelTab（仅限定义面板选项卡中的文本）、.CollapsiblePanelContent（仅限定义内容面板中的文本）、.CollapsiblePanelTab（定义面板选项卡的背景颜色）、.CollapsiblePanelContent（定义内容面板的背景颜色）和.CollapsiblePanelTabHover.CollapsiblePanelOpen.CollapsiblePanelTabHover（定义当鼠标指针经过已打开面板选项卡上方时，选项卡的背景颜色）。

制作步骤

01 执行"文件→新建"菜单命令，弹出"新建文档"对话框，设置如图11-107所示。单击"创建"按钮，新建一个空白文档，将该页面保存为"光盘\源文件\第11章\实例89.html"。使用相同的方法，新建一个CSS样式表文件，将其保存为"光盘\源文件\第11章\style\11-89.css"，如图11-108所示。

图11-107 "新建文档"对话框

图11-108 "新建文档"对话框

02 单击"CSS样式"面板上的"附加样式表"按钮，弹出"链接外部样式表"对话框，设置如图11-109所示，单击"确定"按钮。切换到11-89.css文件中，创建名为"*"的通配符CSS规则和名为body的标签CSS规则，如图11-110所示。

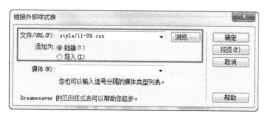

图11-109 "链接外部样式表"对话框

```
*{
    margin:0px;
    padding:0px;
    border:0px;
}
body{
    font-family:"宋体";
    font-size:12px;
    color:#404041;
    line-height:20px;
}
```

图11-110 CSS样式代码

03 返回到设计视图，可以看到页面的效果。将光标放置在页面中，插入名为box的Div。切换到11-89.css文件中，创建名为#box的CSS规则，如图11-111所示。返回到设计视图，可以看到页面的效果，如图11-112所示。

```
#box{
    width:100%;
    height:100%;
    overflow:hidden;
    margin:0px auto;
    background-color:#ededed;
}
```

图11-111 CSS样式代码　　　　　　　　　　　　　　　图11-112 页面效果

04 将光标移至名为box的Div中，将多余文字删除，插入名为top的Div。切换到11-89.css文件中，创建名为#top的CSS规则，如图11-113所示。返回到设计视图，可以看到页面的效果，如图11-114所示。

```
#top{
    width:503px;
    height:50px;
    background-image:url(../images/9201.png);
    background-repeat:no-repeat;
    background-position:-125px -15px;
    padding-left:500px;
    padding-top:55px;
    margin:0px auto;
}
```

图11-113 CSS样式代码　　　　　　　　　　　　　　　图11-114 页面效果

05 将光标移至名为top的Div中，将多余文字删除，依次插入相应的图像，如图11-115所示。切换到11-89.css文件中，创建名为#top img的CSS规则，如图11-116所示。

```
#top img{
    margin-left:5px;
    margin-right:5px;
}
```

图11-115 插入图像　　　　　　　　　　　　　　　图11-116 CSS样式代码

06 返回到设计视图，可以看到页面的效果，如图11-117所示。在名为top的Div后，插入名为bg的Div。切换到11-89.css文件中创建名为#bg的CSS规则，如图11-118所示。

```
#bg{
    width:100%;
    height:100%;
    overflow:hidden;
    background-image:url(../images/9207.png);
    background-repeat:no-repeat;
    background-position:center top;
    padding-top:100px;
    background-color:#FFF;
}
```

图11-117 页面效果　　　　　　　　　　　　　　　图11-118 CSS样式代码

07 返回到设计视图，可以看到页面的效果，如图11-119所示。将光标移至名为bg的Div中，将多余文字删除，插入名为main的Div。切换到11-89.css文件中，创建名为#main的CSS规则，如图11-120所示。

```
#main{
    width:100%;
    height:100%;
    overflow:hidden;
    margin:0px auto;
}
```

图11-119 页面效果　　　　　　　　　　　　　　　图11-120 CSS样式代码

08 返回到设计视图，可以看到页面的效果，如图11-121所示。将光标移至名为main的Div中，将多余文字删除，单击"插入"面板上Spry选项卡中的"Spry可折叠面板"选项，插入Spry可折叠面板，如图11-122所示。

图11-121 页面效果

图11-122 插入可折叠面板

09 切换到Spry可折叠面板的外部CSS样式表文件SpryCollapsiblePanel.css中，找到.CollapsiblePanel样式表，如图11-123所示。对样式进行相应的修改，修改后如图11-124所示。

图11-123 CSS样式代码

图11-124 CSS样式代码

10 再找到.CollapsiblePanelTab样式表，如图11-125所示。对样式进行相应的修改，修改后如图11-126所示。

图11-125 CSS样式代码

图11-126 CSS样式代码

11 返回到设计视图，修改标签中的文字内容，可以看到Spry可折叠面板的效果，如图11-127所示。切换到Spry可折叠面板的外部CSS样式表文件SpryCollapsiblePanel.css中，找到.CollapsiblePanelContent样式表，如图11-128所示。

图11-127 页面效果

图11-128 CSS样式代码

12 对样式进行相应的修改，修改后如图11-129所示。返回到设计视图，可以看到Spry可折叠面板的效果，如图11-130所示。

图11-129 CSS样式代码

图11-130 页面效果

13 将光标移至该标签中，将多余文字删除，插入名为pic的Div。切换到11-89.css文件中，创建名为#pic的CSS规则，如图11-131所示。返回到设计视图，页面效果如图11-132所示。

图11-131 CSS样式代码

图11-132 页面效果

14 将光标移至名为pic的Div中，将多余文字删除，插入图像并输入文字，如图11-133所示。切换到11-89.css文件中，创建名为.font的类CSS样式，如图11-134所示。

图11-133 页面效果

图11-134 CSS样式代码

15 返回到设计视图，为相应文字应用该样式，如图11-135所示。使用相同的方法，完成其他相似内容的制作，页面效果如图11-136所示。

图11-135 文字效果

图11-136 页面效果

16 在名为main的Div后，插入名为bottom的Div。切换到11-89.css文件中，创建名为#bottom的CSS规则，如图11-137所示。返回到设计视图，页面效果如图11-138所示。

```
#bottom{
    width:100%;
    height:260px;
    color:#9e9e9e;
    text-align:center;
    padding-top:50px;
    line-height:25px;
    background-image:url(../images/9212.jpg);
    background-repeat:repeat-x;
    background-position:left top;
    background-color:#404041;
    margin-top:50px;
}
```

图11-137 CSS样式代码

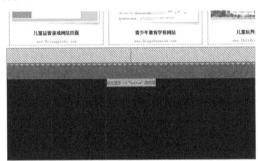

图11-138 页面效果

17 将光标移至名为bottom的Div中，将多余文字删除，并输入相应的文字，如图11-139所示。将光标移至刚插入的文字后，插入名为bg01的Div。切换到11-89.css文件中，创建名为#bg01的CSS规则，如图11-140所示。

图11-139 输入文字

```
#bg01{
    width:100%;
    height:184px;
    background-image:url(../images/9212.png);
    background-repeat:no-repeat;
    background-position:center 40px;
}
```

图11-140 CSS样式代码

18 返回到设计视图，将光标移至名为bg01的Div中，将多余文字删除，效果如图11-141所示。执行"文件→保存"菜单命令，保存该页面。在浏览器中测试Spry可折叠面板的效果，如图11-142所示。

图11-141 页面效果

图11-142 预览效果

Q 如何修改Spry可折叠面板中文本样式？

A 可以在表11-6中查找相应的 CSS 规则，然后添加或更改文本样式的属性和值即可。

表11-6　Spry可折叠面板中文本样式对应的CSS规则

要更改的样式	相关的CSS规则	相关属性和默认值
整个可折叠面板中的文本	.CollapsiblePanel	font: Arial; font-size:medium;
仅限面板选项卡中的文本	.CollapsiblePanelTab	font:bold 0.7em sans-serif；（这是默认值）
仅限内容面板中的文本	.CollapsiblePanelContent	font: Arial; font-size:medium;

Q 如何修改Spry可折叠面板中背景样式？

A 可以在表11-7中查找相应的 CSS 规则，然后添加或更改背景颜色的属性和值即可。

表11-7　Spry可折叠面板中背景样式对应的CSS规则

要更改的样式	相关的CSS规则	相关属性和默认值
面板选项卡的背景颜色	.CollapsiblePanelTab	background-color: #DDD;
内容面板的背景颜色	.CollapsiblePanelContent	background-color: #DDD;
当鼠标指针经过已打开面板选项卡上方时，选项卡的背景颜色	.CollapsiblePanelTabHover、 .CollapsiblePanelOpen .CollapsiblePanelTabHover	background-color: #CCC;

实例 090　插入Spry工具提示——制作图片展示页面

在网页中，Spry工具提示的运用主要是用来给浏览者提供除了页面上显示之外的信息，在运用了Spry工具提示的网页中，当浏览者将鼠标移至网页中某个特定的元素上时，Spry工具提示即会显示关于该元素的其他信息；当浏览者移开鼠标指针后，显示的内容便会消失。下面我们将向大家介绍一下Spry工具提示的使用方法。

- **源 文 件** | 光盘\源文件\第11章\实例90.html
- **视　　频** | 光盘\视频\第11章\实例90.swf
- **知 识 点** | 插入Spry工具提示
- **学习时间** | 25分钟

实例分析

本实例制作的是图片展示页面，页面中Spry工具提示的运用给浏览者提供了除页面显示的图片以外更大的图片效果，从而给浏览者更加清晰、细腻的视觉感受，页面的最终效果如图11-143所示。

图11-143 最终效果

知识点链接

Spry工具提示包含以下三个元素。

- **工具提示容器**：该元素包含在用户激活工具提示时要显示的消息或内容。
- 激活工具提示的浏览器特定。
- **构造函数脚本**：它是指示Spry创建工具提示功能的JavaScript。

制作步骤

01 执行"文件→新建"菜单命令，弹出"新建文档"对话框，设置如图11-144所示。单击"创建"按钮，新建一个空白文档，将该页面保存为"光盘\源文件\第11章\实例90.html"。使用相同方法，新建一个CSS样式表文件，将其保存为"光盘\源文件\第11章\style\11-90.css"，如图11-145所示。

图11-144 "新建文档"对话框

图11-145 "新建文档"对话框

02 单击"CSS样式"面板上的"附加样式表"按钮，弹出"链接外部样式表"对话框，设置如图11-146所示，单击"确定"按钮。切换到11-90.css文件中，创建名为"*"的通配符CSS规则和名为body的标签CSS规则，如图11-147所示。

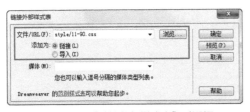

图11-146 "链接外部样式表"对话框

图11-147 CSS样式代码

03 返回到设计视图，可以看到页面的效果，如图11-148所示。将光标放置在页面中，插入名为box的Div。切换到11-90.css文件中，创建名为#box的CSS规则，如图11-149所示。

图11-148 页面效果

图11-149 CSS样式代码

04 返回到设计视图，可以看到页面的效果，如图11-150所示。将光标移至名为box的Div中，将多余文字删除，插入名为pic的Div。切换到11-90.css文件中，创建名为#pic的CSS规则，如图11-151所示。

图11-150 页面效果

```
#pic{
    float:left;
    width:311px;
    height:232px;
    margin:5px 5px;
}
```

图11-151 CSS样式代码

05 返回到设计视图，可以看到页面的效果，如图11-152所示。将光标移至名为pic的Div中，将多余文字删除，插入图像并输入文字，如图11-153所示。

图11-152 页面效果

图11-153 插入图像并输入文字

06 切换到11-90.css文件中，创建名为.font的类CSS样式，如图11-154所示。返回到设计视图，为相应的文字应用该样式，如图11-155所示。

```
.font{
    font-weight:bold;
    line-height:25px;
}
```

图11-154 CSS样式代码

图11-155 页面效果

07 使用相同的方法，完成其他内容的制作，页面效果如图11-156所示。选中第一张图像，单击"插入"面板上"Spry"选项卡中的"Spry工具提示"选项，插入Spry工具提示，如图11-157所示。

图11-156 页面效果

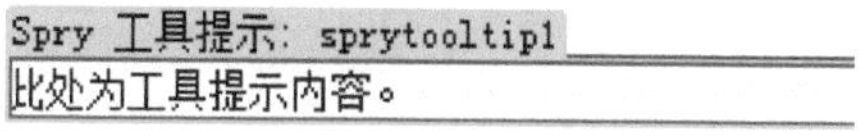

Spry 工具提示: sprytooltip1
此处为工具提示内容。

图11-157 Spry工具提示

08 单击选中刚插入的Spry工具提示，在"属性"面板上对其相关属性进行设置，如图11-158所示。切换到Spry工具提示的外部CSS样式表文件SpryTooltip.css中，找到.tooltipContent样式表，如图11-159所示。

图11-158 "属性"面板

```
.tooltipContent
{
    background-color: #FFFFCC;
}
```

图11-159 CSS样式代码

09 对样式进行相应的修改，修改后代码如图11-160所示。返回到设计视图，可以看到Spry工具提示的效果，如图11-161所示。

```
.tooltipContent
{
    border:#FFF 5px solid;
    height:367px;
}
```

图11-160 CSS样式代码

图11-161 页面效果

10 将光标移至Spry工具提示标签中，将多余文字删除，插入图像"光盘\源文件\第11章\images\9311.jpg"，如图11-162所示。使用相同的方法，完成其他部分内容的制作，执行"文件→保存"菜单命令，保存该页面。在浏览器中测试Spry工具提示的效果，如图11-163所示。

图11-162 插入图像

图11-163 预览效果

Q 如何设置Spry工具提示的显示效果？

A 可以选中网页中插入的Spry工具提示，在"属性"面板上的"效果"选项区中设置该Spry工具提示的显示效果，如图11-164所示。

在"效果"选项区中可以选择工具提示出现时使用的效果类型。默认选择"无"选项，则表示Spry工

图11-164 "属性"面板

具提示不使用任何效果。如果选择"遮帘"选项，则应用遮帘效果，类似于百叶窗，可向上移动和向下移动以显示和隐藏工具提示。如果选择"渐隐"选项，则应用渐隐效果，可淡入和淡出Spry工具提示。

Q 如何控制Spry工具提示的显示时间和延迟时间？

A 可以选中网页中插入的Spry工具提示，在"属性"面板中通过对"显示延迟"和"隐藏延迟"选项进行设置即可。

"显示延迟"选项用于设置Spry工具提示进入触发器元素后在显示前的延迟（以毫秒为单位），默认值为0。

"隐藏延迟"选项用于设置Spry工具提示离开触发器元素后在消失前的延迟（以毫秒为单位），默认值为0。

第 **12** 章

布局制作商业
网站页面

在前面的章节中，我们主要向大家介绍了关于Dreamweaver的一些基本知识点，并且结合实例进行讲解。这一章是本书的最后一章，在本章中主要是将前面所学的知识进行汇总，并综合运用在一些不同类别的网站页面中，从而体现出各个知识点的功能，也进一步巩固前面所学的知识，使得读者能够真正的学以致用。

接下来，我们将通过制作不同类别的网站页面，来向大家综合讲述每个知识点的运用方法和技巧。

实例 091　制作宠物猫咪网站页面

宠物类网站页面通常会使用色彩鲜明的颜色搭配一些漂亮美观的动画形象，并且整个页面会营造出一种充满生命活力的氛围，同时突出小动物灵气十足的特性，从而更好地表现出该页面所宣传的商品的实用性。

● **源 文 件**｜光盘\源文件\第12章\实例91.html

● **视　　频**｜光盘\视频\第12章\实例91.swf

● **知 识 点**｜Div标签、li标签

● **学习时间**｜20分钟

┤ 实例分析 ├

本实例制作的是一个宠物类的网站页面，该页面宣传的是猫粮。该页面在整体色彩搭配上使用明艳的紫红色和沉稳的白色，紫红色突出了小动物的可爱和灵气，白色也突出产品质量的可靠性，该页面最终效果如图12-1所示。

图12-1 最终效果

┤ 知识点链接 ├

本实例的页面结构从整体来看分为上中下三个部分，且中间的部分又分为左右两个部分，通过Div标签的定义将大致的框架进行划分和定位，再完成内部的内容制作，页面的顶部使用Flash动画进行展示。

┤ 制作步骤 ├

01 执行"文件→新建"菜单命令，弹出"新建文档"对话框，设置如图12-2所示。单击"创建"按钮，新建空白文档，将该页面保存为"光盘\源文件\第12章\实例91.html"。使用相同的方法，新建一个CSS样式表文件，并将其保存为"光盘\源文件\第12章\style\12-91.css"，如图12-3所示。

图12-2 "新建文档"对话框

图12-3 "新建文档"对话框

02 单击"CSS样式"面板上的"附加样式表"按钮,弹出"链接外部样式表"对话框,设置如图12-4所示,单击"确定"按钮。切换到12-91.css文件中,创建名为"*"的通配符CSS规则和名为body的标签CSS规则,如图12-5所示。

图12-4 "链接外部样式表"对话框

```
* {
    margin: 0px;
    border: 0px;
    padding: 0px;
}
body {
    font-family: "宋体";
    font-size: 12px;
    color: #FFF;
    background-image: url(../images/9101.jpg);
    background-repeat: repeat-x;
}
```

图12-5 CSS样式代码

03 返回到设计视图,可以看到页面的效果,如图12-6所示。将光标移至页面中,插入名为box的Div。切换到12-91.css文件中,创建名为#box的CSS规则,如图12-7所示。

图12-6 页面效果

```
#box {
    width: 888px;
    height: 100%;
    overflow: hidden;
    margin: 0px auto;
}
```

图12-7 CSS样式代码

04 返回到设计视图,页面效果如图12-8所示。将光标移至名为box的Div中,删除多余文字,插入名为top的Div。切换到12-91.css文件中,创建名为#top的CSS规则,如图12-9所示。

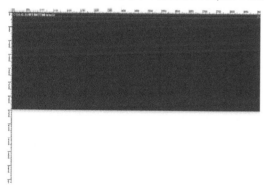

图12-8 页面效果

```
#top {
    width: 888px;
    height: 330px;
}
```

图12-9 CSS样式代码

05 返回到设计视图,页面效果如图12-10所示。将光标移至名为top的Div中,删除多余文字,插入Flash动画"光盘\源文件\第12章\images\flash.swf",如图12-11所示。

06 在名为top的Div后,插入名为menu的Div。切换到12-91.css文件中,创建名为#menu的CSS规则,如图12-12所示。返回到设计视图,页面效果如图12-13所示。

图12-10 页面效果

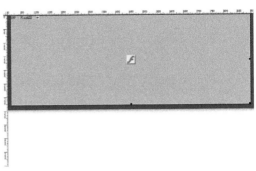

图12-11 CSS样式代码

```
#menu {
    width: 606px;
    height: 26px;
    background-color: #670053;
    margin: 0px auto;
    line-height: 26px;
    text-align: center;
    padding:5px 118px;
}
```

图12-12 CSS样式代码

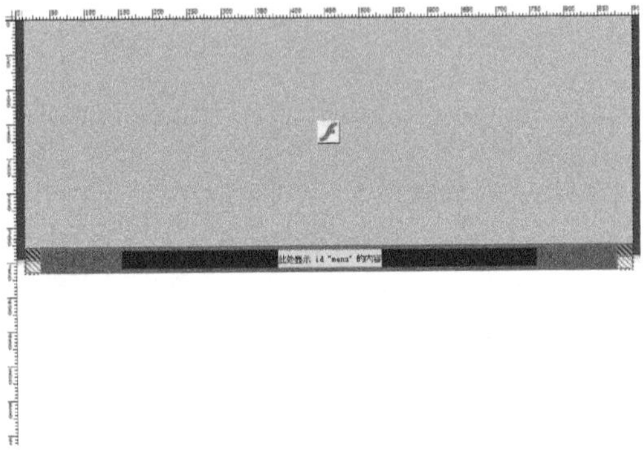

图12-13 页面效果

07 将光标移至名为menu的Div中，将多余文字删除，输入段落文本，并为文字创建项目列表，如图12-14所示。转换到代码视图，可以看到相应的代码效果，如图12-15所示。

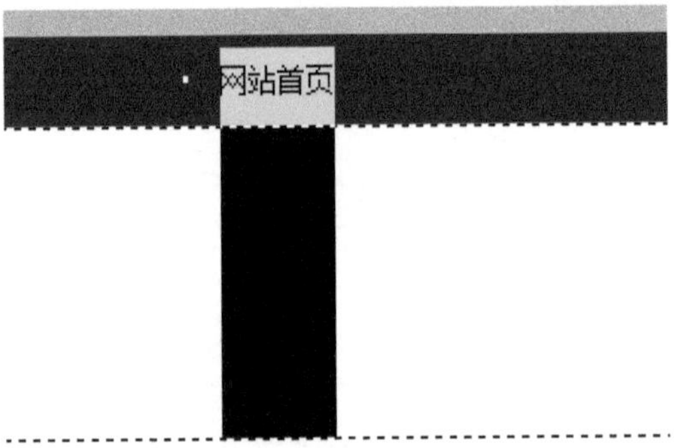

图12-14 输入段落文字

```
<div id="menu">
    <ul>
        <li>网站首页</li>
        <li>公司信息</li>
        <li>商品信息</li>
        <li>客户反馈</li>
        <li>店铺信息</li>
        <li>联系我们</li>
    </ul>
</div>
```

图12-15 代码视图

08 切换到12-91.css文件中，创建名为#menu li 的CSS规则，如图12-16所示。返回到设计视图，页面效果如图12-17所示。

```
#menu li {
    list-style-type: none;
    background-image: url(../images/9106.png);
    background-repeat: no-repeat;
    background-position: 5px center;
    padding-left: 15px;
}
```

图12-16 CSS样式代码

图12-17 页面效果

09 在名为menu的Div后，插入名为pic的Div。切换到12-91.css文件中，创建名为#pic的CSS规则，如图12-18所示。返回到设计视图，可以看到页面效果，如图12-19所示。

```
#pic {
    width: 888px;
    height: 253px;
    margin-top: 50px;
}
```

图12-18　CSS样式代码

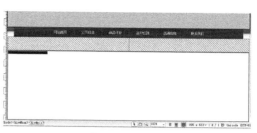

图12-19　页面效果

10 将光标移至名为pic的Div中，删除多余文字，插入名为pic01的Div。切换到12-91.css文件中，创建名为#pic01的CSS规则，如图12-20所示。返回到设计视图，页面效果如图12-21所示。

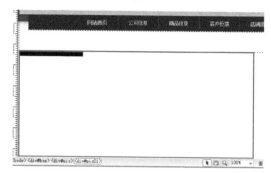

```
#pic01 {
    width: 580px;
    height: 253px;
    float: left;
}
```

图12-20　CSS样式代码

图12-21　页面效果

11 将光标移至名为pic01的Div中，将多余文字删除，插入图像"光盘\源文件\第12章\images\9102.jpg"，如图12-22所示。在名为pic01的Div后，插入名为pic02的Div。切换到12-91.css文件中，创建名为#pic02的CSS规则，如图12-23所示。

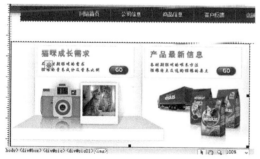

图12-22　页面效果

```
#pic02 {
    width: 263px;
    height: 253px;
    background-image: url(../images/9103.jpg);
    background-repeat: no-repeat;
    float: left;
}
```

图12-23　CSS样式代码

12 返回到设计视图，页面效果如图12-24所示。将光标移至名为pic02的Div中，删除多余文字，插入名为title的Div。切换到12-91.css文件中，创建名为#title的CSS规则，如图12-25所示。

图12-24　页面效果

```
#title {
    width: 243px;
    height: 30px;
    line-height: 30px;
    font-size: 14px;
    font-weight: bold;
    color: #98689a;
    text-align: left;
    padding-left: 20px;
    background-image: url(../images/9105.jpg);
    background-repeat: no-repeat;
    background-position: left bottom;
}
```

图12-25　CSS样式代码

13 返回到设计视图，页面效果如图12-26所示。将光标移至名为title的Div中，将多余文字删除，输入文字并插入图片，页面效果如图12-27所示。

图12-26 页面效果

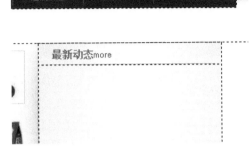
图12-27 输入文字并插入图像

14 切换到12-91.css文件中，创建名为#title img的CSS规则，如图12-28所示。返回到设计视图，页面效果如图12-29所示。

```
#title img {
    margin-left: 145px;
    margin-bottom: 2px;
}
```
图12-28 CSS样式代码

图12-29 页面效果

15 在名为title的Div后插入名为news的Div。切换到12-91.css文件中，创建名为#news的CSS规则，如图12-30所示。返回到设计视图，页面效果如图12-31所示。

```
#news {
    width: 243px;
    height: 183px;
    padding: 20px 10px 20px 10px;
    color: #9b0280;
    line-height: 25px;
}
```
图12-30 CSS样式代码

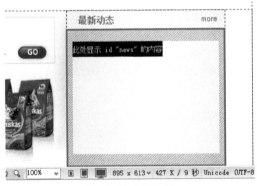
图12-31 页面效果

16 将光标移至名为news的Div中，将多余文字删除，输入段落文字，并为文字创建项目列表，如图12-32所示。转换到代码视图，可以看到相应的代码效果，如图12-33所示。

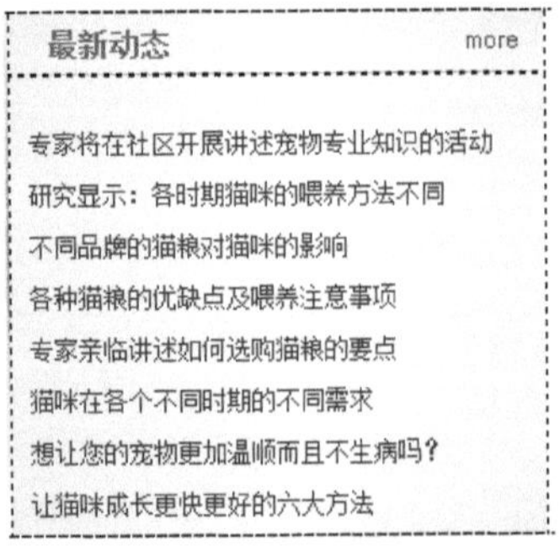

图12-32 输入文字并创建项目列表

```
<div id="news">
    <ul>
        <li>专家将在社区开展讲述宠物专业知识的活动</li>
        <li>研究显示：各时期猫咪的喂养方法不同</li>
        <li>不同品牌的猫粮对猫咪的影响</li>
        <li>各种猫粮的优缺点及喂养注意事项</li>
        <li>专家亲临讲述如何选购猫粮的要点</li>
        <li>猫咪在各个不同时期的不同需求</li>
        <li>想让您的宠物更加温顺而且不生病吗？</li>
        <li>让猫咪成长更快更好的六大方法</li>
    </ul>
</div>
```
图12-33 代码视图

17 切换到12-91.css文件中，创建名为
#news li 的CSS规则，如图12-34所示。返
回到设计视图，页面效果如图12-35所示。

```
#news li {
    list-style-type: none;
    background-image: url(../images/9106.png);
    background-repeat: no-repeat;
    background-position: 5px center;
    padding-left: 15px;
}
```

图12-34 CSS样式代码　　　　图12-35 页面效果

18 在名为pic的Div后插入名为bottom的Div。切换到12-91.css文件中，创建名为#bottom的CSS规则，如图
12-36所示。返回到设计视图，页面效果如图12-37所示。

```
#bottom {
    width: 800px;
    height: 64px;
    margin: 0px auto;
    margin-top: 40px;
    color: #666666;
    line-height: 25px;
}
```

图12-36 CSS样式代码

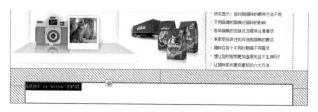

图12-37 页面效果

19 将光标移至名为bottom的Div中，将多余文字删除，插入相应图像并输入文字，页面效果如图12-38所示。
切换到12-91.css文件中，创建名为#bottom img的CSS规则，如图12-39所示。

图12-38 插入图像并输入文字

```
#bottom img {
    margin-right: 50px;
    float: left;
}
```

图12-39 CSS样式代码

20 返回到设计视图，页面效果如图12-40所示。完成页面的制作，页面整体效果如图12-41所示。

21 执行"文件→保存"菜单命令，保存页面。在浏览器中浏览该页面的效果，如图12-42所示。

图12-40 页面效果

图12-41 页面效果

图12-42 预览效果

Q 在网页中插入多媒体对象后，在HTML语言中会生成什么标签？

A 当在网页中插入多媒体对象后，HTML语言中会生成<embed>标签；另外，若在网页中插入一些特殊对
象，HTML语言中则会生成<object>标签。

　　多媒体对象插入标签<embed>的基本语法是<embed src=#></embed>，其中"#"代表URL地址。

Q "对象标签辅助功能属性"对话框的作用是什么？

A 用于设置媒体对象辅助功能选项，屏幕阅读器会朗读该对象的标题。在"标题"文本框中输入媒体对象的标题，在"访问键"文本框中输入等效的键盘键（一个字母），用以在浏览器中选择该对象，这使得站点访问者可以使用Ctrl键（Windows）和Access键来访问该对象。例如，如果输入B作为快捷键，则使用Ctrl+B组合键在浏览器中选择该对象。在"Tab键索引"文本框中输入一个数字以指定该对象的Tab键顺序。当页面上有其他链接和对象，并且需要用户用Tab键以特定顺序通过这些对象时，设置Tab键顺序就会非常有用。如果为一个对象设置Tab键顺序，则一定要为所有对象设置Tab键顺序。

实例 092 制作设计工作室网站页面

创建链接是一个网页必不可少的步骤，如果一个网页没有添加任何有效的链接，那么这个网页便失去了意义，也没有任何价值和作用。因此，作为网页的设计和制作者，应熟悉各种链接的创建方法。下面我们将为大家讲述如何创建图像超链接，并为图像实现鼠标经过变化的效果。

- **源 文 件** | 光盘\源文件\第12章\实例92.html
- **视　　频** | 光盘\视频\第12章\实例92.swf
- **知 识 点** | 鼠标经过图像、创建图像超链接
- **学习时间** | 30分钟

实例分析

本实例制作的是一个设计工作室的网站页面，整个页面居左显示，并且使用了鼠标经过图像和为图像创建超链接的方式来加强页面的互动性，从而使得页面更具活力，页面的最终效果如图12-43所示。

图12-43 最终效果

知识点链接

在网页的设计与制作过程中，总会有些需要创建链接的地方，但由于还不确定链接的地址，就需要用到空链接来留出链接的位置，从而方便以后添加链接。

空链接同样具有链接的所有属性，另外还可以用来验证页面中的CSS样式表效果、响应鼠标事件等。

制作步骤

01 执行"文件→新建"菜单命令，弹出"新建文档"对话框，设置如图12-44所示。单击"创建"按钮，新建一个空白文档，将该页面保存为"光盘\源文件\第12章\实例92.html"。使用相同的方法，新建一个CSS样式表文件，将其保存为"光盘\源文件\第12章\style\12-92.css"，如图12-45所示。

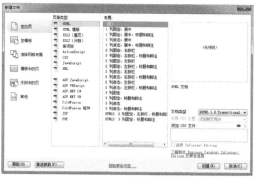

图12-44 "新建文档"对话框

图12-45 "新建文档"对话框

02 单击 "CSS样式" 面板上的 "附加样式表" 按钮，弹出 "链接外部样式表" 对话框，设置如图12-46所示，单击 "确定" 按钮。切换到12-92.css文件中，创建名为 "*" 的通配符CSS规则和名为body的标签CSS规则，如图12-47所示。

图12-46 "链接外部样式表" 对话框

```
* {
    margin: 0px;
    padding: 0px;
    border: 0px;
}
body {
    font-family: "宋体";
    font-size: 12px;
    color: #B68A18;
    background-image: url(../images/9201.gif);
    background-repeat: repeat-x;
    background-color: #F2EFDE;
}
```

图12-47 CSS样式代码

03 返回到设计视图，可以看到页面的效果，如图12-48所示。将光标放置在页面中，插入名为box的Div。切换到12-92.css文件中，创建名为#box的CSS规则，如图12-49所示。

图12-48 页面效果

```
#box {
    width: 779px;
    height: 100%;
    overflow: hidden;
}
```

图12-49 CSS样式代码

04 返回到设计视图，可以看到页面的效果，如图12-50所示。将光标移至名为box的Div中，将多余文字删除，插入名为top的Div。切换到12-92.css文件中，创建名为#top的CSS规则，如图12-51所示。

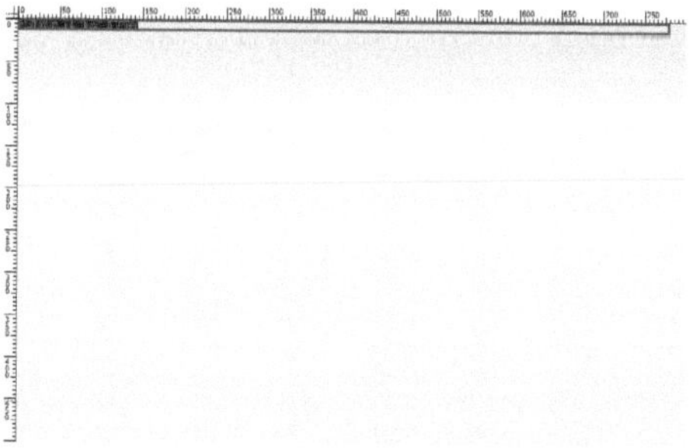

图12-50 页面效果

```
#top {
    background-image: url(../images/9202.jpg);
    background-repeat: repeat-x;
    height: 91px;
    width: 779px;
}
```

图12-51 CSS样式代码

05 返回到设计视图，页面效果如图12-52所示。将光标移至名为top的Div中，将多余文字删除，插入名为logo的Div。切换到12-92.css文件中，创建名为#logo的CSS规则，如图12-53所示。

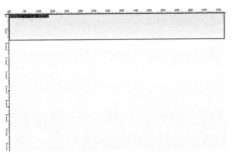

```
#logo {
    background-image: url(../images/9229.jpg);
    background-repeat: no-repeat;
    float: left;
    height: 84px;
    width: 211px;
    margin-top: 7px;
}
```

图12-52 页面效果　　　　　　　　　　　　　图12-53 CSS样式代码

06 返回到设计视图，页面效果如图12-54所示。将光标移至名为logo的Div中，将多余文字删除，在该Div后插入名为menu的Div。切换到12-92.css文件中，创建名为#menu的CSS规则，如图12-55所示。

```
#menu {
    float: right;
    height: 21px;
    width: 344px;
    margin-top: 32px;
}
```

图12-54 页面效果　　　　　　　　　　　　　图12-55 CSS样式代码

07 返回到设计视图，页面效果如图12-56所示。将光标移至名为menu的Div中，将多余文字删除，插入图像"光盘\源文件\第12章\images\9203.jpg"，如图12-57所示。

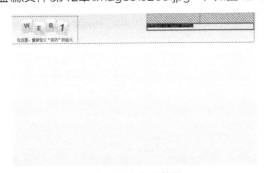

图12-56 页面效果　　　　　　　　　　　　　图12-57 插入图像

08 将光标移至刚插入的图像后，单击"插入"面板上"常用"选项卡中的"图像"按钮旁的三角形按钮，在弹出菜单中选择"鼠标经过图像"选项，如图12-58所示。弹出"插入鼠标经过图像"对话框，设置如图12-59所示。

图12-58 "插入"面板　　　图12-59 "插入鼠标经过图像"对话框

09 设置完成后，单击"确定"按钮，即可插入鼠标经过图像，如图12-60所示。使用相同的方法，完成其他鼠标经过图像的制作，页面效果如图12-61所示。

图12-60 页面效果　　　　　　　　　　　　　　　　图12-61 页面效果

10 在名为top的Div后插入名为main的Div。切换到12-92.css文件中，创建名为#main的CSS规则，如图12-62所示。返回到设计视图，页面效果如图12-63所示。

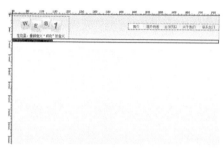

```
#main {
    width: 779px;
    height:100%;
    overflow:hidden;
}
```

图12-62 CSS样式代码　　　　　　　　　　　　　　　图12-63 页面效果

11 将光标移至名为main的Div中，将多余文字删除，插入名为left的Div。切换到12-92.css文件中，创建名为#left的CSS规则，如图12-64所示。返回到设计视图，页面效果如图12-65所示。

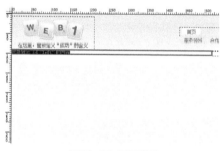

```
#left {
    float: left;
    width: 520px;
    height:100%;
    overflow:hidden;
}
```

图12-64 CSS样式代码　　　　　　　　　　　　　　　图12-65 页面效果

12 将光标移至名为left的Div中，将多余文字删除，插入图像"光盘\源文件\第12章\images\9212.jpg"，如图12-66所示。将光标移至图像后，插入名为content_title的Div。切换到12-92.css文件中，创建名为#content_title的CSS规则，如图12-67所示。

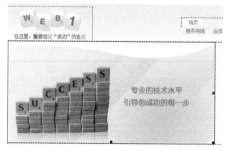

```
#content_title {
    font-size: 16px;
    font-weight: bold;
    color: #FFFFFF;
    background-image: url(../images/9213.gif);
    background-repeat: no-repeat;
    height: 46px;
    width: 511px;
    padding-top: 19px;
    padding-left: 6px;
}
```

图12-66 插入图像　　　　　　　　　　　　　　　　图12-67 CSS样式代码

13 返回到设计视图，页面效果如图12-68所示。将光标移至名为content_title的Div中，将多余文字删除，输入相应的文字，如图12-69所示。

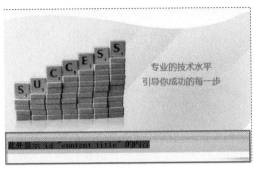

图12-68 页面效果

图12-69 输入文字

14 使用相同的方法，完成其他部分内容的制作，页面效果如图12-70所示。在名为left的Div后插入名为right的Div。切换到12-92.css文件中，创建名为#right的CSS规则，如图12-71所示。

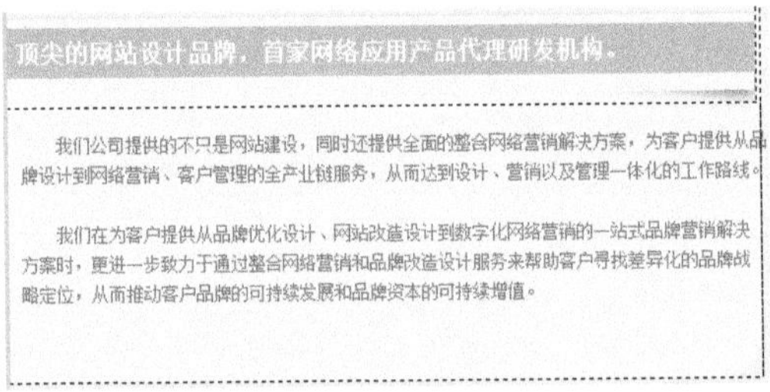

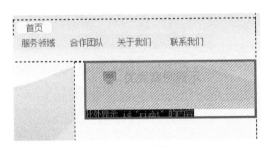

图12-70 页面效果

```css
#right {
    background-image: url(../images/9215.jpg);
    background-repeat: no-repeat;
    background-position: left top;
    float: right;
    width: 244px;
    padding-top: 68px;
}
```

图12-71 CSS样式代码

15 返回到设计视图，页面效果如图12-72所示。将光标移至名为right的Div中，将多余文字删除，依次插入相应的图像，如图12-73所示。

图12-73 插入图像

图12-72 页面效果

16 转换到代码视图，添加相应的列表标签，如图12-74所示。切换到12-92.css文件中，创建名为#right li的CSS规则，如图12-75所示。

```html
<div id="right">
    <ul>
        <li><img src="images/9216.jpg" width="244" height="108" /></li>
        <li><img src="images/9217.jpg" width="244" height="108" /></li>
        <li><img src="images/9218.jpg" width="244" height="108" /></li>
    </ul>
</div>
```

图12-74 添加列表标签

```css
#right li {
    list-style: none;
    margin-top: 5px;
    margin-bottom: 5px;
    border-bottom: 1px dashed #D1B464;
}
```

图12-75 CSS样式代码

17 返回到设计视图，页面效果如图12-76所示。使用相同的方法，完成其他部分的制作，页面效果如图12-77所示。

图12-76 页面效果

图12-77 页面效果

18 在名为link的Div后插入名为news的Div。切换到12-92.css文件中，创建名为#news的CSS规则，如图12-78所示。返回到设计视图，页面效果如图12-79所示。

```
#news {
    height: 309px;
    width: 779px;
}
```

图12-78 CSS样式代码

图12-79 页面效果

19 将光标移至名为news的Div中，将多余文字删除，插入名为company的Div。切换到12-92.css文件中，创建名为#company的CSS规则，如图12-80所示。返回到设计视图，页面效果如图12-81所示。

```
#company {
    background-image: url(../images/9223.jpg);
    background-repeat: no-repeat;
    float: left;
    height: 250px;
    width: 517px;
    padding-top: 59px;
}
```

图12-80 CSS样式代码

图12-81 页面效果

20 将光标移至名为company的Div中，将多余文字删除，插入名为company_content的Div。切换到12-92.css文件中，创建名为#company_content的CSS规则，如图12-82所示。返回到设计视图，页面效果如图12-83所示。

21 将光标移至名为company_content的Div中，将多余文字删除，并输入相应的文字，如图12-84所示。选中相应的文字，在"属性"面板上对其相关属性进行设置，如图12-85所示。

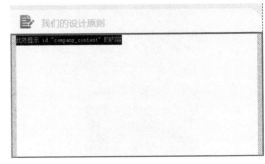

图12-83 页面效果

```
#company_content {
    line-height: 22px;
    background-image: url(../images/9224.gif);
    background-repeat: repeat-x;
    height: 250px;
    width: 495px;
    padding-right: 11px;
    padding-left: 11px;
}
```
图12-82 CSS样式代码

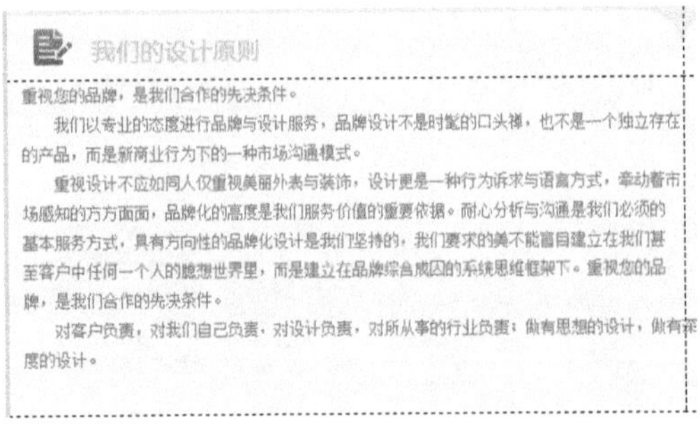

图12-84 输入文字

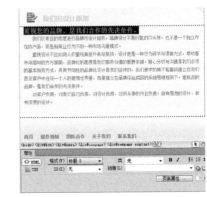

图12-85 属性设置

22 切换到12-92.css文件中，创建名为#company_content h2的CSS规则，如图12-86所示。返回到设计视图，页面效果如图12-87所示。

```
#company_content h2 {
    font-size: 14px;
    font-weight: bold;
    background-image: url(../images/9233.gif);
    background-repeat: no-repeat;
    background-position: left 8px;
    padding-top: 2px;
    padding-bottom: 5px;
    padding-left: 20px;
    border-top: 1px dashed #D1B464;
    border-bottom: 1px dashed #D1B464;
}
```
图12-86 CSS样式代码

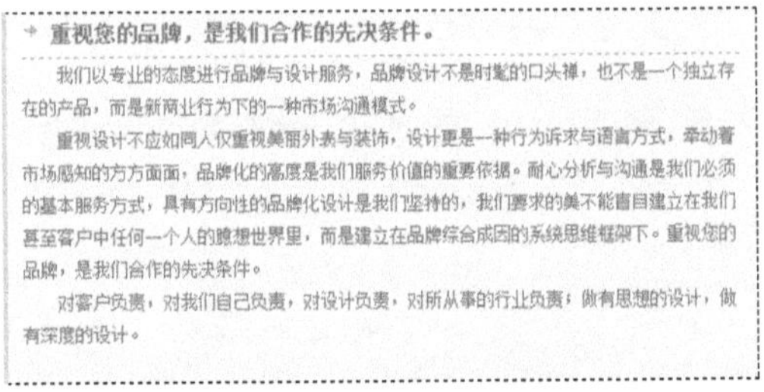

图12-87 页面效果

23 在名为company的Div后，插入名为text的Div。切换到12-92.css文件中，创建名为#text的CSS规则，如图12-88所示。返回到设计视图，页面效果如图12-89所示。

```
#text {
    background-image: url(../images/9225.jpg);
    background-repeat: no-repeat;
    float: right;
    height: 250px;
    width: 262px;
    padding-top: 59px;
}
```
图12-88 CSS样式代码

图12-89 页面效果

24 将光标移至名为text的Div中，将多余文字删除，插入名为text_content的Div。切换到12-92.css文件中，创建名为#text_content的CSS规则，如图12-90所示。返回到设计视图，页面效果如图12-91所示。

```
#text_content {
    line-height: 20px;
    background-color: #FFFCEA;
    background-image: url(../images/9226.jpg);
    background-repeat: no-repeat;
    background-position: center bottom;
    height: 250px;
    width: 242px;
    padding-right: 0px;
    padding-left: 20px;
}
```

图12-90 CSS样式代码

图12-91 页面效果

25 将光标移至名为text_content的Div中，将多余文字删除，输入相应的文字，如图12-92所示。转换到代码视图，为文字添加项目列表标签，如图12-93所示。

图12-92 输入文字

```
<div id="text_content">
  <ul>
    <li>网站界面设计</li>
    <li>软件界面设计</li>
    <li>手持终端设备界面设计</li>
    <li>网站整体形象提升策略</li>
    <li>PSD/table转DIV+CSS</li>
    <li>名片/画册/封面/CD/海报等印刷设计</li>
    <li>Logo标志标识/字体设计</li>
  </ul>
</div>
```

图12-93 添加列表标签

26 切换到12-92.css文件中，创建名为#text_content li的CSS规则，如图12-94所示。返回到设计视图，页面效果如图12-95所示。

```
#text_content li{
    list-style: none;
    background-image: url(../images/9227.png);
    background-repeat: no-repeat;
    background-position:left center;
    padding-left:15px;
}
```

图12-94 CSS样式代码

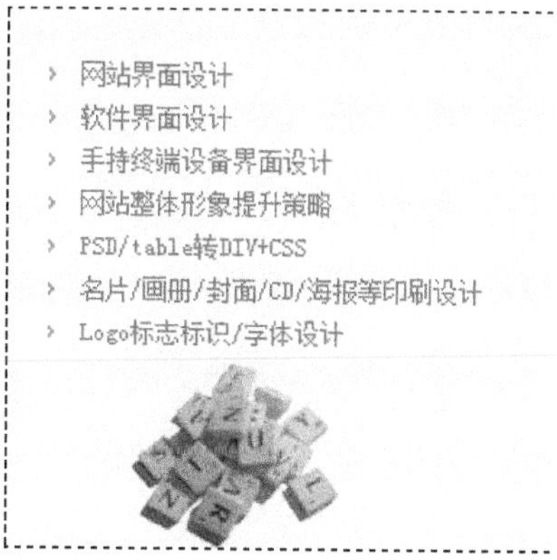

图12-95 页面效果

27 使用相同的方法，完成其他内容的制作，页面效果如图12-96所示。将光标移至名为right的Div中，为该Div中的图像添加空链接。切换到12-92.css文件中，创建名为.rellover的类CSS样式，如图12-97所示。

图12-96 页面效果

```
.rellover {
    display: block;
}
```

图12-97 CSS样式代码

28 转换到代码视图，在名为right的Div中的 <a>标签中应用样式表rellover，如图12-98 所示。切换到12-92.css文件中，创建名为 .rellover:hover和.rellover:hover img的类 CSS样式，如图12-99所示。

```
<ul>
    <li><a href="#" class="rellover">
<img src="images/9216.jpg" width="244"
height="108" /></a></li>
    <li><a href="#" class="rellover">
<img src="images/9217.jpg" width="244"
height="108" /></a></li>
    <li><a href="#" class="rellover">
<img src="images/9218.jpg" width="244"
height="108" /></a></li>
</ul>
```

图12-98 代码视图

```
.rellover:hover {
    visibility: visible;
}
.rellover:hover img {
    visibility: hidden;
}
```

图12-99 CSS样式代码

29 转换到代码视图，在该Div中的每个超链接 标签中设置不同的id名称，如图12-100所 示。切换到12-92.css文件中，创建名为 #pic1、#pic2和#pic3的CSS规则，如图12-101所示。

```
<ul>
    <li><a href="#" class="rellover"
id="pic1"><img src="images/9216.jpg"
width="244" height="108" /></a></li>
    <li><a href="#" class="rellover"
id="pic2"><img src="images/9217.jpg"
width="244" height="108" /></a></li>
    <li><a href="#" class="rellover"
id="pic3"><img src="images/9218.jpg"
width="244" height="108" /></a></li>
</ul>
```

图12-100 设置id名称

```
#pic1{
    background-image:url(../images/9230.jpg);
    background-repeat:no-repeat;
}
#pic2{
    background-image:url(../images/9231.jpg);
    background-repeat:no-repeat;
}
#pic3{
    background-image:url(../images/9232.jpg);
    background-repeat:no-repeat;
}
```

图12-101 CSS样式代码

30 执行"文件→保存"菜单命令，保存该页面。按F12键即可在浏览器中预览该页面的效果如图12-102所示。

图12-102 预览效果

Q 什么是空链接？在网页中有什么作用？

A 所谓空链接，就是没有目标端点的链接。利用空链接，可以激活文件中链接所对应的对象和文本。当文本或对象 被激活后，即可为之添加行为，比如当鼠标经过后变换图片，或者使某一Div显示。

Q 什么是E-mail链接？在网页中有什么作用？

A E-Mail链接是指当用户在浏览器中单击该链接之后，不是打开一个网页文件，而是启动用户系统客户端的E-Ma 软件（如：Outlook Express），并打开一个空白的新邮件，主要用于供用户撰写内容来与网站联系。

实例 093 制作医疗健康类网站页面

医疗健康类网站页面通常会使用色彩清淡柔和、明度低的色调搭配一些轻松快活的动画形象，整个页面营 出一种轻松温和的氛围，达到使浏览者身心愉快的效果，这样更能体现出该页面的实用性和浏览性。

- **源 文 件**｜光盘\源文件\第12章\实例93.html
- **视　　频**｜光盘\视频\第12章\实例93.swf
- **知 识 点**｜Div标签、li标签和<span>标签
- **学习时间**｜30分钟

实例分析

　　本实例制作的是医疗健康类的网站页面，该页面使用适合的排版方式将许多的页面信息排列得井井有条，给浏览者带来整洁、规律的视觉感受，并以图片、文字和动画相结合的方式减轻了浏览者浏览信息时的压力，页面最终效果如图12-103所示。

图12-103 最终效果

知识点链接

　　本实例页面采用了居左的布局方式，页面分为上中下三个部分，而中间部分采用左右布局的方式，层次清晰分明；左边中间部分使用一个轻松美观的动画展示，更显得页面整洁美观。该页面涉及的知识点有Div标签、<li>标签、<span>标签和图片与文字的类CSS样式等。

制作步骤

01 执行"文件→新建"菜单命令，弹出"新建文档"对话框，设置如图12-104所示。单击"创建"按钮，新建一个空白文档，将该页面保存为"光盘\源文件\第12章\实例93.html"。使用相同的方法，新建一个CSS样式表文件，并将其保存为"光盘\源文件\第12章\style\12-93.css"，如图12-105所示。

图12-104 "新建文档"对话框　　　　图12-105 "新建文档"对话框

02 单击"CSS样式"面板上的"附加样式表"按钮，弹出"链接外部样式表"对话框，设置如图12-106所示，单击"确定"按钮。切换到12-93.css文件中，创建名为"*"的通配符CSS规则和名为body的标签CSS规则，如图12-107所示。

图12-106 "链接外部样式表"对话框　　　图12-107 CSS样式代码

03 返回到设计视图，页面的背景效果如图12-108所示。将光标移至页面中，插入名为box的Div。切换到12-93.css文件中，创建名为#box的CSS规则，如图12-109所示。

图12-108 页面效果

```
#box {
    width: 988px;
    height: 100%;
    overflow: hidden;
}
```

图12-109 CSS样式代码

04 返回到设计视图，页面效果如图12-110所示。将光标移至名为box的Div中，删除多余文字，插入名为top的Div。切换到12-93.css文件中，创建名为#top的CSS规则，如图12-111所示。

图12-110 页面效果

```
#top {
    width: 988px;
    height: 133px;
}
```

图12-111 CSS样式代码

05 返回到设计视图，页面效果如图12-112所示。将光标移至名为top的Div中，删除多余文字，插入名为logo的Div。切换到12-93.css文件中，创建名为#logo的CSS规则，如图12-113所示。

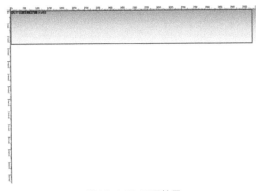

图12-112 页面效果

```
#logo {
    width: 126px;
    height: 133px;
    margin-left: 48px;
    margin-right: 48px;
    float: left;
}
```

图12-113 CSS样式代码

06 返回到设计视图，可以看到页面效果，如图12-114所示。将光标移至名为logo的Div中，将多余文字删除，插入图像"光盘\源文件\第12章\images\9302.gif"，如图12-115所示。

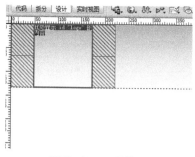

图12-114 页面效果

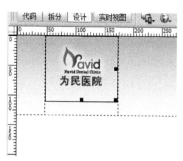

图12-115 插入图片

07 在名为logo的Div后插入名为menu的Div。切换到12-93.css文件中，创建名为#menu的CSS规则，如图12-116所示。返回到设计视图，页面效果如图12-117所示。

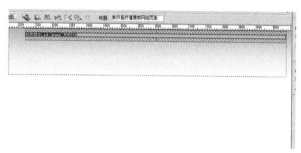

```
#menu {
    width: 766px;
    height: 100%;
    overflow: hidden;
    float: left;
    margin-top: 11px;
    margin-bottom: 11px;
}
```

图12-116 CSS样式代码

图12-117 页面效果

08 将光标移至名为menu的Div中，将多余文字删除，插入名为menu_01的Div。切换到12-93.css文件中，创建名为#menu_01的CSS规则，如图12-118所示。返回到设计视图，页面效果如图12-119所示。

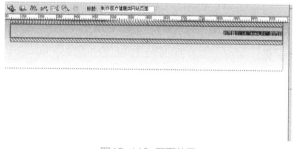

```
#menu_01 {
    width: 766px;
    height: 26px;
    padding-top: 13px;
    text-align: right;
}
```

图12-118 CSS样式代码

图12-119 页面效果

09 将光标移至名为menu_01的Div中，将多余文字删除，并输入相应的文字，页面效果如图12-120所示。转换到代码视图，添加相应的代码，如图12-121所示。

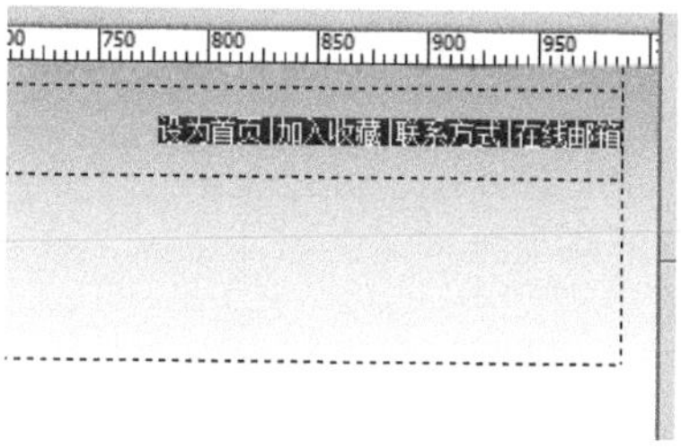

图12-120 页面效果

```
<div id="menu">
    <div id="menu_01"><span>设为首页</span>|<span>加入收藏
</span>|<span>联系方式</span>|<span>在线邮箱</span></div>
</div>
```

图12-121 代码视图

10 切换到12-93.css文件中，创建名为#menu_01 span的CSS规则，如图12-122所示。返回到设计视图，可以看到页面效果，如图12-123所示。

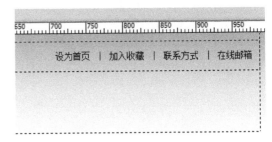

```
#menu_01 span {
    margin-left: 10px;
    margin-right: 10px;
}
```

图12-122 CSS样式代码

图12-123 页面效果

11 在名为menu_01的Div后插入名为flash的Div。切换到12-93.css文件中，创建名为#flash的CSS规则，如图12-124所示。返回到设计视图，页面效果如图12-125所示。

```
#flash {
    width: 766px;
    height: 72px;
}
```

图12-124 CSS样式代码

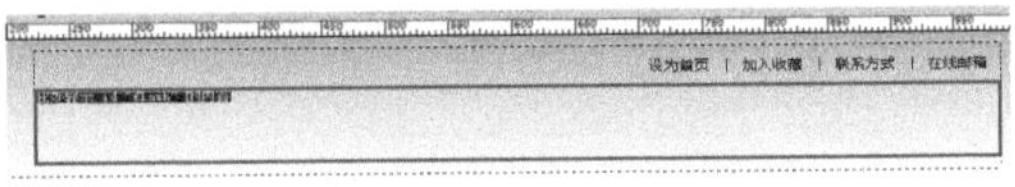

图12-125 页面效果

12 将光标移至名为flash的Div中，删除多余文字，插入flash动画"光盘\源文件\第12章\images\9301.swf"，页面效果如图12-126所示。单击选中刚插入的flash，在"属性"面板上，对相关选项进行设置，如图12-127所示。

图12-126 页面效果

图12-127 "属性"面板

13 在名为top的Div后，插入名为main的Div。切换到12-93.css文件中，创建名为#main的CSS规则，如图12-128所示。返回到设计视图，可以看到页面效果，如图12-129所示。

```
#main {
    width: 989px;
    height: 100%;
    overflow: hidden;
}
```

图12-128 CSS样式代码

图12-129 页面效果

14 将光标移至名为main的Div中，将多余文字删除，插入名为left的Div。切换到12-93.css文件中，创建名为#left的CSS规则，如图12-130所示。返回到设计视图中，可以看到页面效果，如图12-131所示。

```
#left {
    width: 396px;
    height: 507px;
    float: left;
}
```

图12-130 CSS样式代码

图12-131 页面效果

15 将光标移至名为left的Div中，将多余文字删除，插入flash动画"光盘\源文件\第12章\images\9302.swf"，页面效果如图12-132所示。单击选中刚插入的flash，在"属性"面板上对相关选项进行设置，如图12-133所示。

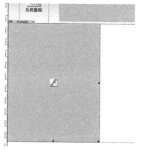

图12-132 插入动画

图12-133 "属性"面板

16 在名为left的Div后，插入名为right的Div。切换到12-93.css文件中，创建名为#right的CSS规则，如图12-134所示。返回到设计视图，页面效果如图12-135所示。

```
#right {
    width: 510px;
    height: 100%;
    overflow: hidden;
    float: left;
}
```

图12-134 CSS样式代码

图12-135 页面效果

17 将光标移至名为right的Div中，将多余文字删除，插入名为right_01的Div。切换到12-93.css文件中，创建名为#right_01的CSS规则，如图12-136所示。返回到设计视图，页面效果如图12-137所示。

```
#right_01 {
    width: 281px;
    height: 100%;
    overflow: hidden;
    float: left;
}
```

图12-136 CSS样式代码

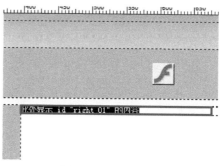

图12-137 页面效果

18 将光标移至名为right_01的Div中，将多余文字删除，插入名为flash01的Div，切换到12-93.css文件中，创建名为#flash01的CSS规则，如图12-138所示。返回到设计视图，页面效果如图12-139所示。

```
#flash01 {
    width: 281px;
    height: 149px;
}
```

图12-138 CSS样式代码

图12-139 页面效果

19 将光标移至名为flash01的Div中，将多余文字删除，插入flash动画"光盘\源文件\第12章\images\9303.swf"，页面效果如图12-140所示。在名为flash01的Div后，插入名为news_title的Div。切换到12-93.css文件中，创建名为#news_title的CSS规则，如图12-141所示。

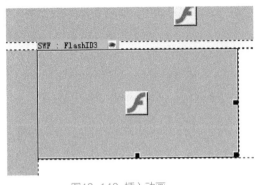

```
#news_title {
    width: 281px;
    height: 15px;
    background-image: url(../images/9306.gif);
    background-repeat: no-repeat;
    background-position: left center;
    border-bottom: solid 2px #d8bfe0;
    text-align: right;
    padding-top: 25px;
}
```

图12-140 插入动画　　　　　　　　　　图12-141 CSS样式代码

20 返回到设计视图，页面效果如图12-142所示。将光标移至名为news_title的Div中，将多余文字删除，插入图像"光盘\源文件\第12章\images\9307.gif"，页面效果如图12-143所示。

图12-142 页面效果　　　　　　　　　　图12-143 页面效果

21 将光标移至名为news_title的Div后，插入图像"光盘\源文件\第12章\images\9308.gif"，如图12-144所示。切换到12-93.css文件中，创建名为.pic01的类CSS样式，如图12-145所示。

```
.pic01 {
    margin-top: 5px;
    margin-bottom: 5px;
}
```

图12-144 页面效果　　　　　　　　　　图12-145 CSS样式代码

22 返回到设计视图，为相应的图片应用该类CSS样式，页面效果如图12-146所示。将光标移至图像后，插入名为news_text的Div。切换到12-93.css文件中，创建名为#news_text的CSS规则，如图12-147所示。

```
#news_text {
    width: 281px;
    height: 96px;
}
```

图12-146 页面效果　　　　　　　　　　图12-147 CSS样式代码

23 返回到设计视图，页面效果如图12-148所示。将光标移至名为news_text的Div中，将多余文字删除，输入相应的段落文字并为文字创建项目列表。转换到代码视图，可以看到相应的代码效果，如图12-149所示。

图12-148 页面效果

```html
<div id="news_text">
    <ul>
        <li>[2012-10-1] 最新解压松弛美容</li>
        <li>[2012-10-1] 美白大王讲座</li>
        <li>[2012-10-1] 产后的身材护理</li>
        <li>[2012-10-1] 赶走衰老让青春常驻</li>
    </ul>
</div>
```

图12-149 代码视图

24 切换到12-93.css文件中，创建名为#news_text li的CSS规则，如图12-150所示。返回到设计视图，可以看到页面效果，如图12-151所示。

```css
#news_text li {
    list-style-type: none;
    line-height: 24px;
    background-image: url(../images/9309.gif);
    background-repeat: no-repeat;
    background-position: 5px center;
    padding-left: 15px;
}
```

图12-150 CSS样式代码

图12-151 页面效果

25 使用相同的方法，完成其他内容的制作，页面效果如图12-152所示。在名为news_title02的Div后插入名为pic的Div。切换到12-93.css文件中，创建名为#pic的CSS规则，如图12-153所示。

图12-152 页面效果

```css
#pic {
    width: 204px;
    height: 390px;
}
```

图12-153 CSS样式代码

26 返回到设计视图，可以看到页面效果，如图12-154所示。将光标移至名为pic的Div中，删除多余文字，并依次插入相应的图像，页面效果如图12-155所示。

27 切换到12-93.css文件中，创建名为#pic img的CSS规则，如图12-156所示。返回到设计视图中，可以看到页面效果，如图12-157所示。

图12-154 页面效果

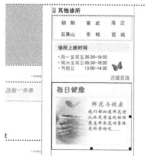

图12-155 页面效果

```css
#pic img {
    margin-top: 10px;
    margin-bottom: 10px;
}
```

图12-156 CSS样式代码

图12-157 页面效果

28 使用相同的方法，完成其他内容的制作，页面效果如图12-158所示。在名为main的Div后插入名为bottom的Div。切换到12-93.css文件中，创建名为#bottom的CSS规则，如图12-159所示。

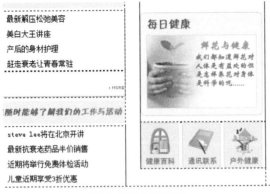

```
#bottom {
    width: 988px;
    height: 100%;
    overflow: hidden;
    background-image: url(../images/9304.gif);
    background-repeat: no-repeat;
    background-position: center top;
    padding-top: 130px;
    line-height: 25px;
    color: #838383;
    margin-top: 25px;
    margin-bottom: 25px;
}
```

图12-158 页面效果　　　　　　　　　　图12-159 CSS样式代码

29 返回到设计视图中，可以看到页面效果，如图12-160所示。光标移至名为bottom的Div中，将多余文字删除，插入相应图像并输入文字，页面效果如图12-161所示。

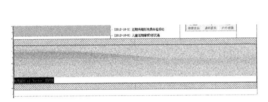

图12-160 页面效果　　　　　　　　　　图12-161 页面效果

30 切换到12-93.css文件中，创建名为#bottom img的CSS规则，如图12-162所示。返回到设计视图中，可以看到页面效果，如图12-163所示。

```
#bottom img {
    margin-left: 61px;
    margin-right: 61px;
    float: left;
}
```

图12-162 CSS样式代码　　　　　　　　

图12-163 页面效果

31 完成页面的制作，执行"文件→保存"菜单命令，保存页面。在浏览器中浏览该页面，效果如图12-164所示。

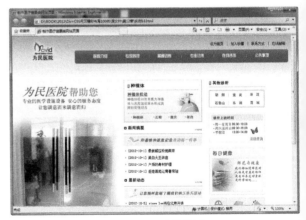

图12-164 预览效果

Q 在什么情况下才能够通过"属性"面板为文字创建项目列表？

A 若想通过单击"属性"面板上的"项目列表"按钮生成项目列表，则所选中的文本必须是段落文本，Dreamweaver CS6才会自动将每一个段落转换成一个项目列表。

Q 怎样才能对项目列表的相关属性进行修改？

A 在设计视图中选中已有列表的其中一项，执行"格式
→列表→属性"菜单命令，即可弹出"列表属性"对
话框，如图12-165所示，在该对话框中可以对列表
的相关属性进行更深入的设置。

图12-165 "列表属性"对话框

实例 094 制作教育类网站页面

在制作教育方面的网站时，首先应考虑到页面整体的视觉效果，例如图像的清晰度、文字的排版方式以及色
彩搭配等。

不管网站的哪方面都要以体现教育的严谨性和科学性为目的，使得浏览者在浏览页面时能够充分信任页面中
所展现的信息，下面我们将向大家介绍一个教育类网站页面的制作方法。

● **源 文 件** | 光盘\源文件\第12章\实例94.html

● **视　　频** | 光盘\视频\第12章\实例94.swf

● **知 识 点** | Spry选项卡式面板、鼠标经过图像

● **学习时间** | 35分钟

实例分析

本实例制作的是一个教育类的网站页面，页面采用了蓝色
及其邻近色作为页面的主体色调，体现出教育严谨和端正的
面，并且蓝色能够给人一种理智、清晰的视觉效果，从而增强
该页面的诚信度，页面的最终效果如图12-166所示。

图12-166 最终效果

知识点链接

在页面中插入Spry选项卡式面板后，可以通过"属性"面板对Spry选项卡式面板的名称、标签的数量和顺序
以及默认面板进行设置。另外，还可以通过对所链接的外部CSS样式表文件SpryTabbedPanels.css中的相关属性
进行设置，直到达到想要的效果。

制作步骤

01 执行"文件→新建"菜单命令，弹出"新建文档"对话框，设置如图12-167所示。单击"创建"按钮，新建
一个空白文档，将该页面保存为"光盘\源文件\第12章\实例94.html"。使用相同的方法，新建一个CSS样式表
文件，将其保存为"光盘\源文件\第12章\style\12-94.css"，如图12-168所示。

图12-167 "新建文档"对话框

图12-168 "新建文档"对话框

02 单击"CSS样式"面板上的"附加样式表"按钮，弹出"链接外部样式表"对话框，设置如图12-169所示，单击"确定"按钮。切换到12-94.css文件中，创建名为"*"的通配符CSS规则和名为body的标签CSS规则，如图12-170所示。

图12-169 "链接外部样式表"对话框

```css
*{
    margin:0px;
    padding:0px;
    border:0px;
}
body{
    font-family:"宋体";
    font-size:12px;
    color:#565656;
    background-image:url(../images/9401.jpg);
    background-repeat:repeat-x;
}
```

图12-170 CSS样式代码

03 返回到设计视图，页面效果如图12-171所示。将光标放置在页面中，插入名为bg的Div。切换到12-94.css文件中，创建名为#bg的CSS规则，如图12-172所示。

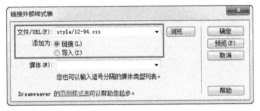

```css
#bg{
    width:100%;
    height:100%;
    background-image:url(../images/9402.jpg);
    background-repeat:no-repeat;
    background-position:center top;
}
```

图12-171 页面效果

图12-172 CSS样式代码

04 返回到设计视图，可以看到页面的效果，如图12-173所示。将光标移至名为bg的Div中，将多余文字删除，插入名为box的Div。切换到12-94.css文件中，创建名为#box的CSS规则，如图12-174所示。

```css
#box{
    width:990px;
    height:100%;
    overflow:hidden;
    margin:0px auto;
    padding-left:5px;
    padding-right:5px;
}
```

图12-173 页面效果

图12-174 CSS样式代码

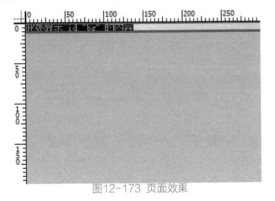

05 返回到设计视图，可以看到页面的效果，如图12-175所示。将光标移至名为box的Div中，将多余的文字删除，插入名为top的Div。切换到12-94.css文件中，创建名为#top的CSS规则，如图12-174所示。

图12-175 页面效果

```
#top{
    width:990px;
    height:35px;
    background-image:url(../images/9403.jpg);
    background-repeat:no-repeat;
    margin-top:20px;
    margin-bottom:10px;
}
```

图12-176 CSS样式代码

06 返回到设计视图，可以看到页面的效果，如图12-176所示。将光标移至名为top的Div中，将多余文字删除，插入名为language的Div。切换到12-94.css文件中，创建名为# language的CSS规则，如图12-178所示。

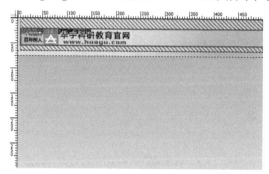

图12-177 页面效果

```
#language{
    float:right;
    width:198px;
    height:23px;
    color:#117abe;
    font-weight:bold;
    text-align:center;
    line-height:23px;
    background-image:url(../images/9404.gif);
    background-repeat:no-repeat;
}
```

图12-178 CSS样式代码

07 返回到设计视图，可以看到页面的效果，如图12-179所示。将光标移至名为Langunge的Div中，将多余文字删除，输入相应的文字，如图12-180所示。

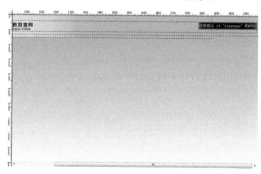

图12-179 页面效果

图12-180 输入文字

08 切换到12-94.css文件中，创建名为.a的类CSS样式，如图12-181所示。返回到设计视图，为相应文字应用该样式，效果如图12-182所示。

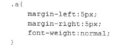

```
.a{
    margin-left:5px;
    margin-right:5px;
    font-weight:normal;
}
```

图12-181 CSS样式代码

图12-182 页面效果

09 在名为top的Div后插入名为menu的Div。切换到12-94.css文件中，创建名为#menu的CSS规则，如图12-183所示。返回到设计视图，页面效果如图12-184所示。

```
#menu{
    width:985px;
    height:34px;
    background-image:url(../images/9405.gif);
    background-repeat:no-repeat;
    padding-left:5px;
}
```

图12-183 CSS样式代码

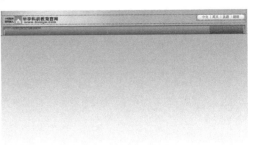

图12-184 页面效果

10 将光标移至名为menu的Div中，将多余文字删除，单击"插入"面板上"常用"选项卡中"图像"按钮旁的倒三角按钮，在弹出菜单中选择"鼠标经过图像"选项，如图12-185所示。弹出"插入鼠标经过图像"对话框，设置如图12-186所示。

图12-185 "插入"面板

图12-186 "插入鼠标经过图像"对话框

11 设置完成后，单击"确定"按钮，即可在页面中插入鼠标经过图像，如图12-187所示。使用相同的方法，完成其他鼠标经过图像的制作，页面效果如图12-188所示。

图12-187 页面效果

图12-188 页面效果

12 在名为menu的Div后，插入名为pic的Div。切换到12-94.css文件中，创建名为#pic的CSS规则，如图12-189所示。返回到设计视图，将光标移至名为pic的Div中，将多余文字删除，依次插入相应的图像，页面效果如图12-190所示。

```
#pic{
    width:990px;
    height:25px;
    text-align:right;
    margin-top:20px;
    margin-bottom:45px;
}
```

图12-189 CSS样式代码

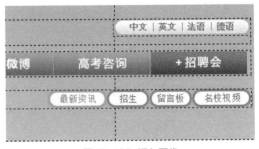

图12-190 插入图像

13 切换到12-94.css文件中，创建名为#pic img的CSS规则，如图12-191所示。返回到设计视图，页面效果如图12-192所示。

```
#pic img{
    margin-left:2px;
    margin-right:2px;
}
```

图12-191 CSS样式代码

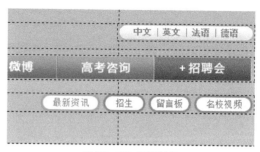

图12-192 页面效果

14 在名为pic的Div后，插入名为main的Div。切换到12-94.css文件中，创建名为#main的CSS规则，如图12-193所示。返回到设计视图，页面效果如图12-194所示。

```
#main{
    width:990px;
    height:211px;
}
```

图12-193 CSS样式代码

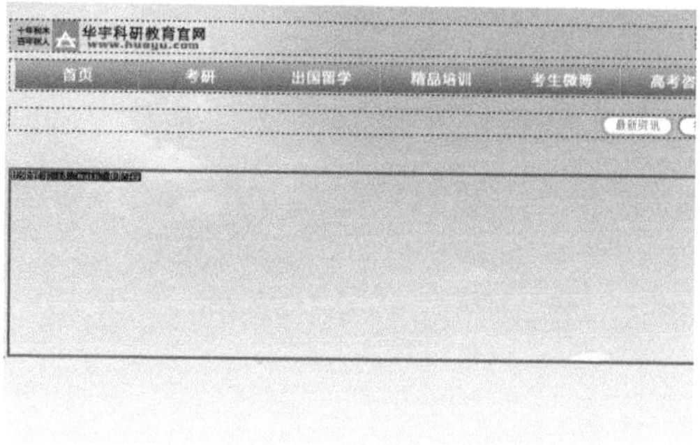

图12-194 页面效果

15 将光标移至名为main的Div中，将多余文字删除，插入名为main_left的Div。切换到12-94.css文件中，创建名为#main_left的CSS规则，如图12-195所示。返回到设计视图，页面效果如图12-196所示。

```
#main_left{
    float:left;
    width:424px;
    height:194px;
}
```

图12-195 CSS样式代码

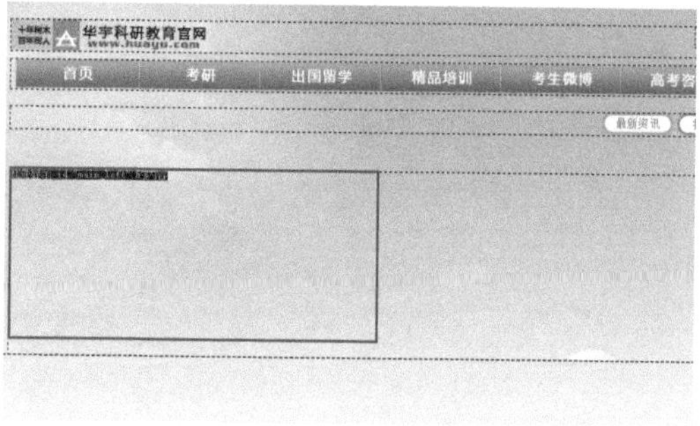

图12-196 页面效果

16 将光标移至名为main_left的Div中，将多余文字删除，依次插入相应的图像，效果如图12-197所示。使用相同的方法，完成其他内容的制作，页面效果如图12-198所示。

图12-197 插入图像

图12-198 页面效果

17 在名为main的Div后插入名为flash的Div。切换到12-94.css文件中，创建名为#flash的CSS规则，如图12-199所示。返回到设计视图，页面效果如图12-200所示。

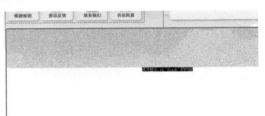

```
#flash{
    width:990px;
    height:324px;
    text-align:center;
    padding-top:120px;
}
```

图12-199 CSS样式代码　　　　　　　　　图12-200 页面效果

18 将光标移至名为flash的Div中，将多余文字删除，插入Flash动画"光盘\源文件\第12章\images\9434.swf"，如图12-201所示。单击选中刚插入的Flash动画，在"属性"面板上对其相关属性进行设置，如图12-202所示。

图12-201 插入Flash动画　　　　　　　　　图12-202 "属性"面板

19 单击"插入"面板上"布局"选项卡中的"绘制AP Div"按钮，在页面中绘制一个AP Div，如图12-203所示。单击选中刚绘制的AP Div，在"属性"面板上对其相关属性进行设置，如图12-204所示。

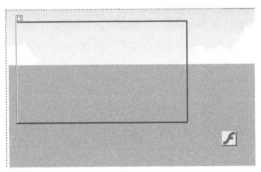

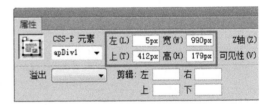

图12-203 绘制AP Div　　　　　　　　　图12-204 "属性"面板

20 设置完成后，可以看到AP Div的效果，如图12-205所示。将光标移至Ap Div中，插入相应的图像，如图12-206所示。

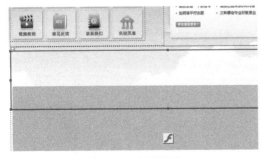

图12-205 页面效果　　　　　　　　　图12-206 插入图像

21 切换到12-94.css文件中,创建名为.img的类CSS样式,如图12-207所示。返回到设计视图,为图像应用该CSS样式,页面效果如图12-208所示。

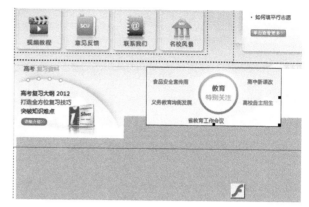

```
.img{
    float:left;
    margin-right:50px;
}
```

图12-207 CSS样式代码

图12-208 页面效果

22 将光标移至图像后,插入名为text的Div。切换到12-94.css文件中,创建名为#text的CSS规则,如图12-209所示。返回到设计视图,页面效果如图12-210所示。

```
#text{
    float:left;
    width:300px;
    height:179px;
    background-image:url(../images/9437.gif);
    background-repeat:no-repeat;
    padding-left:5px;
    padding-right:6px;
}
```

图12-209 CSS样式代码

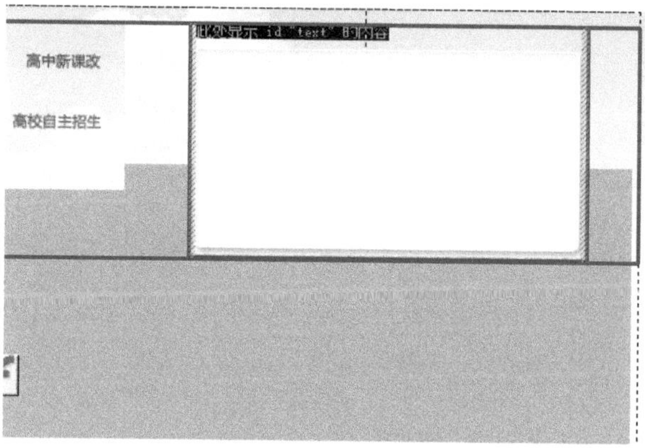

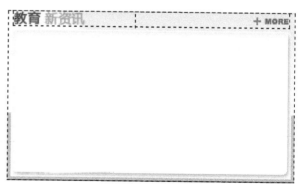

图12-210 页面效果

23 将光标移至名为text的Div中,将多余文字删除,插入名为title的Div。切换到12-94.css文件中,创建名为#title的CSS规则,如图12-211所示。返回到设计视图,将光标移至名为title的Div中,将多余文字删除,插入相应的图像,如图12-212所示。

```
#title{
    width:300px;
    height:15px;
    background-image:url(../images/9438.gif);
    background-repeat:no-repeat;
    background-position:right center;
}
```

图12-211 CSS样式代码

图12-212 页面效果

24 在名为title的Div后，插入名为content的Div。切换到12-94.css文件中，创建名为#content的CSS规则，如图12-213所示。返回到设计视图，页面效果如图12-214所示。

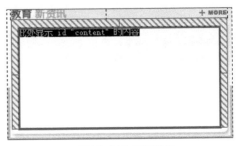

```
#content{
    width:280px;
    height:138px;
    margin:12px auto 0px auto;
}
```

图12-213 CSS样式代码   图12-214 页面效果

25 将光标移至名为content的Div中，将多余文字删除，单击"插入"面板上"Spry"选项卡中的"Spry选项卡式面板"选项，插入Spry选项卡式面板，如图12-215所示。选中刚插入的Spry选项卡式面板，在"属性"面板中为其添加标签，如图12-216所示。

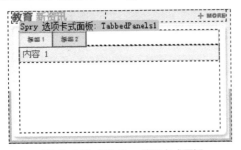

图12-215 插入Spry选项卡式面板   图12-216 "属性"面板

26 添加标签后的页面效果如图12-217所示。切换到Spry选项卡式面板的外部CSS样式表文件SpryTabbedPanels.css中，找到.TabbedPanelsTab样式表，如图12-218所示。

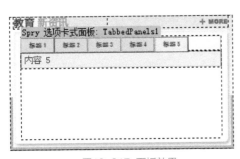

```
.TabbedPanelsTab {
    position: relative;
    top: 1px;
    float: left;
    padding: 4px 10px;
    margin: 0px 1px 0px 0px;
    font: bold 0.7em sans-serif;
    background-color: #DDD;
    list-style: none;
    border-left: solid 1px #CCC;
    border-bottom: solid 1px #999;
    border-top: solid 1px #999;
    border-right: solid 1px #999;
    -moz-user-select: none;
    -khtml-user-select: none;
    cursor: pointer;
}
```

图12-217 面板效果   图12-218 CSS样式代码

27 对样式进行相应的修改，修改后如图12-219所示。返回到设计视图，修改各标签中的文字内容，如图12-220所示。

```
.TabbedPanelsTab {
    width:55px;
    height: 23px;
    color:#254553;
    line-height:23px;
    text-align:center;
    font-weight:bold;
    background-image:url(images/9440.jpg);
    background-repeat:no-repeat;
    position: relative;
    float: left;
    margin: 0px 1px 0px 0px;
    list-style: none;
    -moz-user-select: none;
    -khtml-user-select: none;
    cursor: pointer;
}
```

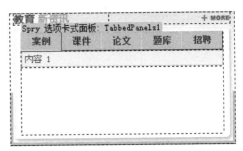

图12-219 CSS样式代码   图12-220 页面效果

28 找到.TabbedPanelsTabHover样式表，如图12-221所示，将其删除。再找到.TabbedPanelsTabSelected
样式表，如图12-222所示。

```
.TabbedPanelsTabHover {
    background-color: #CCC;
}
```

图12-221 CSS样式代码

```
.TabbedPanelsTabSelected {
    background-color: #EEE;
    border-bottom: 1px solid #EEE;
}
```

图12-222 CSS样式代码

29 对样式进行相应的修改，修改后如图12-223所示。返回到设计视图，可以看到Spry选项卡式面板的效果，
如图12-224所示。

```
.TabbedPanelsTabSelected {
    background-image:url(images/9441.jpg);
    background-repeat:no-repeat;
    color:#FFF;
}
```

图12-223 CSS样式代码

图12-224 页面效果

30 找到.TabbedPanelsContentGroup样式表，如图12-225所示。对样式进行相应的修改，修改后如图
12-226所示。

```
.TabbedPanelsContentGroup {
    clear: both;
    border-left: solid 1px #CCC;
    border-bottom: solid 1px #CCC;
    border-top: solid 1px #999;
    border-right: solid 1px #999;
    background-color: #EEE;
}
```

图12-225 CSS样式代码

```
.TabbedPanelsContentGroup {
    clear: both;
}
```

图12-226 CSS样式代码

31 找到.TabbedPanelsContent样式表，如图12-227所示。对样式进行相应的修改，修改后如图12-228
所示。

```
.TabbedPanelsContent {
    overflow: hidden;
    padding: 4px;
}
```

图12-227 CSS样式代码

```
.TabbedPanelsContent {
    overflow: hidden;
    height:114px;
    line-height:19px;
}
```

图12-228 CSS样式代码

32 返回到设计视图中，可以看到页面的效果，如图12-229所示。将光标移至第1个标签的内容中，将"内容1"
文字删除，插入名为content1的Div。切换到12-94.css文件中，创建名为#content1的CSS规则，如图12-
230所示。

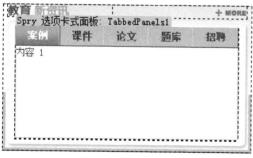

图12-229 页面效果

```
#content1{
    width:280px;
    height:114px;
    margin-top:2px;
}
```

图12-230 CSS样式代码

33 返回到设计视图，页面效果如图12-231所示。将光标移至名为content1的Div中，将多余文字删除，并输入相应的文字，如图12-232所示。

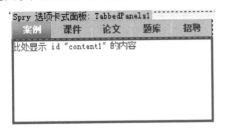

图12-231 页面效果

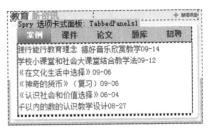

图12-232 输入文字

34 转换到代码视图，为文字添加项目列表标签，如图12-233所示。切换到12-94.css文件中，创建名为#content1 dt和#content1 dd的CSS规则，如图12-234所示。

图12-233 添加列表标签

图12-234 CSS样式代码

35 返回到设计视图，页面效果如图12-235所示。使用相同的方法，完成其他标签内容的制作，如图12-236所示。

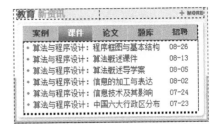

图12-235 页面效果

图12-236 页面效果

36 使用相同的方法，完成页面版底信息的制作，页面效果如图12-237所示。执行"文件→保存"菜单命令，保存该页面。按F12键即可在浏览器中预览页面的效果，如图12-238所示。

图12-237 页面效果

图12-238 预览效果

Q Spry构件主要由哪些几个部分组成？

A Spry构件主要由三个部分组成，介绍如下。

- 构件结构，用来定义Spry构件结构组成的HTML代码块。

- 构件行为，用来控制Spry构件如何响应用户启动事件的JavaScript脚本。
- 构件样式，用来指定Spry构件外观的CSS样式。

Q 如何对Spry选项卡式面板的样式进行设置？

A 虽然使用"属性"面板可以非常便捷地对Spry选项卡式面板构件进行编辑，但"属性"面板并不支持自定义的样式设置任务。因此，如果需要更改Spry选项卡式面板的外观样式，可以通过修改选项卡式面板构件的 CSS 规则来实现。

实例 095 制作社区类网站页面

社区类网站页面通常会使用色彩清新、有活力和生命力的色调搭配一些美观漂亮的动画形象，使整个页面洋溢着和谐、快乐的生活气息，可以给浏览者简单清晰的视觉感受，同时也更能体现出该页面的合理性和可浏览性。

- **源 文 件**｜光盘\源文件\第12章\实例95.html
- **视　　频**｜光盘\视频\第12章\实例95.swf
- **知 识 点**｜Div标签、li标签和<dl>标签
- **学习时间**｜30分钟

▎实例分析▎

本实例制作的是社区类的网站页面，为了能够快速吸引受众的视线，该网站页面采用了上中下的结构并且页面顶部使用了一个漂亮的flash展示动画，通过图文的巧妙组合给人一种亲近感。在色彩上使用绿色搭配，给人一种天然清新、欢快的感觉，整个页面营造了一种温馨、和谐的页面效果，最终效果如图12-239所示。

图12-239 最终效果

▎知识点链接▎

通过本实例的制作，读者需要明确在面对具有大量信息的页面时该如何分析页面的整体结构，并且能够掌握表单元素、项目列表的添加和编辑方法以及<dl>标签的使用方法等。

制作步骤

01 执行"文件→新建"菜单命令，弹出"新建文档"对话框，设置如图12-244所示。单击"创建"按钮，新建一个空白文档，将该页面保存为"光盘\源文件\第12章\实例95.html"。使用相同的方法，新建一个CSS样式表文件，并将其保存为"光盘\源文件\第12章\style\12-95.css"，如图12-241所示。

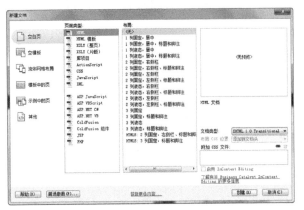

图12-240 "新建文档"对话框

图12-241 "新建文档"对话框

02 单击"CSS样式"面板上的"附加样式表"按钮，弹出"链接外部样式表"对话框，设置如图12-242所示，单击"确定"按钮。切换到12-95.css文件中，创建名为"*"的通配符CSS规则和名为body的标签CSS规则，如图12-243所示。

图12-242 "链接外部样式表"对话框

```
* {
    margin: 0px;
    border: 0px;
    padding: 0px;
}

body {
    font-family: "宋体";
    font-size: 12px;
    color: #000;
}
```

图12-243 CSS样式代码

03 返回到设计视图，页面效果如图12-244所示。将光标移至页面中，插入名为box的Div。切换到12-95.css文件中，创建名为#box的CSS规则，如图12-245所示。

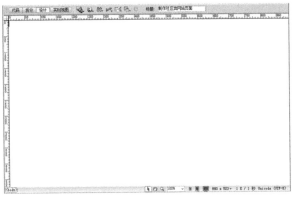

图12-244 页面效果

```
#box {
    width: 100%;
    height: 100%;
    overflow: hidden;
}
```

图12-245 CSS样式代码

04 返回到设计视图，页面效果如图12-246所示。将光标移至名为box的Div中，删除多余文字，插入名为flash的Div。切换到12-95.css文件中，创建名为#flash的CSS规则，如图12-247所示。

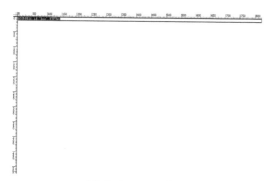

图12-246　页面效果

```
#flash {
    width: 1001px;
    height: 590px;
    background-image: url(../images/bg01.gif);
    background-repeat: no-repeat;
    background-position: center right;
}
```

图12-247　CSS样式代码

05 返回到设计视图，页面效果如图12-248所示。将光标移至名为flash的Div中，删除多余文字，插入flash动画"光盘\源文件\第12章\images\top-fla.swf"，页面效果如图12-249所示。

图12-248　页面效果

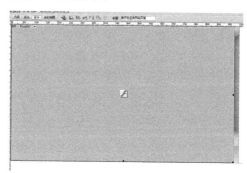

图12-249　插入flash动画

06 在名为flash的Div后，插入名为main的Div。切换到12-05.css文件中，创建名为#main的CSS规则，如图12-250所示。返回到设计视图，页面效果如图12-251所示。

```
#main {
    width: 1001px;
    height: 100%;
    overflow: hidden;
    background-image: url(../images/bg02.gif);
    background-repeat: repeat-x;
}
```

图12-250　CSS样式代码

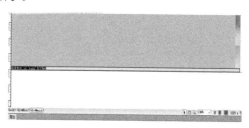

图12-251　页面效果

07 将光标移至名为main的Div中，将多余文字删除，插入名为top的Div。切换到12-95.css文件中，创建名为#top的CSS规则，如图12-252所示。返回到设计视图，页面效果如图12-253所示。

```
#top {
    width: 898px;
    height: 96px;
    background-image: url(../images/bg03.gif);
    background-repeat: no-repeat;
}
```

图12-252　CSS样式代码

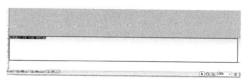

图12-253　页面效果

08 将光标移至名为top的Div中，将多余文字删除，插入名为top01的Div。切换到12-95.css文件中，创建名为#top01的CSS规则，如图12-254所示。返回到设计视图，页面效果如图12-255所示。

```
#top01 {
    width: 182px;
    height: 85px;
    padding-top: 11px;
    padding-left: 8px;
    float: left;
}
```

图12-254　CSS样式代码　　图12-255　页面效果

273

09 将光标移至名为top01的Div中，将多余文字删除，插入图像"光盘\源文件\第12章\images\bg04.gif"，如图12-256所示。在名为top01的Div后，插入名为top02的Div。切换到12-95.css文件中，创建名为#top02的CSS规则，如图12-257所示。

图12-256 页面效果

```
#top02 {
    width: 705px;
    height: 85px;
    background-image: url(../images/bg05.gif);
    background-repeat: no-repeat;
    background-position: left bottom;
    padding-top: 11px;
    float: left;
}
```

图12-257 CSS样式代码

10 返回到设计视图，页面效果如图12-258所示。将光标移至名为top02的Div中，将多余文字删除，单击"插入"面板上的"表单"选项卡中的"表单"按钮，插入表单域，如图12-259所示。

图12-258 页面效果

图12-259 插入表单效果

11 将光标移至表单域中，单击"表单"选项卡中的"选择（列表/菜单）"按钮，弹出"输入标签辅助功能属性"对话框，设置如图12-260所示。单击"确定"按钮，页面效果如图12-261所示。

图12-260 "输入标签辅助功能属性"对话框

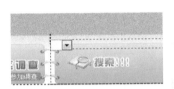

图12-261 页面效果

12 切换到12-95.css文件中，创建名为#list的CSS规则，如图12-262所示。返回到设计视图中，可以看到页面效果，如图12-263所示。

```
#list {
    width: 101px;
    height: 18px;
    margin-left: 170px;
    margin-top: 33px;
    border: solid 1px #999999;
}
```

图12-262 CSS样式代码

图12-263 页面效果

13 选中刚插入的列表/菜单，单击"属性"面板上的"列表值"按钮，在弹出的"列表值"对话框中添加相应的列表项目，如图12-264所示。单击"确定"按钮，可以看到页面效果，如图12-265所示。

图12-264 "列表值"对话框

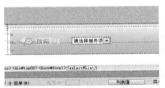

图12-265 页面效果

14 将光标移至列表/菜单后，单击"表单"选项卡中的"文本字段"按钮，弹出"输入标签辅助功能属性"对话框，设置如图12-266所示。单击"确定"按钮，页面效果如图12-267所示。

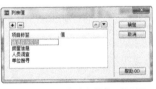

图12-266 "输入标签辅助功能属性"对话框

图12-267 页面效果

15 切换到12-95.css文件中，创建名为#search的CSS规则，如图12-268所示。返回到设计视图中，可以看到页面效果，如图12-269所示。

```
#search {
    width: 280px;
    height: 18px;
    margin-left: 28px;
    border: solid 1px #999999;
}
```

图12-268 CSS样式代码

图12-269 页面效果

16 将光标移至列表/菜单前，单击"表单"选项卡中的"图象域"按钮，在弹出的"选择图像源文件"对话框中选择相应的图像，如图12-270所示。单击"确定"按钮，弹出"输入标签辅助功能属性"对话框，设置如图12-271所示。

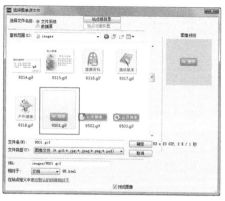

图12-270 "选择图像源文件"对话框

图12-271 "输入标签辅助功能属性"对话框

17 单击"确定"按钮，即可插入图像域，如图12-272所示。切换到12-95.css文件中，创建名为#button的CSS规则，如图12-273所示。

图12-272 页面效果

```
#button {
    float: right;
    margin-right: 50px;
    margin-top: 30px;
}
```

图12-273 CSS样式代码

18 返回到设计视图，可以看到页面效果，如图12-274所示。将光标移至文本字段后，按Shift+Enter组合键，依次插入相应图像，页面效果如图12-275所示。

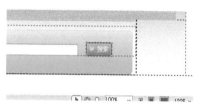

图12-274 页面效果

图12-275 插入图像

19 切换到12-95.css文件中，创建名为#button img的CSS规则，如图12-276所示。返回到设计视图中，可以看到页面效果，如图12-277所示。

```
#button img {
    float: right;
    margin-right: 10px;
    margin-top: 5px;
}
```

图12-276 CSS样式代码

图12-277 页面效果

20 在名为top的Div后，插入名为center的Div。切换到12-95.css文件中，创建名为#center的CSS规则，如图12-278所示。返回到设计视图，页面效果如图12-279所示。

```
#center {
    width: 898px;
    height: 100%;
}
```

图12-278 CSS样式代码

图12-279 页面效果

21 将光标移至名为center的Div中，将多余文字删除，插入名为center_left的Div。切换到12-95.css文件中，创建名为#center_left的CSS规则，如图12-280所示。返回到设计视图，页面效果如图12-281所示。

```
#center_left {
    width: 172px;
    height: 100%;
    overflow: hidden;
    margin-left: 8px;
    margin-top: 8px;
    float: left;
}
```

图12-280 CSS样式代码

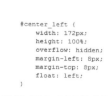

图12-281 页面效果

22 将光标移至名为center_left的Div中，删除多余文字，插入名为center01的Div。切换到12-95.css文件中，创建名为#center01的CSS规则，如图12-282所示。返回到设计视图中，可以看到页面效果，如图12-283所示。

```
#center01 {
    width: 172px;
    height: 216px;
    background-image: url(../images/bg06.gif);
    background-repeat: no-repeat;
}
```

图12-282 CSS样式代码

图12-283 页面效果

23 将光标移至名为center01的Div中，将多余文字删除，插入图片并输入文字，如图12-284所示。单击"属性"面板上的"项目列表"按钮，为文字创建项目列表。转换到代码视图中，可以看到相应的代码效果，如图12-285所示。

图12-284 页面效果

```
<div id="center01">
<img src="images/9505.gif" width="172" height="123" />
    <ul>
        <li>[销售]2012年度计划</li>
        <li>[学区]2012年度招考</li>
        <li>[业绩]2012年度项目</li>
        <li>[策划]2012年度整合</li>
    </ul>
</div>
```

图12-285 CSS样式代码

24 切换到12-95.css文件中，创建名为#center01 li的CSS规则，如图12-286所示。返回到设计视图中，可以看到页面效果，如图12-287所示。

```
#center01 li {
    list-style-type: none;
    background-image: url(../images/9506.gif);
    background-repeat: no-repeat;
    background-position: 18px center;
    padding-left: 32px;
    margin-top: 8px;
    color: #0d7538;
}
```

图12-286 CSS样式代码

图12-287 页面效果

25 使用相同的方法，完成其他内容的制作，页面效果如图12-288所示。在名为center_left的Div后插入名为center_middle的Div。切换到12-95.css文件中，创建名为#center_middle的CSS规则，如图12-289所示。

图12-288 页面效果

```
#center_middle {
    width: 475px;
    height: 100%;
    overflow: hidden;
    float: left;
}
```

图12-289 CSS样式代码

26 返回到设计视图，页面效果如图12-290所示。将光标移至名为center_middle的Div中，将多余文字删除，插入名为center03的Div。切换到12-95.css文件中，创建名为#center03的CSS规则，如图12-291所示。

图12-290 页面效果

```
#center03 {
    width: 475px;
    height: 87px;
    background-image: url(../images/bg07.gif);
    background-repeat: no-repeat;
    text-align: right;
    padding-top: 10px;
}
```

图12-291 CSS样式代码

27 返回到设计视图，页面效果如图12-292所示。将光标移至名为center03的Div中，将多余文字删除，依次插入相应的图像，页面效果如图12-293所示。

图12-292 页面效果

图12-293 插入图像

28 在名为center03的Div后，插入名为center04的Div。切换到12-95.css文件中，创建名为#center04的CSS规则，如图12-294所示。返回到设计视图，页面效果如图12-295所示。

```
#center04 {
    width: 459px;
    height: 138px;
    background-image: url(../images/bg08.gif);
    background-repeat: no-repeat;
    margin-left: 16px;
}
```

图12-294 CSS样式代码

图12-295 页面效果

29 将光标移至名为center04的Div中，将多余文字删除，插入名为pic的Div。切换到12-95.css文件中，创建名为#pic的CSS规则，如图12-296所示。返回到设计视图，页面效果如图12-297所示。

```
#pic {
    width: 81px;
    height: 97px;
    margin-left: 15px;
    margin-top: 16px;
    float: left;
}
```

图12-296 CSS样式代码

图12-297 页面效果

30 将光标移至名为pic的Div中，依次插入图像，页面效果如图12-298所示。切换到12-95.css文件中，创建名为#pic img的CSS规则，如图12-299所示。

图12-298 页面效果

```
#pic img {
    margin-bottom: 8px;
}
```

图12-299 CSS样式代码

31 返回到设计视图，页面效果如图12-300所示。在名为pic的Div后，插入名为news的Div。切换到12-95.css文件中，创建名为#news的CSS规则，如图12-301所示。

图12-300 页面效果

```
#news {
    width: 168px;
    height: 68px;
    margin-top: 12px;
    margin-left: 8px;
    float: left;
    background-image: url(../images/9513.gif);
    background-repeat: no-repeat;
    padding-top: 35px;
    color: #6f6f6f;
}
```

图12-301 CSS样式代码

32 返回到设计视图，可以看到页面效果，如图12-302所示。光标移至名为news的Div中，将多余文字删除，输入文字并插入相应的图像，页面效果如图12-303所示。

图12-302 页面效果

图12-303 输入文字并插入图像

33 切换到12-95.css文件中，创建名为#news img的CSS规则，如图12-304所示。返回到设计视图中，可以看到页面效果，如图12-305所示。

```
#news img {
    margin-left: 138px;
    margin-top: 20px;
}
```

图12-304 CSS样式代码

图12-305 页面效果

34 使用相同的方法，完成其他内容的制作，页面效果如图12-306所示。在名为pic05的Div后插入名为news02的Div。切换到12-95.css文件中创建名为#news02的CSS规则，如图12-307所示。

图12-306 页面效果

```
#news02 {
    width: 292px;
    height: 77px;
    float: left;
    margin-top: 12px;
    margin-left: 28px;
    color: #6f6f6f;
    line-height: 14px;
    padding-left: 20px;
    padding-top: 13px;
}
```

图12-307 CSS样式代码

35 返回到设计视图中，可以看到页面效果，如图12-308所示。将光标移至名为news02的Div中，删除多余文字并输入相应的文字，页面效果如图12-309所示。

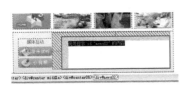

图12-308 页面效果

图12-309 页面效果

36 切换到12-95.css文件中，创建名为#news02 img的CSS规则和.font的类CSS样式，如图12-310所示。返回到设计视图，为相应的文字应用该类CSS样式，页面效果如图12-311所示。

```
#news02 img {
    margin-right: 7px;
}

.font {
    color: #ce6762;
    font-weight: bold;
}
```

图12-310 CSS样式代码

图12-311 页面效果

37 使用相同的方法，完成其他内容的制作，页面效果如图12-312所示。光标移至名为center08的Div中，将多余文字删除，输入文字并插入相应的图像，页面效果如图12-313所示。

图12-312 页面效果

图12-313 输入文字并插入图像

38 转换到代码视图中，添加相应的代码，如图12-314所示。切换到12-95.css文件中，分别创建名为#center08 dt、#center08 dd和#center08 dd img的CSS规则，如图12-315所示。

```
<div id="center08">
    <dl>
        <dt>[漫画]粉女郎的爱情故事</dt><dd><img src=
"images/9531.gif" width="16" height="16" /></dd>
        <dt>[视频]我们的家乡很美丽</dt><dd><img src=
"images/9531.gif" alt="" width="16" height="16" /></dd>
        <dt>[空间]最新留言动态加载</dt><dd><img src=
"images/9531.gif" alt="" width="16" height="16" /></dd>
        <dt>[论坛]野田松子最新评价</dt><dd><img src=
"images/9531.gif" alt="" width="16" height="16" /></dd>
    </dl>
</div>
```

图12-314 代码视图

```
#center08 dt {
    width: 145px;
    border-bottom: dashed 1px #6f6f6f;
    float: left;
    background-image: url(../images/9530.gif);
    background-repeat: no-repeat;
    background-position: left center;
    padding-left: 10px;
}

#center08 dd {
    width: 35px;
    border-bottom: dashed 1px #6f6f6f;
    float: left;
}

#center08 dd img {
    margin-top: 4px;
    margin-left: 15px;
}
```

图12-315 CSS样式代码

39 返回到设计视图，页面效果如图12-316所示。在名为main的Div后插入名为bottom的Div。切换到12-95.css文件中，创建名为#bottom的CSS规则，如图12-317所示。

图12-316 页面效果

```
#bottom {
    width: 1001px;
    height: 100%;
    overflow: hidden;
    margin-top: 20px;
}
```

图12-317 CSS样式代码

40 返回到设计视图，页面效果如图12-318所示。将光标移至名为bottom的Div中，将多余文字删除，插入名为bottom_menu的Div。切换到12-95.css文件中，创建名为#bottom_menu的CSS规则，如图12-319所示。

图12-318 页面效果

```
#bottom_menu {
    width: 1001px;
    height: 30px;
    background-color: #eeeeee;
    line-height: 14px;
    text-align: center;
    padding-top: 10px;
}
```

图12-319 CSS样式代码

41 返回到设计视图，页面效果如图12-320所示。将光标移至名为bottom_menu的Div中，将多余文字删除，插入相应的图像并输入文字，页面效果如图12-321所示。

图12-320 页面效果

图12-321 页面效果

42 切换到12-95.css文件中，创建名为#bottom_menu img的CSS规则，如图12-322所示。返回到设计视图中，可以看到页面效果，如图12-323所示。

```
#bottom_menu img {
    vertical-align: middle;
    margin-left: 28px;
    margin-right: 28px;
}
```

图12-322 CSS样式代码

图12-323 页面效果

43 使用相同的方法，完成其他内容的制作，页面效果如图12-324所示。完成该页面的制作，页面整体效果如图12-325所示。

图12-324 页面效果

44 执行"文件→保存"菜单命令，保存该页面。在浏览器中预览页面效果，如图12-326所示。

图12-325 页面效果　　　　图12-326 预览页面

Q 什么是Div?

A Div是HTML中指定的、专门用于布局设计的容器对象。"CSS布局"是一种全新的布局方式，Div是这种布局方式的核心对象，使用CSS布局的页面排版不用依赖表格，仅从Div的使用上说，做一个简单的布局只需要依赖Div与CSS，因此也可以称为Div+CSS布局。

Q 使用Div+CSS的方式来布局页面有什么优势?

A 相对传统HTML的简单样式控制而言，CSS样式能够对网页中对象的位置进行像素级的精确控制，支持几乎所有的字体字号样式以及拥有对网页对象盒模型样式的控制能力，并能够进行初步页面交互设计，是目前基于文本展示的最优秀的表现设计语言。

总体来说，其优势主要有：浏览器支持完善、表现与结构分离、样式设计控制功能强大以及继承性能优越。

实例 096　制作水上乐园网站页面

通常，一些娱乐性的网站都会采用Flash动画来体现娱乐精神，并通过图文结合的方式来更加形象、生动地展现出其值得体验的页面效果。在页面的色彩搭配上，应采用较为鲜亮、明快的色彩，从而能够使浏览者在浏览页面时找到游玩的激情。下面我们通过一个水上乐园的网站向大家详细讲述制作的步骤和技巧。

● **源 文 件** | 光盘\源文件\第12章\实例96.html
● **视 频** | 光盘\视频\第12章\实例96.swf
● **知 识 点** | 鼠标经过图像、项目列表
● **学习时间** | 35分钟

实例分析

　　本实例制作的是一个水上乐园的网站页面，该页面无论在色彩搭配上还是页面排版上都以体现水的灵动与清澈为前提，能够在视觉上给浏览者身临其境的感觉，页面的最终效果如图12-327所示。

图12-327 最终效果

知识点链接

　　一般，我们会通过为页面中的文字添加项目列表的方式来进一步对文字进行排版和修饰，并且还可以在CSS样式表中对项目列表进行定义，从而使其能够展现出更加完美的视觉效果。

制作步骤

01 执行"文件→新建"菜单命令，弹出"新建文档"对话框，设置如图12-328所示。单击"创建"按钮，新建一个空白文档，将该页面保存为"光盘\源文件\第12章\实例96.html"。使用相同的方法，新建一个CSS样式表文件，将其保存为"光盘\源文件\第12章\style\12-96.css"，如图12-329所示。

图12-328 "新建文档"对话框

图12-329 "新建文档"对话框

02 单击"CSS样式"面板上的"附加样式表"按钮，弹出"链接外部样式表"对话框，设置如图12-330所示，单击"确定"按钮。切换到12-96.css文件中，创建名为"*"的通配符CSS规则和名为body的标签CSS规则，如图12-331所示。

图12-330 "链接外部样式表"对话框

```
*{
    margin:0px;
    padding:0px;
    border:0px;
}
body{
    font-family:"宋体";
    font-size:12px;
    color:#494949;
    line-height:20px;
    background-image:url(../images/a9601.gif);
    background-repeat:repeat-x;
}
```

图12-331 CSS样式代码

03 返回到设计视图，可以看到页面的效果，如图12-332所示。将光标放置在页面中，插入名为box的Div。切换到12-96.css文件中，创建名为#box的CSS规则，如图12-333所示。

图12-332 页面效果

图12-333 CSS样式代码

04 返回到设计视图，可以看到页面的效果，如图12-334所示。将光标移至名为box的Div中，将多余文字删除，插入名为top的Div。切换到12-96.css文件中，创建名为#top的CSS规则，如图12-335所示。

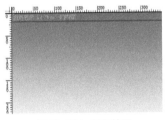

图12-334 页面效果

图12-335 CSS样式代码

05 返回到设计视图，可以看到页面的效果，如图12-336所示。将光标移至名为top的Div中，将多余文字删除，并输入相应的文字，如图12-337所示。

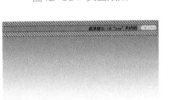

图12-336 页面效果

图12-337 输入文字

06 切换到12-96.css文件中，创建名为.a的类CSS样式，如图12-338所示。返回到设计视图，为相应文字应用该样式，效果如图12-339所示。

图12-338 CSS样式代码

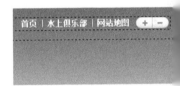

图12-339 页面效果

07 在名为top的Div后插入名为menu的Div。切换到12-96.css文件中，创建名为menu的CSS规则，如图12-340所示。返回到设计视图，页面效果如图12-341所示。

图12-340 CSS样式代码

图12-341 页面效果

08 将光标移至名为menu的Div中，将多余文字删除，插入图像"光盘\源文件\第12章\images\a9604.jpg"，如图12-342所示。将光标移至刚插入的图像后，单击"插入"面板上"常用"选项卡中"图像"按钮旁的倒三角按钮，在弹出菜单中选择"鼠标经过图像"选项，如图12-343所示。

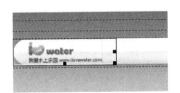

图12-342 插入图像

图12-343 "插入"面板

09 弹出"插入鼠标经过图像"对话框,设置如图12-344所示。单击"确定"按钮,即可插入鼠标经过图像,页面效果如图12-345所示。

图12-344 "插入鼠标经过图像"对话框

图12-345 页面效果

10 使用相同的方法,完成其他鼠标经过图像的制作,页面效果如图12-346所示。在名为menu的Div后,插入名为flash的Div。切换到12-96.css文件中,创建名为#flash的CSS规则,如图12-347所示。

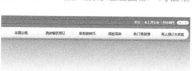

图12-346 页面效果

```
#flash{
    width:100%;
    height:482px;
}
```

图12-347 CSS样式代码

11 返回到设计视图,页面效果如图12-348所示。将光标移至名为flash的Div中,将多余文字删除,插入Flash动画"光盘\源文件\第12章\images\a9617.swf",如图12-349所示。

图12-348 页面效果

图12-349 插入Flash动画

12 单击选中刚插入的Flash动画,在"属性"面板上对其相关属性进行设置,如图12-350所示。在名为flash的Div后,插入名为main的Div。切换到12-96.css文件中,创建名为#main的CSS规则,如图12-351所示。

图12-350 "属性"面板

```
#main{
    position: relative;
    z-index: 100;
    width:949px;
    height:100%;
    overflow:hidden;
    padding-top:16px;
    padding-left:28px;
    padding-right:28px;
    margin-top: -47px;
    background-image:url(../images/a9618.gif);
    background-repeat:no-repeat;
}
```

图12-351 CSS样式代码

13 返回到设计视图,页面效果如图12-352所示。将光标移至名为main的Div中,将多余文字删除,插入名为left的Div。切换到12-96.css文件中,创建名为#left的CSS规则,如图12-353所示。

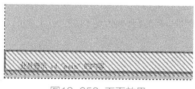

图12-352 页面效果

```
#left{
    float:left;
    width:302px;
    height:488px;
    background-image:url(../images/a9619.png);
    background-repeat:no-repeat;
    background-position:right;
    padding-right:16px;
}
```

图12-353 CSS样式代码

14 返回到设计视图,页面效果如图12-354所示。将光标移至名为left的Div中,将多余文字删除,插入名为guide的Div。切换到12-96.css文件中,创建名为#guide的CSS规则,如图12-355所示。

图12-354 页面效果

```
#guide{
    width:302px;
    height:207px;
    margin-bottom:10px;
}
```

图12-355 CSS样式代码

15 返回到设计视图,页面效果如图12-356所示。将光标移至名为guide的Div中,将多余文字删除,插入名为quide_title的Div。切换到12-96.css文件中,创建名为#guide_title的CSS规则,如图12-357所示。

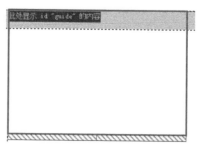

图12-356 页面效果

```
#guide_title{
    width:302px;
    height:23px;
    border-bottom:#8ea3d7 solid 1px;
}
```

图12-357 CSS样式代码

16 返回到设计视图，页面效果如图12-358所示。将光标移至名为guide_title的Div中，将多余文字删除，插入图像"光盘\源文件\第12章\images\a9620.jpg"，如图12-359所示。

图12-358 页面效果

图12-359 插入图像

17 在名为guide_title的Div后插入名为guide_text的Div。切换到12-96.css文件中，创建名为#guide_text的CSS规则，如图12-360所示。返回到设计视图，页面效果如图12-361所示。

```
#guide_text{
    width:296px;
    height:68px;
    margin:10px auto 10px;
}
```
图12-360 CSS样式代码

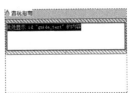
图12-361 页面效果

18 将光标移至名为guide_text的Div中，将多余文字删除，依次插入相应的图像，如图12-362所示。转换到代码视图，添加相应的项目列表标签，如图12-363所示。

图12-362 插入图像

```
<div id="guide_text">
  <ul>
    <li><img src="images/a9621.jpg" width="62" height="68" /></li>
    <li><img src="images/a9622.jpg" width="62" height="68" /></li>
    <li><img src="images/a9623.jpg" width="62" height="68" /></li>
  </ul>
<img src="images/a9624.jpg" width="62" height="68" />
</div>
```
图12-363 代码视图

19 切换到12-96.css文件中，创建名为#guide_text li的CSS规则，如图12-364所示。返回到设计视图，页面效果如图12-365所示。

```
#guide_text li{
    float:left;
    list-style:none;
    border-right:#c9c9c9 dashed 1px;
    margin-left:4px;
    margin-right:3px;
    padding-right:6px;
}
```
图12-364 CSS样式代码

图12-365 页面效果

20 将光标移至名为guide_text的Div后，插入图像"光盘\源文件\第12章\images\ a9625.jpg"，如图12-366所示。使用相同的方法，完成其他相似内容的制作，页面效果如图12-367所示。

图12-366 插入图像

图12-367 页面效果

21 在名为price_title的Div后，插入名为price_pic的Div。切换到12-96.css文件中，创建名为#price_pic的CSS规则，如图12-368所示。返回到设计视图，页面效果如图12-369所示。

```
#price_pic{
    width:160px;
    height:40px;
    font-weight:bold;
    margin:10px auto;
    background-image:url(../images/a9630.gif);
    background-repeat:no-repeat;
    padding-left:140px;
    padding-top:21px;
    padding-bottom:22px;
}
```

图12-368 CSS样式代码

图12-369 页面效果

22 将光标移至名为price_pic的Div中，将多余文字删除，输入相应的文字，如图12-370所示。切换到12-96.css文件中，创建名为.font的类CSS样式，如图12-371所示。

图12-370 输入文字

```
.font{
    color:#4365bc;
}
```

图12-371 CSS样式代码

23 返回到设计视图，为相应文字应用该样式，如图12-372所示。在名为left的Div后，插入名为center的Div。切换到12-96.css文件中，创建名为#center的CSS规则，如图12-373所示。

图12-372 页面效果

```
#activity_title{
    width:302px;
    height:23px;
    border-bottom:#8ea3d7 solid 1px;
    background-image:url(../images/a9626.gif);
    background-repeat:no-repeat;
    background-position:right center;
}
```

图12-373 CSS样式代码

24 返回到设计视图，页面效果如图12-374所示。将光标移至名为center的Div中，将多余文字删除，插入名为activity的Div。切换到12-96.css文件中，创建名为#activity的CSS规则，如图12-375所示。

图12-374 页面效果

```
#activity{
    width:302px;
    height:124px;
}
```

图12-375 CSS样式代码

25 返回到设计视图，页面效果如图12-376所示。将光标移至名为activity的Div中，将多余文字删除，插入名为activity_title的Div。切换到12-96.css文件中，创建名为#activity_title的CSS规则，如图12-377所示。

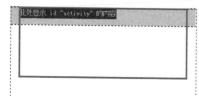

图12-376 页面效果

```
#activity_title{
    width:302px;
    height:23px;
    border-bottom:#8ea3d7 solid 1px;
    background-image:url(../images/a9626.gif);
    background-repeat:no-repeat;
    background-position:right center;
}
```

图12-377 CSS样式代码

26 返回到设计视图，页面效果如图12-378所示。将光标移至名为activity_title的Div中，将多余文字删除，插入相应的图像，如图12-379所示。

图12-378 页面效果

图12-379 插入图像

27 在名为activity_title的Div后插入名为activity_text的Div。切换到12-96.css文件中，创建名为#activity_text的CSS规则，如图12-380所示。返回到设计视图，页面效果如图12-381所示。

```
#activity_text{
    width:302px;
    height:80px;
    padding-top:10px;
    padding-bottom:10px;
}
```

图12-380 CSS样式代码

图12-381 页面效果

28 将光标移至名为activity_text的Div中，将多余文字删除，输入相应的文字，如图12-382所示。转换到代码视图，为文字添加相应的标签，如图12-383所示。

图12-382 输入文字

```
<div id="activity_text">
    <dl>
        <dt>VIP水上多功能商务会议室</dt>
        <dd>8/30-9/11</dd>
        <dt>票价大优惠 带你玩出刺激玩出精彩</dt>
        <dd>8/15-9/15</dd>
        <dt>奥运猜猜猜 关注比赛，加油中国</dt>
        <dd>8/07-8/10</dd>
        <dt>冰爽夏天，来水上乐园过冰泉节</dt>
        <dd>6/22-8/30</dd>
    </dl>
</div>
```

图12-383 代码视图

29 切换到12-96.css文件中，创建名为#activity_text dt和#activity_text dd的CSS规则，如图12-384所示。返回到设计视图，页面效果如图12-385所示。

```
#activity_text dt{
    float:left;
    width:212px;
    background-image:url(../images/a9632.gif);
    background-repeat:no-repeat;
    background-position:5px center;
    padding-left:15px;
}
#activity_text dd{
    float:left;
    width:75px;
    color:#999;
    text-align:right;
}
```

图12-384 CSS样式代码

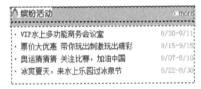

图12-385 页面效果

30 使用相同的方法，完成其他相似内容的制作，页面效果如图12-386所示。在名为base_title的Div后，插入名为base_pic的Div。切换到12-96.css文件中，创建名为#base_pic的CSS规则，如图12-387所示。

图12-386 页面效果

```
#base_pic{
    width:300px;
    height:84px;
    padding-top:10px;
    padding-bottom:10px;
    margin:0px auto;
}
```

图12-387 CSS样式代码

31 返回到设计视图，页面效果如图12-388所示。将光标移至名为base_pic的Div中，将多余文字删除，插入名为pic1的Div。切换到12-96.css文件中，创建名为#pic1的CSS规则，如图12-389所示。

图12-388 页面效果

```
#pic1{
    float:left;
    width:98px;
    height:84px;
    text-align:center;
    margin-left:1px;
    margin-right:1px;
}
```

图12-389 CSS样式代码

32 返回到设计视图，页面效果如图12-390所示。将光标移至名为pic1的Div中，将多余文字删除，插入图像并输入文字，如图12-391所示。

图12-390 页面效果

图12-391 插入图像并输入文字

33 使用相同的方法，完成相似内容的制作，页面效果如图12-392所示。在名为base的Div后插入名为pic的Div。切换到12-96.css文件中，创建名为#pic的CSS规则，如图12-393所示。

图12-392 页面效果

```
#pic{
    width:302px;
    height:68px;
}
```

图12-393 CSS样式代码

34 返回到设计视图，页面效果如图12-394所示。将光标移至名为pic的Div中，将多余文字删除，依次插入相应的图像，如图12-395所示。

图12-394 页面效果

图12-395 插入图像

35 切换到12-96.css文件中，创建名为#pic img的CSS规则，如图12-396所示。返回到设计视图，页面效果如图12-397所示。

```
#pic img{
    margin-left:5px;
    margin-right:5px;
}
```

图12-396 CSS样式代码

图12-397 页面效果

36 使用相同的方法，完成其他部分内容的制作，页面效果如图12-398所示。执行"文件→保存"菜单命令，保存该页面。按F12键即可在浏览器中预览页面效果，如图12-399所示。

图12-398 页面效果

图12-399 预览效果

Q 如果在网页中所插入的图像并不在本地站点的根目录下将会怎样？

A 在网页中插入图像时，如果所选择的图像文件不在本地站点的根目录下，则会弹出提示对话框，提示用户复制图像文件到本地站点的根目录中，如图12-400所示。单击"是"按钮后，会弹出"复制文件为"对话框，让用户选择图像文件的存放位置，可选择根目录或根目录下的任何文件夹，如图12-401所示。

图12-400 提示对话框

图12-401 "复件文件为"对话框

Q 如何在Dreamweaver CS6中调整图像的尺寸？

A 可以通过在Dreamweaver CS6的设计视图中单击选中需要调整的图像，拖曳图像的角点到合适的大小即可。这时，会在"属性"面板上的"宽"和"高"文本框后面会出现"重置为原始大小"按钮◎，单击该按钮即可将图像恢复到原始的大小。

实例 097 制作休闲游戏网站页面

休闲游戏网站页面一般运用鲜明的色彩，追求能够营造强烈愉快感觉的设计。无论是游戏的网站，还是漫画、人物的网站，最重要的是它的设计能够给浏览者带来趣味和快乐，对网站页面进行合理的搭配能够唤起人们强烈的兴趣和好奇心，使界面的构成不会让浏览者产生厌烦感。

- 源 文 件 | 光盘\源文件\第12章\实例97.html
- 视 频 | 光盘\视频\第12章\实例97.swf
- 知 识 点 | Div标签、li标签和<dl>标签
- 学习时间 | 30分钟

实例分析

本实例制作的是一个休闲游戏的网站页面，运用游戏场景和游戏卡通插画的造型，将浏览者带入到该款游戏的世界中。页面多处运用与该游戏相关的元素进行设计，从而突出游戏带给浏览者的印象，该网站页面的最终效果如图12-402所示。

图12-402 最终效果

知识点链接

通过本实例的制作，向读者介绍了使用Div+CSS布局制作游戏网站页面的方法，同时用户也应该学会适当的为网站选择合适的页面元素和页面色彩进行搭配，以网站能够给浏览者带来乐趣和快乐为出发点，从而制作出更丰富多彩的网站页面。

制作步骤

01 执行"文件→新建"菜单命令，弹出"新建文档"对话框，设置如图12-403所示。单击"创建"按钮，新建一个空白文档，将该页面保存为"光盘\源文件\第12章\实例97.html"。使用相同的方法，新建一个CSS样式表文件，并将其保存为"光盘\源文件\第12章\style\12-97.css"，如图12-404所示。

图12-403 "新建文档"对话框

图12-404 "新建文档"对话框

02 单击 "CSS样式" 面板上的 "附加样式表" 按钮，弹出 "链接外部样式表" 对话框，设置如图12-405所示，单击 "确定" 按钮。切换到12-97.css文件中，创建名为 "*" 的通配符CSS规则和名为body的标签CSS规则，如图12-406所示。

图12-405 "链接外部样式表" 对话框

```
* {
    border: 0px;
    margin: 0px;
    padding: 0px;
}
body {
    font-family: "宋体";
    font-size: 12px;
    color: #000;
    background-image: url(../images/bg9701.gif);
    background-repeat: repeat-x;
}
```

图12-406 CSS样式代码

03 返回到设计视图，页面效果如图12-407所示。将光标移至页面中，插入名为logo的Div。切换到12-97.css文件中，创建名为#logo的CSS规则，如图12-408所示。

图12-407 页面效果

```
#logo {
    width: 100%;
    height: 37px;
    overflow: hidden;
}
```

图12-408 CSS样式代码

04 返回到设计视图，页面效果如图12-409所示。将光标移至名为logo的Div中，删除多余文字，插入名为pic的Div。切换到12-97.css文件中，创建名为#pic的CSS规则，如图12-410所示。

图12-409 页面效果

```
#pic {
    width: 60px;
    height: 34px;
    margin-left: 26px;
    margin-right: 26px;
    margin-top: 2px;
    float: left;
}
```

图12-410 CSS样式代码

05 返回到设计视图，页面效果如图12-411所示。将光标移至名为pic的Div中，删除多余文字，插入图像 "光盘\源文件\第12章\images\9701.gif"，页面效果如图12-412所示。

图12-411 页面效果

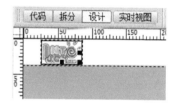

图12-412 插入图像

06 在名为pic的Div后，插入名为list的Div。切换到12-97.css文件中，创建名为#list的CSS规则，如图12-413所示。返回到设计视图，页面效果如图12-414所示。

```
#list {
    width: 350px;
    height: 23px;
    float: left;
    padding-left: 16px;
    padding-top: 13px;
}
```

图12-413 CSS样式代码

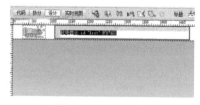

图12-414 页面效果

07 将光标移至名为list的Div中，将多余文字删除，输入段落文字，并为文字创建项目列表。转换到代码视图中，可以看到相应的代码效果，如图12-415所示。切换到12-97.css文件中，创建名为#list li的CSS规则，如图12-416所示。

```
<div id="list">
    <ul>
        <li>首页</li>
        <li>社区</li>
        <li>家族</li>
        <li>会员</li>
        <li>活动</li>
    </ul>
</div>
```

图12-415 代码视图

```
#list li {
    list-style-type: none;
    background-image: url(../images/9702.gif);
    background-repeat: no-repeat;
    background-position: left center;
    float: left;
    margin-right: 30px;
    padding-left: 10px;
}
```

图12-416 CSS样式代码

08 返回到设计视图，页面效果如图12-417所示。在名为logo的Div后插入名为box的Div。切换到12-97.css文件中，创建名为#box的CSS规则，如图12-418所示。

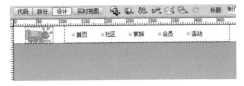

图12-417 页面效果

```
#box {
    width: 884px;
    height: 100%;
    overflow: hidden;
    margin: 0px auto;
}
```

图12-418 CSS样式代码

09 返回到设计视图中，可以看到页面效果，如图12-419所示。光标移至名为box的Div中，将多余文字删除，插入名为top的Div。切换到12-97.css文件中，创建名为#top的CSS规则，如图12-420所示。

图12-419 页面效果

```
#top {
    width: 884px;
    height: 462px;
    background-image: url(../images/bg9702.gif);
    background-repeat: no-repeat;
}
```

图12-420 CSS样式代码

10 返回到设计视图，页面效果如图12-421所示。将光标移至名为top的Div中，将多余文字删除，插入名为menu的Div。切换到12-97.css文件中，创建名为#menu的CSS规则，如图12-422所示。

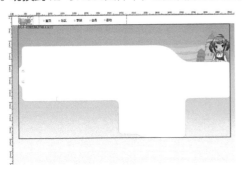

图12-421 页面效果

```
#menu {
    width: 873px;
    height: 60px;
    padding-top: 25px;
    padding-left: 10px;
}
```

图12-422 CSS样式代码

11 返回到设计视图，可以看到页面的效果，如图12-423所示。光标移至名为menu的Div中，将多余文字删除，依次插入相应的图像，如图12-424所示。

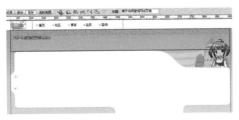

图12-423 页面效果

图12-424 插入图像

12 切换到12-97.css文件中，分别创建名为.img01、.img02和.img03的CSS样式，如图12-425所示。返回到设计视图中，分别为相应的图像应用该样式，页面效果如图12-426所示。

```
.img01 {
    margin-right: 66px;
}
.img02 {
    margin-right: 43px;
}
.img03 {
    margin-right: 27px;
}
```

图12-425 CSS样式代码

图12-426 页面效果

13 在名为menu的Div后插入名为top_left的Div。切换到12-97.css文件中，创建名为#top_left的CSS规则，如图12-427所示。返回到设计视图中，可以看到页面效果，如图12-428所示。

```
#top_left {
    width: 420px;
    height: 376px;
    float: left;
    margin-right: 8px;
}
```

图12-427 CSS样式代码

图12-428 页面效果

14 将光标移至名为top_left的Div中，将多余文字删除，插入名为left01的Div。切换到12-97.css文件中，创建名为#left01的CSS规则，如图12-429所示。返回到设计视图，页面效果如图12-430所示。

```
#left01 {
    width: 394px;
    height: 212px;
    margin-left: 26px;
    margin-top: 11px;
}
```

图12-429 CSS样式代码

图12-430 页面效果

15 光标移至名为left01的Div中，插入名为menu01的Div。切换到12-97.css文件中，创建名为#menu01的CSS规则，如图12-431所示。返回到设计视图中，可以看到页面效果，如图12-432所示。

```
#menu01 {
    width: 384px;
    height: 18px;
    background-image: url(../images/bg9703.gif);
    background-repeat: no-repeat;
    text-align: right;
    padding-top: 7px;
    padding-right: 10px;
    padding-bottom: 17px;
}
```

图12-431 CSS样式代码

图12-432 页面效果

16 将光标移至名为menu01的Div中，将多余文字删除，插入图像"光盘\源文件\第12章\images\9707.gif"，页面效果如图12-433所示。在名为menu01的Div后，插入名为pic01的Div。切换到12-97.css文件中，创建名为#pic01的CSS规则，如图12-434所示。

图12-433 页面效果

```
#pic01 {
    width: 182px;
    height: 64px;
    color: #636267;
    line-height: 16px;
    float: left;
    margin-right: 15px;
    margin-bottom: 20px;
}
```

图12-434 CSS样式代码

17 返回到设计视图，页面效果如图12-435所示。将光标移至名为pic01的Div中，将多余文字删除，插入图像"光盘\源文件\第12章\images\9708.gif"并输入文字，页面效果如图12-436所示。

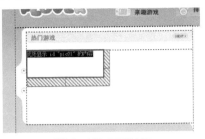

图12-435　页面效果

图12-436　插入图像并输入文字

18 切换到12-97.css文件中，创建名为#pic01 img和.font的CSS样式，如图12-437所示。返回到设计视图，为相应的文字应用该样式，页面效果如图12-438所示。

```
#pic01 img {
    float: left;
    margin-right: 6px;
}
.font {
    font-weight: bold;
}
```

图12-437　CSS样式代码

图12-438　页面效果

19 使用相同的方法，完成其他内容的制作，页面效果如图12-439所示。在名为left01的Div后，插入名为left02的Div。切换到12-97.css文件中，创建名为#left02的CSS规则，如图12-440所示。

图12-439　页面效果

```
#left02 {
    width: 407px;
    height: 140px;
    margin-left: 13px;
    margin-top: 7px;
}
```

图12-440　CSS样式代码

20 返回到设计视图，页面效果如图12-441所示。将光标移至名为left02的Div中，删除多余文字，插入名为left_pic的Div。切换到12-97.css文件中，创建名为#left_pic的CSS规则，如图12-442所示。

图12-441　页面效果

```
#left_pic {
    width: 275px;
    height: 140px;
    background-image: url(../images/bg9704.gif);
    background-repeat: no-repeat;
    float: left;
}
```

图12-442　CSS样式代码

21 返回到设计视图，页面效果如图12-443所示。将光标移至名为left_pic的Div中，将多余文字删除，插入名为pic05的Div。切换到12-97.css文件中，创建名为#pic05的CSS规则，如图12-444所示。

```
#pic05 {
    width: 82px;
    height: 90px;
    margin-top: 36px;
    margin-left: 15px;
    text-align: center;
    color: #636267;
    float: left;
}
```

图12-443 页面效果　　　　　　图12-444 CSS样式代码

22 返回到设计视图，页面效果如图12-445所示。将光标移至名为pic05的Div中，将多余文字删除，插入图像"光盘\源文件\第12章\images\9712.gif"并输入文字，页面效果如图12-446所示。

图12-445 页面效果

图12-446 插入图片

23 切换到12-97.css文件中，创建名为#pic05img的CSS规则，如图12-447所示。返回到设计视图，为文字应用相应的样式，页面效果如图12-448所示。

```
#pic05 img {
    margin-bottom: 6px;
}
```

图12-447 CSS样式代码

图12-448 页面效果

24 在名为pic05的Div后，插入名为pic06的Div。切换到12-97.css文件中，创建名为#pic06的CSS规则，如图12-449所示。返回到设计视图，页面效果如图12-450所示。

```
#pic06 {
    width: 153px;
    height: 92px;
    margin-top: 36px;
    margin-left: 15px;
    float: left;
    color: #636267;
}
```

图12-449 CSS样式代码

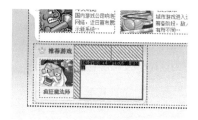

图12-450 页面效果

25 将光标移至名为pic06的Div中，将多余文字删除，插入相应的图像并输入文字，如图12-451所示。转换到代码视图，修改代码为如图12-452所示。

图12-451 页面效果

```
<div id="pic06">
    <dl>
        <dt><img src="images/01.gif" width="15" height="15" />
<img src="images/06.gif" width="15" height="15" /></dt>
        <dd>疯狂魔法师</dd>
        <dt><img src="images/02.gif" width="15" height="15" />
<img src="images/07.gif" width="15" height="15" /></dt>
        <dd>泡泡岛奇遇记</dd>
        <dt><img src="images/03.gif" width="15" height="15" />
<img src="images/08.gif" width="15" height="15" /></dt>
        <dd>热血江湖</dd>
        <dt><img src="images/04.gif" width="15" height="15" />
<img src="images/09.gif" width="15" height="15" /></dt>
        <dd>Q蛙巧遇记</dd>
        <dt><img src="images/05.gif" width="15" height="15" />
<img src="images/10.gif" width="15" height="15" /></dt>
        <dd>小猴跳跳</dd>
    </dl>
</div>
```

图12-452 代码视图

26 切换到12-97.css文件中，创建名为#pic06 dt、#pic06 dd和#pic06 dt img的CSS规则，如图12-453所示。返回到设计视图，可以看到页面效果，如图12-454所示。

```
#pic06 dt {
        width: 38px;
        height: 15px;
        float: left;
        margin-top: 1px;
        margin-bottom: 1px;
        border-bottom: solid 1px #98dee8;
        padding-bottom: 1px;
}
#pic06 dd {
        width: 100px;
        height: 15px;
        line-height:15px;
        float: left;
        margin-top: 1px;
        margin-bottom: 1px;
        border-bottom: solid 1px #98dee8;
        padding-bottom: 1px;
}
#pic06 dt img {
        margin-right: 4px;
}
```

图12-453 CSS样式代码

图12-454 页面效果

27 使用相同的方法，完成其他内容的制作，页面效果如图12-455所示。在名为top_center的Div后，插入名为top_right的Div。切换到12-97.css文件中，创建名为#top_right的CSS规则，如图12-455所示。

图12-455 页面效果

```
#top_right {
        width: 190px;
        height: 297px;
        float: left;
        margin-top: 77px;
        margin-left: 8px;
}
```

图12-456 CSS样式代码

28 返回到设计视图，页面效果如图12-457所示。光标移至名为top_right的Div中，将多余文字删除，插入名为login的Div。切换到12-97.css文件中，创建名为#login的CSS规则，如图12-458所示。

图12-457 页面效果

```
#login {
        width: 182px;
        height: 104px;
        background-image: url(../images/bg9706.gif);
        background-repeat: no-repeat;
        padding-top: 29px;
}
```

图12-458 CSS样式代码

29 返回到设计视图，页面效果如图12-459所示。将光标移至名为login的Div中，将多余文字删除，单击"插入"面板上的"表单"选项卡中的"表单"按钮，插入表单域，如图12-460所示。

图12-459 页面效果

图12-460 插入表单域

30 将光标移至表单域中，单击"表单"选项卡中的"文本字段"按钮，弹出"输入标签辅助功能属性"对话框，设置如图12-461所示。单击"确定"按钮，插入一个文本字段。使用相同的方法再插入一个文本字段，页面效果如图12-462所示。

图12-461 "输入标签辅助功能属性"对话框

图12-462 页面效果

31 切换到12-97.css文件中，创建名为#name和#password的CSS规则，如图12-463所示。返回到设计视图中，可以看到页面效果，如图12-464所示。

```
#name,#password {
    width: 85px;
    height: 16px;
    margin-top: 3px;
    margin-bottom: 3px;
    margin-left: 8px;
    border: solid 1px #c9c9c9;
}
```

图12-463 CSS样式代码

图12-464 页面效果

32 将光标移至第一个文本字段前，单击"表单"选项卡中的"图象域"按钮，在弹出的"选择图像源文件"对话框中选择相应的图像，如图12-465所示。单击"确定"按钮，弹出"输入标签辅助功能属性"对话框，设置如图12-466所示。

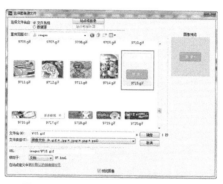

图12-465 "选择图像源文件"对话框

图12-466 "输入标签辅助功能属性"对话框

33 单击"确定"按钮，即可插入图像域，如图12-467所示。切换到12-97.css文件中，创建名为#button的CSS规则，如图12-468所示。

图12-467 页面效果

```
#button {
    margin-top: 8px;
    margin-right: 5px;
    float: right;
}
```

图12-468 CSS样式代码

34 返回到设计视图，页面效果如图12-469所示。将光标移至第二个文本字段后，按住Enter键，单击"表单"选项卡中的"复选框"按钮，在弹出的"输入标签辅助功能属性"对话框中进行相应的设置，如图12-470所示。

图12-469 页面效果

图12-470 "输入标签辅助功能属性"对话框

35 单击"确定"按钮，即可插入一个复选框。将光标移至该复选框后，输入相应的文字，页面效果如图12-471所示。切换到12-97.css文件中，创建名为#checkbox和.font01的CSS样式，如图12-472所示。

图12-471 页面效果

```
#checkbox {
    margin-left: 12px;
    margin-top: 5px;
    vertical-align: bottom;
}
.font01 {
    color: #636267;
}
```

图12-472 CSS样式代码

36 返回到设计视图，为相应的文字应用该样式，页面效果如图12-473所示。使用相同的方法，插入相应的图像并输入文字，页面效果如图12-474所示。

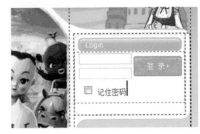

图12-473 页面效果

图12-474 页面效果

37 切换到12-97.css文件中，创建名为#login img的CSS规则，如图12-475所示。返回到设计视图，并为文字应用相应的样式，页面效果如图12-476所示。

```
#login img {
    margin-left: 12px;
    margin-right: 8px;
    margin-top: 10px;
}
```

图12-475 CSS样式代码

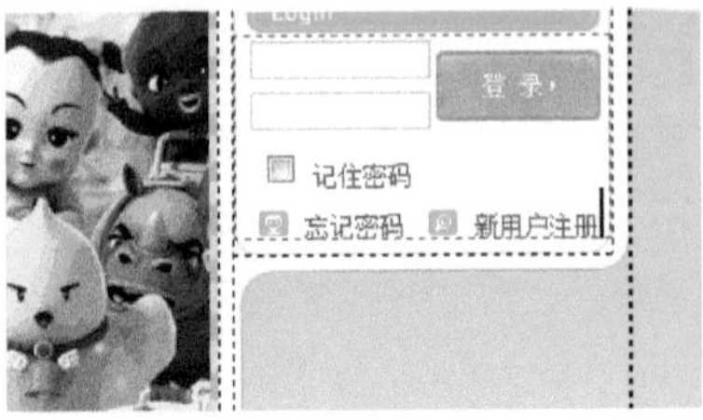

图12-476 页面效果

38 根据前面的方法，完成其他内容的制作，页面效果如图12-477所示。在名为top的Div后插入名为center的Div。切换到12-97.css文件中，创建名为#center的CSS规则，如图12-478所示。

图12-477 页面效果

```
#center {
    width: 871px;
    height: 450px;
    overflow: hidden;
    background-image: url(../images/bg9708.gif);
    background-repeat: no-repeat;
    background-position: 13px center;
    padding-left: 13px;
}
```

图12-478 CSS样式代码

39 返回到设计视图，页面效果如图12-479所示。将光标移至名为center的Div中，将多余文字删除，插入名为menu02的Div。切换到12-97.css文件中，创建名为#menu02的CSS规则，如图12-480所示。

图12-479 页面效果

```
#menu02 {
    width: 871px;
    height: 33px;
    text-align: right;
    padding-top: 11px;
}
```

图12-480 CSS样式代码

40 返回到设计视图，页面效果如图12-481所示。将光标移至名为menu02的Div中，将多余文字删除，依次插入图像，页面效果如图12-482所示。

图12-481 页面效果

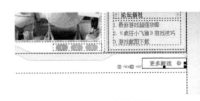

图12-482 插入图像

41 切换到12-97.css文件中，创建名为#menu02 img的CSS规则，如图12-483所示。返回到设计视图，可以看到页面效果，如图12-484所示。

```
#pic {
    width: 81px;
    height: 97px;
    margin-left: 15px;
    margin-top: 16px;
    float: left;
}
```

图12-483 CSS样式代码

图12-484 页面效果

42 将光标移至名为center04的Div中，将多余文字删除，插入名为pic的Div。切换到12-97.css文件中，创建名为#pic的CSS规则，如图12-485所示。返向到设计视图，页面效果如图12-486所示。

```
#pic {
    width: 81px;
    height: 97px;
    margin-left: 15px;
    margin-top: 16px;
    float: left;
}
```

图12-485 CSS样式代码

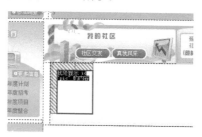
图12-486 页面效果

43 在名为menu02的Div后，插入名为center03的Div。切换到12-97.css文件中，创建名为#center 03的CSS规则，如图12-487所示。返回到设计视图，页面效果如图12-488所示。

```
#center03 {
    width: 204px;
    height: 393px;
    margin-left: 10px;
    background-image: url(../images/bg9709.gif);
    background-repeat: no-repeat;
    float: left;
}
```

图12-487 CSS样式代码

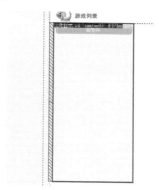
图12-488 页面效果

44 将光标移至名为center03的Div中，将多余文字删除，插入名为pic09的Div。切换到12-97.css文件中，创建名为#pic09的CSS规则，如图12-489所示。返回到设计视图，页面效果如图12-490所示。

```
#pic09 {
    width: 160px;
    height: 49px;
    margin-top: 37px;
    margin-left: 22px;
}
```

图12-489 CSS样式代码

图12-490 页面效果

45 将光标移至名为pic09的Div中，将多余的文字删除，插入图像"光盘\源文件\第12章\images\9718.gif"，页面效果如图12-491所示。在名为pic09的Div后，插入名为news01的Div。切换到12-97.css文件中，创建名为#news01的CSS规则，如图12-492所示。

图12-491 页面效果

```
#news01 {
    width: 160px;
    height: 170px;
    margin-left: 22px;
    margin-top: 15px;
}
```

图12-492 CSS样式代码

46 返回到设计视图，页面效果如图12-493所示。将光标移至名为news01的Div中，将多余文字删除，插入相应的图像并输入文字。转换到代码视图，修改相应的代码部分，代码效果如图12-494所示。

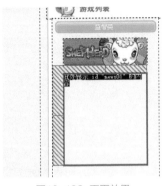

图12-493 页面效果

```
<div id="news01">
  <dl>
  <dt><img src="images/20.gif" width="15" height="15" /></dt>
  <dd>水管大战<img src="images/21.gif" width="9" height="9" /></dd>
  <dt><img src="images/22.gif" width="15" height="15" /></dt>
  <dd>野菜部落</dd>
  <dt><img src="images/23.gif" width="15" height="15" /></dt>
  <dd>Rich大富豪</dd>
  <dt><img src="images/24.gif" width="15" height="15" /></dt>
  <dd>连连看II</dd>
  <dt><img src="images/25.gif" width="15" height="15" /></dt>
  <dd>一起来找茬</dd>
  <dt><img src="images/26.gif" width="15" height="15" /></dt>
  <dd>对对碰<img src="images/21.gif" alt="" width="9" height="9" /></dd>
  <dt><img src="images/27.gif" width="15" height="15" /></dt>
  <dd>宝石公园</dd>
  <dt><img src="images/28.gif" width="15" height="15" /></dt>
  <dd>梦幻泡泡<img src="images/29.gif" width="9" height="9" /></dd>
  </dl>
</div>
```

图12-494 代码视图

47 切换到12-97.css文件中，创建名为#news01 dt和#news01 dd的 CSS规则，如图12-495所示。返回到设计视图中，可以看到页面效果，如图12-496所示。

```
#news01 dt {
    width: 25px;
    height: 21px;
    float: left;
    margin-left: 10px;
}
#news01 dd {
    width: 100px;
    height: 21px;
    float: left;
    color: #636267;
}
```

图12-495 CSS样式代码

图12-496 页面效果

48 使用相同的方法，完成其他内容的制作，页面效果如图12-497所示。完成该页面的制作，页面整体效果如图12-498所示。

图12-497 页面效果

49 执行"文件→保存"菜单命令，保存该页面。在浏览器中预览页面效果，如图12-499所示。

图12-498 页面效果

图12-499 预览页面

Q 一般的表单由哪几部分组成？

A 一般的表单由两部分组成，一是描述表单元素的HTML源代码；二是客户端的脚本，或者服务器端用来处理用户所填写信息的程序。

Q 如何在设计视图中显示表单域的红色虚线框？

A 如果插入表单域后，在Dreamweaver CS6的设计视图中并没有显示红色的虚线框，则可以执行"查看→可视化助理→不可见元素"菜单命令，即可在设计视图中看到表单域的红色虚线框。

实例 098 制作野生动物园网站页面

野生动物园网站页面的整体风格应以生态、绿色以及环保为主题，通过对页面中的文字与图片的设计展现出动物园的活跃氛围，并运用一些较为清爽、活力的色调加以修饰，从而能够吸引人们进去观赏、游玩。

● **源 文 件** | 光盘\源文件\第12章\实例98.html

● **视　　频** | 光盘\视频\第12章\实例98.swf

● **知 识 点** | 鼠标经过图像、项目列表、应用类CSS样式

● **学习时间** | 30分钟

实例分析

本实例制作的是一个野生动物园网站页面，该页面中的图片以及整体的背景都是以绿色为主色调进行展示的，这样一来不仅仅体现出了网站的主体内容，并且在视觉上给人一种自然、清爽的感觉，页面的最终效果如图12-500所示。

图12-500 最终效果

知识点链接

该页面两处运用了鼠标经过图像的方式进行展示，需要注意的是，在页面中插入鼠标经过图像之前，应保证用来制作鼠标经过图像的两张图像的宽度和高度一致，否则便无法实现鼠标经过图像的效果。

制作步骤

01 执行"文件→新建"菜单命令，弹出"新建文档"对话框，设置如图12-501所示。单击"创建"按钮，新建一个空白文档，将该页面保存为"光盘\源文件\第12章\实例98.html"。使用相同的方法，新建一个CSS样式表文件，将其保存为"光盘\源文件\第12章\style\12-98.css"，如图12-502所示。

图12-501 "新建文档"对话框

图12-502 "新建文档"对话框

02 单击"CSS样式"面板上的"附加样式表"按钮，弹出"链接外部样式表"对话框，设置如图12-503所示，单击"确定"按钮。切换到12-98.css文件中，创建名为"*"的通配符CSS规则和名为body的标签CSS规则，如图12-504所示。

图12-503 "链接外部样式表"对话框

```
*{
    margin:0px;
    padding:0px;
    border:0px;
}
body{
    font-family:"宋体";
    font-size:12px;
    color:#666;
    background-image:url(../images/9801.jpg);
    background-repeat:no-repeat;
    background-position:center top;
}
```

图12-504 CSS样式代码

03 返回到设计视图，页面效果如图12-505所示。将光标放置在页面中，插入名为box的Div。切换到12-98.css文件中，创建名为#box的CSS规则，如图12-506所示。

图12-505 页面效果

```
#box{
    width:979px;
    height:100%;
    overflow:hidden;
    margin:0px auto;
    padding-left:10px;
    padding-right:10px;
    padding-bottom:169px;
}
```

图12-506 CSS样式代码

04 返回到设计视图，页面效果如图12-507所示。将光标移至名为box的Div中，将多余文字删除，插入名为top的Div。切换到12-98.css文件中，创建名为#top的CSS规则，如图12-508所示。

图12-507 页面效果

```
#top{
    width:743px;
    height:99px;
    background-image:url(../images/9802.png);
    background-repeat:no-repeat;
    background-position:40px center;
    padding-left:240px;
}
```

图12-508 CSS样式代码

05 返回到设计视图，页面效果如图12-509所示。将光标移至名为top的Div中，将多余文字删除，插入名为menu的Div。切换到12-98.css文件中，创建名为#menu的CSS规则，如图12-510所示。

图12-509 页面效果

```
#menu{
    width:685px;
    height:56px;
    background-image:url(../images/9803.png);
    background-repeat:no-repeat;
    padding-left:18px;
}
```

图12-510 CSS样式代码

06 返回到设计视图，页面效果如图12-511所示。将光标移至名为menu的Div中，将多余文字删除，插入名为language的Div。切换到12-98.css文件中，创建名为#language的CSS规则，如图12-512所示。

图12-511 页面效果

```
#language{
    width:225px;
    height:22px;
    color:#695a58;
    font-weight:bold;
    margin-left:25px;
    line-height:22px;
}
```

图12-512 CSS样式代码

07 返回到设计视图，页面效果如图12-513所示。将光标移至名为language的Div中，将多余文字删除，输入相应的文字，如图12-514所示。

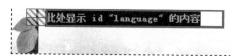

图12-513 页面效果

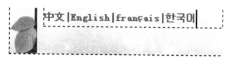

图12-514 输入文字

08 切换到12-98.css文件中，创建名为.span和.font的类CSS样式，如图12-515所示。返回到设计视图，为相应文字应用该样式，如图12-516所示。

```
.span{
    margin-left:5px;
    margin-right:5px;
    color:#8b6853;
}
.font{
    color:#993300;
}
```

图12-515 CSS样式代码

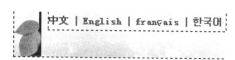

图12-516 页面效果

09 将光标移至名为language的Div后，单击"插入"面板上"常用"选项卡中"图像"按钮旁的倒三角按钮，在弹出菜单中选择"鼠标经过图像"选项，如图12-517所示。弹出"插入鼠标经过图像"对话框，设置如图12-518所示。

图12-517 "插入"面板

图12-518 "插入鼠标经过图像"对话框

10 设置完成后，单击"确定"按钮，即可在光标所在位置插入鼠标经过图像，如图12-519所示。将光标移至该图像后，使用相同的方法完成其他鼠标经过图像的制作，页面效果如图12-520所示。

图12-519 页面效果

图12-520 页面效果

11 在名为top的Div后，插入名为pic的Div。切换到12-98.css文件中，创建名为#pic的CSS规则，如图12-521所示。返回到设计视图，页面效果如图12-522所示。

```
#pic{
    width:979px;
    height:422px;
    margin:10px auto;
}
```
图12-521 CSS样式代码

图12-522 页面效果

12 将光标移至名为pic的Div中，将多余文字删除，插入图像"光盘\源文件\第12章\images\9818.png"，如图12-523所示。在名为pic的Div后，插入名为main的Div。切换到12-98.css文件中，创建名为#main的CSS规则，如图12-524所示。

图12-523 页面效果

```
#main{
    width:979px;
    height:220px;
}
```
图12-524 CSS样式代码

13 返回到设计视图，页面效果如图12-525所示。将光标移至名为main的Div中，将多余文字删除，插入名为member的Div。切换到12-98.css文件中，创建名为#member的CSS规则，如图12-526所示。

图12-525 页面效果

```
#member{
    float:left;
    width:475px;
    height:205px;
    background-image:url(../images/9819.png);
    background-repeat:no-repeat;
    margin-right:4px;
    padding-left:10px;
    padding-top:15px;
}
```
图12-526 CSS样式代码

14 返回到设计视图，页面效果如图12-527所示。将光标移至名为member的Div中，将多余文字删除，插入图像"光盘\源文件\第12章\images\9820.png"，如图12-528所示。

图12-527 页面效果

图12-528 插入图像

15 将光标移至图像后，插入名为member_pic的Div。切换到12-98.css文件中，创建名为#member_pic的CSS规则，如图12-529所示。返回到设计视图，页面效果如图12-530所示。

```
#member_pic{
    width:47px;
    height:152px;
    background-image:url(../images/9821.jpg);
    background-repeat:no-repeat;
    background-position:40px center;
    margin-top:20px;
    padding-right:428px;
}
```
图12-529 CSS样式代码

图12-530 页面效果

16 将光标移至名为member_pic的Div中，将多余文字删除，依次插入相应的图像，如图12-531所示。在名为member的Div后，插入名为news的Div。切换到12-98.css文件中，创建名为#news的CSS规则，如图12-532所示。

图12-531 页面效果

```
#news{
    float:left;
    width:475px;
    height:205px;
    color:#3f2314;
    background-image:url(../images/9819.png);
    background-repeat:no-repeat;
    margin-left:4px;
    padding-left:10px;
    padding-top:15px;
}
```

图12-532 CSS样式代码

17 返回到设计视图，页面效果如图12-533所示。将光标移至名为news的Div中，将多余文字删除，插入名为news_title的Div。切换到12-98.css文件中，创建名为#news_title的CSS规则，如图12-534所示。

图12-533 页面效果

```
#news_title{
    width:450px;
    height:17px;
    background-image:url(../images/9824.png);
    background-repeat:no-repeat;
    background-position:right center;
}
```

图12-534 CSS样式代码

18 返回到设计视图，页面效果如图12-535所示。将光标移至名为news_title的Div中，将多余文字删除，并插入相应的图像，如图12-536所示。

图12-535 页面效果

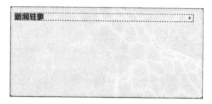

图12-536 插入图像

19 在名为news_title的Div后，插入名为news_text的Div。切换到12-98.css文件中，创建名为#news_text的CSS规则，如图12-537所示。返回到设计视图，页面效果如图12-538所示。

```
#news_text{
    width:450px;
    height:170px;
    line-height:21px;
    margin-top:10px;
}
```

图12-537 CSS样式代码

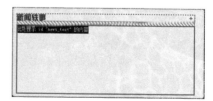

图12-538 页面效果

20 将光标移至名为news_text的Div中，将多余文字删除，输入相应的文字，如图12-539所示。转换到代码视图，为文字添加相应的标签代码，如图12-540所示。

图12-539 输入文字

```
<div id="news_text">
    <dl>
        <dt>关于动物园停车费的收费公告</dt><dd>2012-09-05</dd>
        <dt>开学季——动物园里也有开学典礼</dt><dd>2012-08-29</dd>
        <dt>喜迎"六·一"，小动物们欢喜喜过起了儿童节</dt><dd>2012-06-01</dd>
        <dt>迎"五·一"，野生动物园旧映换换新颜</dt><dd>2012-05-01</dd>
        <dt>稀有白袋鼠安家野生动物园</dt><dd>2012-04-23</dd>
        <dt>我园赐虎散放区被野生动物保护协会命名为"野生动物园优秀展区"</dt><dd>2012-04-14</dd>
        <dt>散放区乘车广场的新候车长廊</dt><dd>2012-03-20</dd>
        <dt>"Hi，动物朋友！"走进野生动物园，和动物来个亲密接触</dt><dd>2012-03-03</dd>
    </dl>
</div>
```

图12-540 代码视图

21 切换到12-98.css文件中，创建名为#news_text dt和#news_text dd的CSS规则，如图12-541所示。返回到设计视图，页面效果如图12-542所示。

```
#news_text dt{
    float:left;
    width:365px;
    height:21px;
    background-image:url(../images/9826.gif);
    background-repeat:no-repeat;
    background-position:4px center;
    padding-left:18px;
}
#news_text dd{
    float:left;
    width:60px;
    height:21px;
}
```

图12-541 CSS样式代码

图12-542 页面效果

22 使用相同的方法，完成其他相似内容的制作，页面效果如图12-543所示。在名为center的Div后，插入名为right的Div。切换到12-98.css文件中，创建名为#right的CSS规则，如图12-544所示。

图12-543 页面效果

```
#right{
    float:left;
    width:320px;
    height:220px;
    background-image:url(../images/9843.png);
    background-repeat:no-repeat;
}
```

图12-544 CSS样式代码

23 返回到设计视图，页面效果如图12-545所示。将光标移至名为right的Div中，将多余文字删除，插入名为right_text的Div。切换到12-98.css文件中，创建名为#right_text的CSS规则，如图12-546所示。

图12-545 页面效果

```
#right_text{
    width:280px;
    height:170px;
    background-image:url(../images/9845.png);
    background-repeat:no-repeat;
    padding-top:20px;
    margin:15px 20px;
    line-height:19px;
}
```

图12-546 CSS样式代码

24 返回到设计视图，页面效果如图12-547所示。将光标移至名为right_text的Div中，将多余文字删除，并输入相应的文字，如图12-548所示。

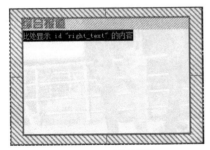

图12-547 页面效果

图12-548 输入文字

25 切换到12-98.css文件中，创建名为.b、.c、.d、.e、.f和.g的类CSS样式，如图12-549所示。返回到设计视图，依次为每行文字分别应用相应样式，效果如图12-550所示。

```
.b{
    background-image:url(../images/9846.png);
    background-repeat:no-repeat;
    padding-left:62px;
    margin-top:8px;
    margin-bottom:8px;
}
.c{
    background-image:url(../images/9847.png);
    background-repeat:no-repeat;
    padding-left:62px;
    margin-top:8px;
    margin-bottom:8px;
}
.d{
    background-image:url(../images/9848.png);
    background-repeat:no-repeat;
    padding-left:62px;
    margin-top:8px;
    margin-bottom:8px;
}

.e{
    background-image:url(../images/9849.png);
    background-repeat:no-repeat;
    padding-left:62px;
    margin-top:8px;
    margin-bottom:8px;
}
.f{
    background-image:url(../images/9850.png);
    background-repeat:no-repeat;
    padding-left:62px;
    margin-top:8px;
    margin-bottom:8px;
}
.g{
    background-image:url(../images/9851.png);
    background-repeat:no-repeat;
    padding-left:62px;
    margin-top:8px;
    margin-bottom:8px;
}
```

图12-549 CSS样式代码

图12-550 页面效果

26 使用相同的制作方法，完成其他部分内容的制作，页面效果如图12-551所示。执行"文件→保存"菜单命令，保存该页面。按F12键即可在浏览器中预览该页面，效果如图12-552所示。

图12-551 页面效果　　　　　图12-552 预览效果

Q CSS样式的主旨是什么？

A 在Dreamweaver CS6中，CSS样式的主旨就是将格式和结构分离。因此，使用CSS样式可以将站点上所有的网页都指向单一的一个外部CSS样式文件，当修改CSS样式文件中的某一个属性设置后，整个站点的网页便会随之修改。

Q 类CSS样式的名称前为什么要加"."符号？

A 在新建的类CSS样式中，默认的类CSS样式名称前有一个"."。这个"."说明了此CSS样式是一个类CSS样式（class）。根据CSS规则，类CSS样式（class）可以在一个HTML元素中被多次调用。

实例 099　制作餐饮类网站页面

　　餐饮类网站页面一般采用清新自然的色彩，营造一幅美味的画面效果。该网站页面在页面布局结构上以公司食品展示为主，充分吸引浏览者的目光，勾起浏览者极大的食欲，达到很到的宣传效果。

● **源 文 件** | 光盘\源文件\第12章\实例99.html

● **视　　频** | 光盘\视频\第12章\实例99.swf

● **知 识 点** | Div标签、li标签

● **学习时间** | 30分钟

▌实例分析▐

　　本实例制作的是餐饮类的网站页面，开头以一个卡通插画展示，让浏览者感到休闲自在，不会有浏览负担。该网页整体色调运用清新的淡绿色，充分体现了该产品无污染、环保自然的特色，并使用两个Flash动画来丰富和活跃画面氛围，使得页面更加富有生机，页面最终效果如图12-553所示。

图12-553 最终效果

┤ 知识点链接 ├

　　通过本实例的制作，读者应掌握如何对图像与文字进行适当的排版，以及使用Div+CSS布局的知识点制作网页，为以后制作出更加美观、丰富多彩的网页打下坚实基础。

┤ 制作步骤 ├

01 执行"文件→新建"菜单命令，弹出"新建文档"对话框，设置如图12-554所示。单击"创建"按钮，新建一个空白文档，将该页面保存为"光盘\源文件\第12章\实例99.html"。使用相同的方法，新建一个CSS样式表文件，并将其保存为"光盘\源文件\第12章\style\12-99.css"，如图12-555所示。

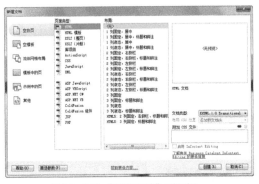
图12-554 "新建文档"对话框

图12-555 "新建文档"对话框

02 单击"CSS样式"面板上的"附加样式表"按钮，弹出"链接外部样式表"对话框，设置如图12-556所示，单击"确定"按钮。切换到12-99.css文件中，创建名为"*"的通配符CSS规则和名为body的标签CSS规则，如图12-557所示。

图12-556 "链接外部样式表"对话框

```
* {
    border: 0px;
    margin: 0px;
    padding: 0px;
}
body {
    font-family: "宋体";
    font-size: 12px;
    color: #000;
    background-image: url(../images/bg9901.png);
    background-repeat: no-repeat;
}
```
图12-557 CSS样式代码

03 返回到设计视图中，可以看到页面效果，如图12-558所示。将光标移至页面中，插入名为box的Div。切换到12-99.css文件中，创建名为#box的CSS规则，如图12-559所示。

图12-558 页面效果

```
#box {
    width: 1248px;
    height: 100%;
    overflow: hidden;
}
```
图12-559 CSS样式代码

04 返回到设计视图中，页面效果如图12-560所示。将光标移至名为box的Div中，删除多余文字，插入名为top的Div。切换到12-99.css文件中，创建名为#top的CSS规则，如图12-561所示。

图12-560 页面效果

```
#top {
    width: 1248px;
    height: 565px;
}
```
图12-561 CSS样式代码

05 返回到设计视图中，页面效果如图12-562所示。将光标移至名为top的Div中，删除多余文字，插入名为flash01的Div。切换到12-99.css文件中，创建名为#flash01的CSS规则，如图12-563所示。

图12-562 页面效果

```
#flash01 {
    width: 970px;
    height: 565px;
    float: left;
}
```

图12-563 CSS样式

06 返回到设计视图中，可以看到页面效果，如图12-564所示。光标移至名为flash01的Div中，将多余文字删除，插入Flash动画"光盘\源文件\第12章\images\main.swf"，页面效果如图12-565所示。

图12-564 页面效果

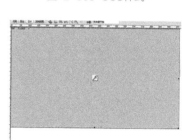

图12-565 插入Flash动画

07 在名为flash01的Div后，插入名为top_right的Div。切换到12-99.css文件中，创建名为#top_right的CSS规则，如图12-566所示。返回到设计视图中，可以看到页面效果，如图12-567所示。

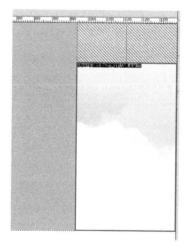

```
#top_right {
    width: 278px;
    height: 457px;
    float: left;
    margin-top: 108px;
}
```

图12-566 CSS样式代码

图12-567 页面效果

08 光标移至名为top_right的Div中，将多余文字删除，插入图像"光盘\源文件\第12章\images\9901.png"，如图12-568所示。光标移至图像后，插入名为list的Div。切换到12-99.css文件中，创建名为#list的CSS规则，如图12-569所示。

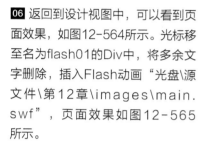

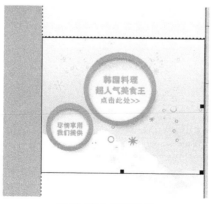

图12-568 页面效果

```
#list {
    width: 189px;
    height: 192px;
    background-image: url(../images/bg9902.png);
    background-repeat: no-repeat;
    margin-top: 35px;
    margin-left: 5px;
}
```

图12-569 CSS样式代码

09 返回到设计视图中,可以看到页面效果,如图12-570所示。光标移至名为list的Div中,将多余文字删除,插入名为list01的Div。切换到12-99.css文件中,创建名为#list01的CSS规则,如图12-571所示。

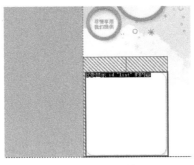

图12-570 页面效果

```
#list01 {
    width: 181px;
    height: 55px;
    padding-top: 8px;
    padding-left: 9px;
    border-bottom: solid 1px #ebf0d2;
    color: #717171;
    line-height: 17px;
}
```

图12-571 CSS样式代码

10 返回到设计视图中,可以看到页面的效果,如图12-572所示。光标移至名为list01的Div中,将多余文字删除,输入段落文字并插入相应的图像,如图12-573所示。

图12-572 页面效果

图12-573 输入文字并插入图像

11 切换到12-99.css文件中,分别创建名为#list01 img的CSS规则和.font的CSS样式,如图12-574所示。返回到设计视图中,为相应的文字应用样式,页面效果如图12-575所示。

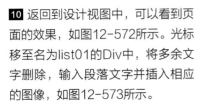

```
#list01 img {
    margin-top: 3px;
}
.font {
    color: #53741d;
    font-weight: bold;
}
```

图12-574 CSS样式代码

图12-575 页面效果

12 使用相同的方法可以完成部分的制作,页面效果如图12-576所示。在名为top的Div后,插入名为center的Div。切换到12-99.css文件中,创建名为#center的CSS规则,如图12-577所示。

图12-576 页面效果

```
#center {
    width: 970px;
    height: 100%;
    overflow: hidden;
}
```

图12-577 CSS样式代码

13 返回到设计视图中,可以看到页面效果,如图12-578所示。光标移至名为center的Div中,将多余文字删除,插入名为left的Div。切换到12-99.css文件中,创建名为#left的CSS规则,如图12-579所示。

图12-578 页面效果

```
#left {
    width: 270px;
    height: 100%;
    overflow: hidden;
    float: left;
    margin-top: 10px;
    margin-left: 30px;
}
```

图12-579 CSS样式代码

14 返回到设计视图中，可以看到页面效果，如图12-580所示。光标移至名为left的Div中，插入名为title的Div。切换到12-99.css文件中，创建名为#title的CSS规则，如图12-581所示。

图12-580 页面效果

```
#title {
    width: 261px;
    height: 24px;
    color: #FFF;
    background-image: url(../images/bg9903.jpg);
    background-repeat: no-repeat;
    line-height: 24px;
    font-weight: bold;
    padding-left: 9px;
}
```

图12-581 CSS样式代码

15 返回到设计视图中，光标移至名为title的Div中，将多余文字删除，输入相应的文字，页面效果如图12-582所示。在名为title的Div后，插入名为news的Div。切换到12-99.css文件中，创建名为#news的CSS规则，如图12-583所示。

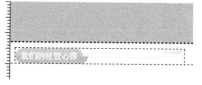

图12-582 页面效果

```
#news {
    width: 265px;
    height: 80px;
    color: #696969;
    line-height: 16px;
    padding-left: 5px;
    padding-top: 5px;
    padding-bottom: 10px;
    border-bottom: dashed 1px #add152;
}
```

图12-583 CSS样式代码

16 返回到设计视图中，可以看到页面效果，如图12-584所示。光标移至名为news的Div中，将多余文字删除，插入图像"光盘\源文件\第12章\images\ 9905.jpg"并输入文字，页面效果如图12-585所示。

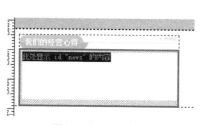

图12-584 页面效果

图12-585 插入图像并输入文字

17 切换到12-99.css文件中，创建名为#news img的CSS规则，如图12-586所示。返回到设计视图中，为文字应用相应的样式，页面效果如图12-587所示。

```
#news img {
    margin-right: 8px;
    margin-top: 5px;
    float: left;
}
```

图12-586 CSS样式代码

图12-587 页面效果

18 在名为news的Div后，插入名为news01的Div。切换到12-99.css文件中，创建名为#news01的CSS规则，如图12-588所示。返回到设计视图中，可以看到页面效果，如图12-589所示。

```
#news01 {
    width: 265px;
    height: 99px;
    margin-top: 8px;
    color: #696969;
    line-height: 20px;
    padding-left: 5px;
}
```

图12-588 CSS样式代码

图12-589 页面效果

19 将光标移至名为news01的Div中，删除多余文字，插入图像并输入文字，并且为相应的文字应用相应的样式，页面效果如图12-590所示。在名为news01的Div后，插入名为title01的Div。切换到12-99.css文件中，创建名为#title01的CSS规则和.font01的类CSS样式，如图12-591所示。

图12-590 页面效果

```
#title01 {
    width: 262px;
    height: 17px;
    background-image: url(../images/bg9904.jpg);
    background-repeat: no-repeat;
    margin-top: 10px;
    color: #ef9453;
    font-weight: bold;
    padding-left: 8px;
    padding-top: 8px;
}
.font01 {
    color: #a29988;
}
```

图12-591 CSS样式代码

20 返回到设计视图中，光标移至名为title01的Div中，将多余文字删除，输入相应的文字，并为相应的文字应用该类样式，页面效果如图12-592所示。在名为title01的Div后，插入名为news02的Div。切换到12-99.css文件中，创建名为#news02的CSS规则，如图12-593所示。

图12-592 页面效果

```
#news02 {
    width: 270px;
    height: 157px;
    border-bottom: solid 1px #f3dfcc;
}
```

图12-593 CSS样式代码

21 返回到设计视图中，可以看到页面效果，如图12-594所示。光标移至名为news02的Div中，将多余文字删除，插入名为pic的Div。切换到12-99.css文件中，创建名为#pic的CSS规则，如图12-595所示。

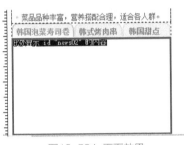

图12-594 页面效果

```
#pic {
    width: 140px;
    height: 157px;
    float: left;
}
```

图12-595 CSS样式代码

22 返回到设计视图中，可以看到页面效果，如图12-596所示。光标移至名为pic的Div中，将多余文字删除，插入图像"光盘\源文件\第12章\images\9906.jpg"，页面效果如图12-597所示。

图12-596 页面效果

图12-597 插入图像

23 在名为pic的Div后，插入名为text的Div。切换到12-99.css文件中，创建名为#text的CSS规则，如图12-598所示。返回到设计视图中，可以看到页面效果，如图12-599所示。

```
#text {
    width: 130px;
    height: 135px;
    float: left;
    background-image: url(../images/bg9905.jpg);
    background-repeat: no-repeat;
    padding-top: 22px;
    line-height: 19px;
    color: #9e7232;
}
```

图12-598 CSS样式代码

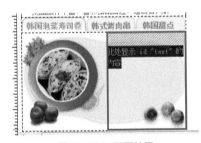

图12-599 页面效果

24 光标移至名为text的Div中，将多余文字删除，输入文字并插入相应的图像"光盘\源文件\第12章\images\bg9904.png"，如图12-600所示。切换到12-99.css文件中，分别创建名为#text img的CSS规则以及.a、.font02的类CSS样式，如图12-601所示。

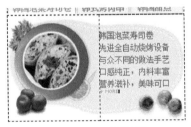

图12-600 页面效果

```
#text img {
    margin-top: 10px;
    margin-left: 5px;
}
.a {
    width: 110px;
    border-bottom: solid 1px #9e7232;
}
.font02 {
    font-weight: bold;
}
```

图12-601 CSS代码

25 返回到设计视图中，为相应的文字应用该类CSS样式，页面效果如图12-602所示。在名为news02的Div后，插入名为news03的Div。切换到12-99.css文件中，创建名为#news03的CSS规则，如图12-603所示。

图12-602 页面效果

```css
#news03 {
    width: 270px;
    height: 60px;
    margin-top: 3px;
    color: #696969;
    line-height: 20px;
}
```

图12-603 CSS样式代码

26 返回到设计视图中，可以看到页面效果，如图12-604所示。光标移至名为news03的Div中，将多余文字删除，输入段落文字并为文字创建项目列表。转换到代码视图中，可以看到代码效果，如图12-605所示。

图12-604 页面效果

```html
<div id="news03">
    <ul>
        <li>木炭烤炉 精工利器 战无不胜</li>
        <li>丰富菜品 长袖善舞 俘获人心</li>
        <li>秘制蘸料 画龙点睛 回味无穷</li>
    </ul>
</div>
```

图12-605 代码视图

27 切换到12-99.css文件中，创建名为#news03 li的CSS规则，如图12-606所示。返回到设计视图中，可以看到页面效果，如图12-607所示。

```css
#news03 li{
    list-style:none;
    background-image:url(../images/bg9905.png);
    background-repeat:no-repeat;
    background-position:5px center;
    padding-left:20px;
    border-bottom:#f3dfcc 1px solid;
}
```

图12-606 CSS样式代码

图12-607 页面效果

28 在名为left的Div后，插入名为middle的Div。切换到12-99.css文件中，创建名为#middle的CSS规则，如图12-608所示。返回到设计视图中，可以看到页面效果，如图12-609所示。

```css
#middle {
    width: 341px;
    height: 100%;
    overflow: hidden;
    float: left;
    margin-top: 10px;
    margin-left: 34px;
}
```

图12-608 CSS样式代码

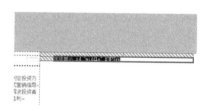

图12-609 页面效果

29 光标移至名为middle的Div中，将多余文字删除，插入图像"光盘\源文件\第12章\images\9907.jpg"，页面效果如图12-610所示。使用相同的方法，完成其他内容的制作，页面效果如图12-611所示。

图12-610 插入图像

图12-611 页面效果

30 在名为news06的Div后，插入名为right_pic的Div。切换到12-99.css文件中，创建名为#right_pic的CSS规则，如图12-612所示。返回到设计视图中，可以看到页面效果，如图12-613所示。

```
#right_pic {
    width: 260px;
    height: 311px;
    background-image: url(../images/bg9908.jpg);
    background-repeat: no-repeat;
    margin-top: 10px;
}
```

图12-612 CSS样式代码　　　　　　　　　　图12-613 页面效果

31 光标移至名为right_pic的Div中，将多余文字删除，插入名为news07的Div。切换到12-99.css文件中，创建名为#news07的CSS规则，如图12-614所示。返回到设计视图中，可以看到页面效果，如图12-615所示。

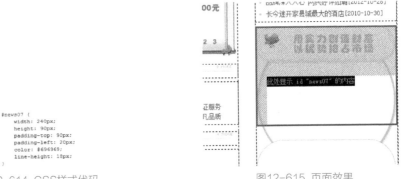

```
#news07 {
    width: 240px;
    height: 90px;
    padding-top: 90px;
    padding-left: 20px;
    color: #696969;
    line-height: 18px;
}
```

图12-614 CSS样式代码　　　　　　　　　　图12-615 页面效果

32 光标移至名为news07的Div中，将多余文字删除，输入段落文字，并为文字创建项目列表。转换到代码视图中，可以看到代码效果，如图12-616所示。切换到12-99.css文件中，创建名为#news07 li的CSS规则，如图12-617所示。

```
<div id="news07">
    <ul>
        <li>绿色烧烤 时尚养生 新奇新鲜</li>
        <li>休闲方便 超高营养价值尽在眼前</li>
        <li>特色区隔 烧烤新理念执笔乾坤</li>
        <li>数十种宫廷秘制调料 鲜美可口</li>
        <li>数十种精美搭配 鲜美养生</li>
    </ul>
</div>
```

```
#news07 li {
    list-style-type:none;
    background-image: url(../images/bg9906.png);
    background-repeat: no-repeat;
    background-position: 5px center;
    padding-left: 20px;
}
```

图12-616 代码视图　　　　　　　　　　图12-617 页面效果

33 返回到设计视图中，可以看到页面效果，如图12-618所示。在名为news07的Div后，插入名为flash02的Div。切换到12-99.css文件中，创建名为#flash02的CSS规则，如图12-619所示。

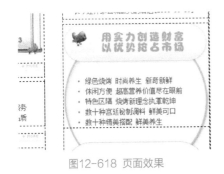

```
#flash02 {
    width: 260px;
    height: 105px;
    margin-top: 27px;
}
```

图12-618 页面效果　　　　　　　　　　图12-619 CSS样式代码

34 返回到设计视图中，可以看到页面效果，如图12-620所示。光标移至名为flash02的Div中，将多余的文字删除，插入Flash动画"光盘\源文件\第12章\images\bn.swf"，页面效果如图12-621所示。

图12-620 页面效果

图12-621 插入Flash动画

35 单击选中刚插入的flash，在"属性"面板上对相关选项进行设置，如图12-622所示。在名为center的Div后，插入名为bottom的Div。切换到12-99.css文件中，创建名为#bottom的 CSS规则，如图12-623所示。

图12-622 "属性"面板

```
#bottom {
    width: 940px;
    height: 54px;
    overflow: hidden;
    margin-top: 20px;
    margin-left: 30px;
    line-height: 16px;
    color: #787878;
}
```

图12-623 CSS样式代码

36 切换到12-99.css文件中，创建名为#bottom img的 CSS规则，如图12-624所示。返回到设计视图中，可以看到页面效果，如图12-625所示。

```
#bottom img {
    margin-left: 10px;
    margin-right: 50px;
    float: left;
    border-left: solid 1px #c1c1c1;
    border-right: solid 1px #c1c1c1;
}
```

图12-624 CSS样式代码

图12-625 页面效果

37 执行"文件→保存"菜单命令，保存该页面。在浏览器中预览页面效果，如图12-626所示。

图12-626 预览页面

Q 在Dreamweaver CS6中新建的HTML页面默认的页面编码格式是什么？

A 默认情况下，在Dreamweaver CS6中新建的HTML页面默认的页面编码格式为UTF-8。UTF-8编码是一种被广泛应用的编码，这种编码致力于把全球的语言纳入一个统一的编码。另外，如果是简体中文页面，还可以选择GB2312编码格式。

Q 在网页的HTML编码中，特殊字符的编码格式是什么？

A 在网页的HTML编码中，特殊字符的编码是由以"&"开头、以";"结尾的特定数字或英文字母组成。

实例
100 制作游戏类网站页面

在游戏类的网站页面中经常会用到大面积的Flash动画，包括菜单项和主页面。另外，鼠标经过图像也被频繁运用，这些大量的动态元素使得整个页面浏览起来非常灵活、轻便，充分展现出了游戏的特性。

● 源 文 件 | 光盘\源文件\第12章\实例100.html
● 视   频 | 光盘\视频\第12章\实例100.swf
● 知 识 点 | 插入FLV视频、鼠标经过图像
● 学习时间 | 30分钟

实例分析

本实例制作的是一个游戏类的网站页面，该页面中运用了Flash动画、鼠标经过图像以及FLV视频等大量的动态元素，为页面增添了不少活力，页面的最终效果如图12-627所示。

图12-627 最终效果

知识点链接

在页面中插入FLV视频时，会弹出"插入FLV"对话框，在该对话框中即可选择需要插入的视频，并且还可以对该视频的基本属性进行设置和修改，从而使其能够更加符合页面的标准。

制作步骤

01 执行"文件→新建"菜单命令，弹出"新建文档"对话框，设置如图12-628所示。单击"创建"按钮，新建一个空白文档，将该页面保存为"光盘\源文件\第12章\12-100.html"。使用相同的方法，新建一个CSS样式表文件，并将其保存为"光盘\源文件\第12章\style\12-100.css"，如图12-629所示。

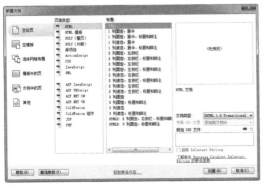

图12-628 "新建文档"对话框

图12-629 "新建文档"对话框

02 单击"CSS样式"面板上的"附加样式表"按钮，弹出"链接外部样式表"对话框，设置如图12-630所示，单击"确定"按钮。切换到12-100.css文件中，创建名为"*"的通配符CSS规则和名为body的标签CSS规则，如图12-631所示。

图12-630 "链接外部样式表"对话框

```
*{
    margin:0px;
    padding:0px;
    border:0px;
}
body{
    font-family:"宋体";
    font-size:12px;
    color:#999;
    background-image:url(../images/1001.gif);
    background-repeat:repeat-x;
    background-color:#ecfbf3;
}
```

图12-631 CSS样式代码

03 返回到设计视图，可以看到页面的背景效果，如图12-632所示。将光标移至页面中，插入名为bg的Div。切换到12-100.css文件中，创建名为#bg的CSS规则，如图12-633所示。

图12-632 页面效果

```
#bg{
    width:100%;
    height:100%;
    overflow:hidden;
    background-image:url(../images/1001.jpg);
    background-repeat:no-repeat;
    background-position:center top;
}
```

图12-633 CSS样式代码

04 返回到设计视图，可以看到页面的效果，如图12-634所示。将光标移至名为bg的Div中，将多余文字删除，插入名为box的Div。切换到12-100.css文件中，创建名为#box的CSS规则，如图12-635所示。

图12-634 页面效果

```
#box{
    width:980px;
    height:100%;
    overflow:hidden;
    margin:0px auto;
}
```

图12-635 CSS样式代码

05 返回到设计视图，页面效果如图12-636所示。将光标移至名为box的Div中，将多余文字删除，插入名为top的Div。切换到12-100.css文件中，创建名为#top的CSS规则，如图12-637所示。

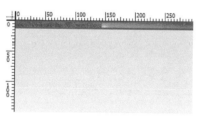

图12-636 页面效果

```
#top{
    width:956px;
    height:155px;
    background-image:url(../images/1002.jpg);
    background-repeat:no-repeat;
    background-position:center -1px;
    padding-bottom:29px;
    padding-left:24px;
}
```

图12-637 CSS样式代码

06 返回到设计视图，页面效果如图12-638所示。将光标移至名为top的Div中，将多余文字删除，插入名为logo的Div。切换到12-100.css文件中，创建名为#logo的CSS规则，如图12-639所示。

图12-638 页面效果

```
#logo{
    width:159px;
    height:70px;
    margin-left:30px;
    padding-top:25px;
}
```

图12-639 CSS样式代码

07 返回到设计视图，页面效果如图12-640所示。将光标移至名为logo的Div中，将多余文字删除，插入图像"光盘\源文件\第12章\images\1003.png"，如图12-641所示。

图12-640 页面效果　　图12-641 插入图像

08 在名为logo的Div后，插入名为menu的Div。切换到12-100.css文件中，创建名为#menu的CSS规则，如图12-642所示。返回到设计视图，页面效果如图12-643所示。

```
#menu{
    width:956px;
    height:60px;
}
```

图12-642 CSS样式代码

图12-643 页面效果

09 将光标移至名为menu的Div中，将多余文字删除，单击"插入"面板上"图像"按钮旁的三角形按钮，在弹出的菜单中选择"鼠标经过图像"选项，如图12-644所示。弹出"插入鼠标经过图像"对话框，设置如图12-645所示。

图12-644 "插入"面板

图12-645 "插入鼠标经过图像"对话框

10 单击"确定"按钮，页面效果如图12-646所示。使用相同的方法，完成其他鼠标经过图像的制作，页面效果如图12-647所示。

图12-646 页面效果

图12-647 页面效果

11 切换到12-100.css文件中，创建名为#top img的CSS规则，如图12-648所示。返回到设计视图，页面效果如图12-649所示。

```
#top img{
    margin-right:2px;
}
```

图12-648 CSS样式代码

图12-649 页面效果

12 在名为top的Div后，插入名为main的Div。切换到12-100.css文件中，创建名为#main的CSS规则，如图12-650所示。返回到设计视图，页面效果如图12-651所示。

```
#main{
    width:964px;
    height:100%;
    overflow:hidden;
    background-image:url(../images/1010.jpg);
    background-repeat:repeat-x;
    margin:0px auto;
}
```

图12-650 CSS样式代码

图12-651 页面效果

13 将光标移至名为main的Div中，将多余文字删除，插入名为left的Div。切换到12-100.css文件中，创建名为#left的CSS规则，如图12-652所示。返回到设计视图，页面效果如图12-653所示。

```
#left{
    float:left;
    width:648px;
    height:100%;
    overflow:hidden;
    margin-bottom:20px;
}
```

图12-652 CSS样式代码

图12-653 页面效果

14 将光标移至名为left的Div中，将多余文字删除，插入名为flash的Div。切换到12-100.css文件中，创建名为#flash的CSS规则，如图12-654所示。返回到设计视图，页面效果如图12-655所示。

```
#flash{
    width:648px;
    height:365px;
    background-image:url(../images/1011.jpg);
    background-repeat:no-repeat;
    background-position:center bottom;
}
```

图12-654 CSS样式代码

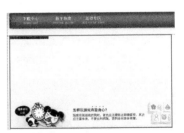

图12-655 页面效果

15 将光标移至名为flash的Div中，将多余文字删除，插入flash动画"光盘\源文件\第12章\images\1012.swf"，如图12-656所示。选中刚插入的flash动画，在"属性"面板上对其相关属性进行设置，如图12-657所示。

图12-656 插入Flash动画

图12-657 "属性"面板

16 在名为flash的Div后，插入名为rank的Div。切换到12-100.css文件中，创建名为#rank的CSS规则，如图12-658所示。返回到设计视图，页面效果如图12-659所示。

```
#rank{
    float:left;
    width:314px;
    height:218px;
    background-image:url(../images/1013.jpg);
    background-repeat:no-repeat;
    background-position:center 15px;
    padding-top:50px
}
```

图12-658 CSS样式代码

图12-659 页面效果

17 将光标移至名为rank的Div中，将多余文字删除，插入图像"光盘\源文件\第12章\images\1014.jpg"，如图12-660所示。将光标移至图像后，插入名为rank_title的Div。切换到12-100.css文件中，创建名为# rank_title的CSS规则，如图12-661所示。

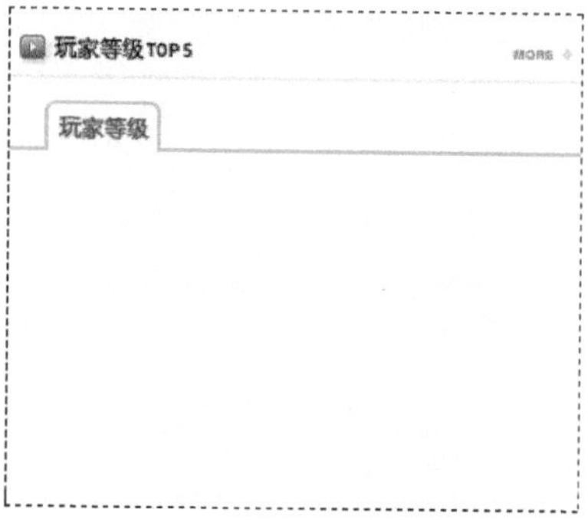

图12-660 插入图像

```
#rank_title{
    width:314px;
    height:30px;
    color:#5d463f;
    font-weight:bold;
    line-height:30px;
    border-bottom:#bde0da solid 1px;
}
```

图12-661 CSS样式代码

18 返回到设计视图，页面效果如图12-662所示。将光标移至名为rank_title的Div中，将多余文字删除，输入文字，如图12-663所示。

图12-662 页面效果

图12-663 输入文字

19 切换到12-100.css文件中，创建名为.a和.b的类CSS样式，如图12-664所示。返回到设计视图，为相应文字应用该类CSS样式，页面效果如图12-665所示。

```
.a{
    color:#d2e0db;
    margin-left:5px;
    margin-right:5px;
    font-weight:normal;
}
.b{
    color:#d2e0db;
    margin-left:150px;
    margin-right:20px;
    font-weight:normal;
}
```

图12-664 CSS样式代码

图12-665 页面效果

20 在名为rank_title的Div后，插入名为rank_text的Div。切换到12-100.css文件中，创建名为#rank_text的CSS规则，如图12-666所示。返回到设计视图，页面效果如图12-667所示。

```
#rank_text{
    width:314px;
    height:155px;
    margin-top:5px;
    color:#8d7869;
}
```

图12-666 CSS样式代码

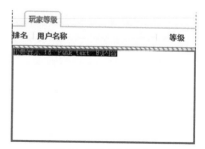

图12-667 页面效果

21 将光标移至名为rank_text的Div中，将多余文字删除，插入图片并输入文字，如图12-668所示。转换到代码视图，为文字添加列表标签，如图12-669所示。

图12-668 插入图像并输入文字

```
<div id="rank_text">
<dl>
<dt><img src="images/1015.gif" width="14" height="17" />上弦月</dt>
<dd>101</dd>
<dt><img src="images/1016.gif" width="14" height="17" />极速闪电</dt>
<dd>97</dd>
<dt><img src="images/1017.gif" width="14" height="17" />如果的如果</dt>
<dd>94</dd>
<dt>4我是游戏控</dt>
<dd>88</dd>
<dt>5王者风采</dt>
<dd>85</dd>
</dl>
</div>
```

图12-669 代码视图

22 切换到12-100.css文件中，创建名为#rank_text dt和#rank_text dd的CSS规则，以及名为.img和.font的类CSS样式，如图12-670所示。返回到设计视图，为相应的图片和文字应用类CSS样式，页面效果如图12-671所示。

```
#rank_text dt{
    float:left;
    width:268px;
    height:30px;
    border-bottom:#dfa8a5 dashed 1px;
    padding-left:5px;
    line-height:30px;
}
#rank_text dd{
    float:left;
    width:41px;
    height:30px;
    border-bottom:#dfa8a5 dashed 1px;
    line-height:30px;
}
.img{
    vertical-align:middle;
    margin-right:22px;
}
.font{
    font-weight:bold;
    font-size:14px;
    margin-left:3px;
    margin-right:25px;
}
```

图12-670 CSS样式代码

图12-671 页面效果

23 在名为rank的Div后，插入名为business的Div。切换到12-100.css文件中，创建名为# business的CSS规则，如图12-672所示。返回到设计视图，页面效果如图12-673所示。

```
#business{
    float:left;
    width:312px;
    height:218px;
    margin-left:20px;
    background-image:url(../images/1018.jpg);
    background-repeat:no-repeat;
    background-position:center 15px;
    padding-top:50px;
    padding-left:2px;
}
```

图12-672 CSS样式代码

图12-673 页面效果

24 将光标移至名为business的Div中，将多余文字删除，插入名为pic的Div。切换到12-100.css文件中，创建名为#pic的CSS规则，如图12-674所示。返回到设计视图，页面效果如图12-675所示。

```
#pic{
    float:left;
    width:95px;
    height:118px;
    color:#3c3b3b;
    font-weight:bold;
    margin-left:4px;
    margin-right:4px;
    line-height:28px;
    text-align:center;
}
```

图12-674 CSS样式代码

图12-675 页面效果

25 将光标移至名为pic的Div中，将多余文字删除，插入图片并输入文字，如图12-676所示。切换到12-100.css文件中，创建名为.font01的CSS规则，如图12-677所示。

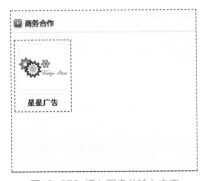

图12-676 插入图像并输入文字

```
.font01{
    background-image:url(../images/1022.png);
    background-repeat:no-repeat;
    background-position:15px center;
}
```

图12-677 CSS样式代码

26 返回到设计视图，为文字应用类CSS样式，效果如图12-678所示。使用相同的方法完成其他内容的制作，页面效果如图12-679所示。

图12-678 页面效果

图12-679 页面效果

27 在名为left的Div后，插入名为right的Div。切换到12-100.css文件中，创建名为#right的CSS规则，如图12-680所示。返回到设计视图，页面效果如图12-681所示。

```
#right{
    float:left;
    width:297px;
    height:100%;
    overflow:hidden;
    margin-left:19px;
}
```

图12-680 CSS样式代码

图12-681 页面效果

28 将光标移至名为right的Div中，将多余文字删除，插入名为flv的Div。切换到12-100.css文件中，创建名为#flv的CSS规则，如图12-682所示。返回到设计视图，页面效果如图12-683所示。

```
#flv{
    width:277px;
    height:140px;
    background-image:url(../images/1024.jpg);
    background-repeat:no-repeat;
    padding:10px 10px;
}
```

图12-682 CSS样式代码

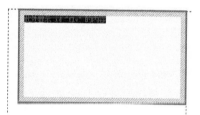

图12-683 页面效果

29 将光标移至名为flv的Div中，将多余文字删除，单击"插入"面板上"媒体"按钮旁的倒三角形按钮，在弹出的菜单中选择"FLV"选项，如图12-684所示。弹出"插入FLV"对话框，设置如图12-685所示。

图12-684 "插入"面板

图12-685 "插入FLV"对话框

30 单击"确定"按钮，页面效果如图12-686所示。使用相同的方法，完成其他部分内容的制作，页面效果如图12-687所示。

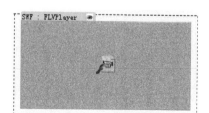

图12-686 页面效果

图12-687 页面效果

31 在名为main的Div后，插入名为bottom的Div。切换到12-100.css文件中，创建名为#bottom的CSS规则，如图12-688所示。返回到设计视图，页面效果如图12-689所示。

```
#bottom{
    width:980px;
    height:90px;
    color:#cfbfbf;
    line-height:20px;
    padding-top:10px;
    background-image:url(../images/1030.jpg);
    background-repeat:no-repeat;
}
```

图12-688 CSS样式代码

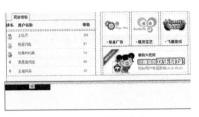

图12-689 页面效果

32 将光标移至名为bottom的Div中，将多余文字删除，插入图片并输入文字，如图12-690所示。切换到12-100.css文件中，创建名为.img01和.font02的类CSS样式，如图12-691所示。

图12-690 插入图像并输入文字

```
.img01{
    float:left;
    margin-top:34px;
    margin-left:20px;
    margin-bottom:34px;
    margin-right:20px;
}
.font02{
    line-height:30px;
    color:#989391;
}
```

图12-691 CSS样式代码

33 返回到设计视图，分别为图片和文字应用类CSS样式，效果如图12-692所示。完成该页面的制作，执行"文件→保存"菜单命令，保存该页面。按F12键即可在浏览器中预览页面的效果，如图12-693所示。

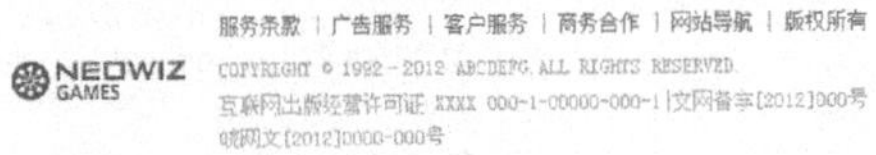

图12-692 页面效果

图12-693 预览效果

Q 鼠标经过图像的构成以及形成的条件是什么？

A 鼠标经过图像实际上由两个图像组成：主图像（当首次载入页面时显示的图像）和次图像（当鼠标指针经过主图像时显示的图像）。

鼠标经过图像中的这两个图像大小应该相等；如果图像大小不同，Dreamweaver将自动调整次图像的大小来匹配主图像的属性。

Q FIV格式的由来以及特性是什么？

A FLV是随着Flash系列产品推出的一种流媒体格式，它的视频采用Sorenson Media公司的Sorenson Spark视频编码器，音频采用MP3编辑。它可以使用HTTP服务器或者专门的Flash Communication Server流服务器进行流式传送。